典型生态退化区生态技术应用

甄　霖　著

本书由下列项目资助

中国科学院 A 类战略性先导科技专项子课题

"生态承载力国别评价与适应策略"

（XDA20010202）

国家重点研发计划项目

"生态技术评价方法、指标体系及全球生态治理技术评价"

（2016YFC0503700）

国家自然科学基金项目

"中国北方农牧交错带土地变化及其土壤侵蚀效应定量研究"

（41977421）

科学出版社

北　京

内 容 简 介

针对全球范围内日益严峻的生态退化形势及其对生态承载力带来的严重威胁，有关国家和组织研发和应用了一系列生态保护和治理技术，形成了众多治理案例。本书围绕荒漠化、水土流失、石漠化、退化生态系统等典型生态退化问题，选取国内外 203 个生态退化区，基于大量实地调研和利益相关者问卷调查，建立了生态系统及其治理技术评价方法，分析了技术需求，推介了适用的生态技术，形成了方便用户参考和使用的"一区一表"。

本书适合从事恢复生态学、自然资源学、遥感与地理信息系统等专业的研究人员、高等院校师生，从事生态保护和治理的政府部门、企业和实践应用机构的专家学者，以及生态退化区利益相关者阅读与参考。

图书在版编目（CIP）数据

典型生态退化区生态技术应用／甄霖著 . —北京：科学出版社，2023.6
ISBN 978-7-03-075842-2

Ⅰ. ①典… Ⅱ. ①甄… Ⅲ. ①生态恢复–研究 Ⅳ. ①X322

中国国家版本馆 CIP 数据核字（2023）第 108688 号

责任编辑：周　杰／责任校对：郝甜甜
责任印制：吴兆东／封面设计：无极书装

科 学 出 版 社 出版
北京东黄城根北街 16 号
邮政编码：100717
http://www.sciencep.com
北京中科印刷有限公司 印刷
科学出版社发行　各地新华书店经销

*

2023 年 6 月第 一 版　开本：787×1092　1/16
2023 年 6 月第一次印刷　印张：19 3/4
字数：510 000
定价：230.00 元
（如有印装质量问题，我社负责调换）

前　言

生态退化是在自然与人为因素的共同作用下，生态系统的结构和功能发生位移，导致生态要素和生态系统整体发生不利于生物或者人类生存的变化，打破了原有生态系统的平衡状态，使得生态系统基本结构和固有功能破坏和丧失、生态系统服务功能下降的过程。进入二十世纪以来，在全球气候变化背景下，日益增强的人类活动引起全球不同尺度生态系统严重退化，生态退化面积已超过全球土地面积的25%。水土流失、荒漠化以及石漠化，成为全球范围内分布最广泛、最典型、后果最严重的三种生态退化过程，给区域生态承载力带来了严重威胁。针对这些问题，有关国家和组织研发和应用了一系列生态保护和治理技术，形成了大量的生态退化治理案例。生态保护和治理技术在案例区的应用，很大程度上促使生态原真性得到恢复，即生态系统结构恢复、功能提升并具有持续性，节约了资源和能源、避免或减少了环境污染。同时，生态技术应用带来的生态恢复，使区域经济得到发展、公众收入水平及其社会参与意识和技能得到提升，提高了区域生态系统的供给水平和承载能力。

为了客观了解全球尤其是绿色丝绸之路沿线国家生态系统和生态技术应用状况及其对生态承载力的潜在影响，在中国科学院A类战略性先导科技专项"泛第三极环境变化与绿色丝绸之路建设"课题"绿色丝绸之路资源环境承载力国别评价与适应策略"子课题"生态承载力国别评价与适应策略"（XDA20010202）、国家重点研发计划项目"生态技术评价方法、指标体系及全球生态治理技术评价"（2016YFC0503700）和国家自然科学基金项目"中国北方农牧交错带土地变化及其土壤侵蚀效应定量研究"（41977421）等的支持下，本书选取国内外203个生态退化区，通过实地勘测、地面调查、利益相关者问卷调查、国际权威组织报告分析、文献计量分析等方法获取数据和信息，构建了利益相关者参与的生态系统本底和技术应用评价方案。在此基础上，全面分析了退化区生态系统状况及退化驱动因素，评价了生态技术应用效果；结合生态治理目标和治理阶段，分析了技术需求类型、功能作用及分布特点，提出了技术推介方案；形成了涵盖典型区生态系统状况、退化问题、驱动因子、治理阶段、治理技术及效果、技术需求、技术推介等内容并方便用户参考和使用的"一区一表"。

本书分为8章，第1章介绍主要生态退化类型以及生态技术的概念、作用和分类；第2章对案例区选取依据、数据来源、生态技术评价方法、生态技术需求分析方法以及"一区一表"的制作方法进行介绍；第3章至第6章，分别对水土流失、荒漠化、石漠化和退化生态系统案例区的现有生态技术种类、空间分布及存在问题等进行分析，并从技术应用难度、技术成熟度、技术效益、技术适宜性、技术推广潜力5个方面对现有技术进行评价；第7章对退化区技术需求及分布开展研究；第8章基于生态技术的评价结果、结合不同退化区的技术需求为退化区进行了生态保护和治理技术推介。本书可为我国乃至全球生态技术筛选和生态供给能力提升提供参考，对区域生态承载力提升和生态文明建设富有理论与实践指导意义。

感谢国内案例区的专家学者对本研究实地考察和问卷调研给予的大力支持和帮助！感谢承担问卷制订、发放、回收、分析和集成工作的课题组成员，包括 Natarajan Ishwaran 教授、孙传谆副教授、魏云洁博士、薛智超博士、杨婉妮博士、罗琦博士、贾蒙蒙博士、Jeffrey Chiwuikem Chiaka 博士、王爽博士、陈诚博士、杜秉贞博士、窦月含博士、博士生刘业轩女士和硕士生陈爽女士等。感谢课题组其他同事和同学们对本研究提供的各种各样的帮助和支持！王爽和刘业轩参与了本书的校对和出版工作，在此特别表示感谢！

感谢国外案例区的专家学者对本研究问卷调研给予的大力支持和帮助！感谢对本研究实地考察和利益相关者问卷调查提供帮助的国际学术组织，包括全球土地计划（GLP）、全球青年生物多样性网络、德国国际合作机构、国际生态恢复学会、约旦皇家自然保护协会、全球环境基金、国际农业发展基金、国际山地综合发展中心（ICIMOD）、联合国大学等；国家研究机构包括孟加拉国农业大学、尼泊尔伊萨卡气候农业研究所、哈萨克斯坦地理研究所、哈萨克斯坦赛富林农业技术大学、俄罗斯科学院地理研究所、圣彼得堡国立大学、德国莱布尼茨农业景观研究中心、剑桥大学、牛津大学等。

本书涉及多学科知识和技术，限于作者知识水平和实践经验，书中疏漏与不足之处，恳请广大读者批评指正。

作　者

2023 年 2 月

目　　录

第1章 绪 论

1.1 主要生态退化类型

生态退化是在一定的时空背景下（自然干扰或人为干扰或二者的共同作用下），生态系统的结构和功能发生位移，导致生态要素和生态系统整体发生不利于生物或者人类生存的变化（量变或质变），打破了原有生态系统的平衡状态，造成破坏性波动或恶性循环。具体表现为生态系统基本结构和固有功能的破坏与丧失、生态系统的服务功能和能力下降，这个过程称为生态退化（李洪远和鞠美庭，2005）。刘国华等（2000）将生态退化定义为人类对自然资源过度以及不合理利用造成的生态系统结构破坏、功能衰退、生物多样性减少、生物生产力下降以及土地生产潜力衰退、土地资源丧失等一系列生态环境恶化的现象。另外，从景观或区域尺度看，生态退化还包括景观生态系统、人类–自然复合生态系统结构和功能的破坏（章家恩和徐琪，1999；李洪远和鞠美庭，2005）。

生态退化是生态系统内在的物质与能量匹配结构的脆弱性或不稳定性以及外在干扰因素共同作用的产物。生态退化是目前全球所面临的主要问题之一，它不仅使自然资源日益枯竭、生物多样性不断减少，而且还严重阻碍社会经济的持续发展，进而威胁人类的生存和发展。生态退化的主要形式包括水土流失、荒漠化、石漠化、森林破坏、湿地萎缩等（刘国华等，2000）。

1.1.1 水土流失

水土流失是指由于自然因素或人类活动的影响，雨水不能就地消纳、顺势下流而冲刷土壤，造成水分和土壤同时流失的现象（何盛明等，1990；解明曙和庞薇，1993；项玉章和祝瑞祥，1995；孙鸿烈，2011）。水土流失出现的主要原因包括地面坡度大、土地利用不当、地面植被遭到破坏、耕作技术不合理、土质松散、滥伐森林、过度放牧等。广义的水土流失则包括水力侵蚀、重力侵蚀和风力侵蚀3种类型（孙鸿烈，2011）：①水力侵蚀是指在降水、地表径流、地下径流作用下，土壤、土体或其他地面组成物质被破坏、搬运和沉积的过程。水力侵蚀以水为载体，土壤随水流失，不仅破坏土地资源，淤积水库，抬高河床，也减少了水资源的可利用量。②重力侵蚀是指地面岩体或土体物质在重力作用下失去平衡而产生位移的侵蚀过程，可分为崩塌、崩岗、滑坡等。③风力侵蚀是指在气流冲击作用下，土粒、砂粒或岩石碎屑脱离地表，被搬运和堆积的过程。水土流失的危害主要表现在土壤耕作层被侵蚀、破坏，土地肥力日趋衰竭；淤塞河流、渠道、水库，降低水利工程效益，进而导致干旱，严重影响工农业生产；水土流失还会对山区农业生产及下游河道带来严重威胁。

1.1.2 荒漠化

《联合国关于在发生严重干旱和/或荒漠化的国家特别是在非洲防治荒漠化的公约》中，将荒漠化界定为包括气候变异和人类活动在内的种种因素造成的干旱（arid）、半干旱（semi-arid）和亚湿润干旱（drysubhumid）地区的土地退化。上述定义明确了3个基本问题，即荒漠化的驱动力、荒漠化的自然背景、荒漠化的基本性质。具体来说：①荒漠化是在包括气候变异和人类活动在内的种种因素的作用下产生与发展的；②荒漠化发生在干旱、半干旱和亚湿润干旱地区，这是荒漠化产生的背景条件和分布范围；③荒漠化从本质上说是一种土地退化过程，是全球土地退化类型的一种。荒漠化的概念有狭义和广义之分。广义的荒漠化是指在人为和自然因素的综合作用下，干旱、半干旱和亚湿润地区自然环境退化的总过程，包括盐渍化、草地退化、水土流失、土壤沙化、狭义沙漠化、植被荒漠化、历史时期沙丘前移入侵等以某一环境因素为标志的具体的自然环境退化。狭义的荒漠化则是指沙漠化。沙漠化是沙质荒漠化的简称，是土地荒漠化的一种，即沙漠形成和扩张的过程。具体地说，沙漠化是指在干旱、半干旱和亚湿润地区的沙质地表条件下，自然因素或人类活动破坏了大自然脆弱的生态系统平衡，出现以风沙活动为主要标志，并逐步形成风蚀、风积地貌结构景观的土地退化过程（吴正，1991；王涛和朱震达，2003）。

1.1.3 石漠化

石漠化亦称作石质荒漠化，是指在热带、亚热带湿润、半湿润气候条件和岩溶极其发育的自然背景下，受人类活动干扰，使地表植被遭受破坏，导致土壤严重流失，基岩大面积裸露或砾石堆积、土地丧失农业利用价值和生态环境退化的土地退化过程，是岩溶地区土地退化的极端形式（李阳兵等，2004；王德炉等，2004）。石漠化的发生以脆弱的生态地质环境为基础，以强烈的人类活动为驱动力，以土地生产力退化为本质，以出现类似荒漠景观为标志（王世杰，2002）。石漠化多发生在土层厚度薄（多数不足10cm）的石灰岩地区，地表呈现类似荒漠景观的岩石逐渐裸露的演变过程。从成因来说，导致石漠化发生的主要因素是人类活动。石漠化的一般演化过程是：长期、大面积的陡坡开荒，造成地表裸露，加上喀斯特石质山区土层薄、基岩出露、暴雨冲刷力强，大量的水土流失后岩石逐渐裸露，从而呈现出石漠化现象。

1.1.4 退化生态系统

退化生态系统是指生态系统在自然或人为干扰下形成的偏离自然状态的系统。与自然系统相比，退化生态系统的种类组成、群落或系统结构发生改变，生物多样性减少，生物生产力降低，土壤和微环境恶化，生物间相互关系改变（Chapman，1992；Daily，1995；Ren and Peng，1998）。退化生态系统形成的直接原因是人类活动，部分来自自然灾害，有时两者叠加发生作用。生态退化的过程由干扰强度、持续时间和规模决定（任海等，2004）。Daily（1995）对造成生态退化的人类活动进行了排序：过度开发（含直接破坏和环境污染等）占34%，毁林占30%，农业活动占28%，过度收获薪材占7%，生物工业占1%。自然干扰中外来种入侵、火灾及水灾是最重要的因素。密集的人为活动已经导致草地退化、林地退化、湿地退化、土壤盐碱化等众多问题，因此从增强生态系统服务功能、提高生物多样性和生产力等方面改善退化生态退化状况是重要途径。

1.2 生态技术的概念和作用

1.2.1 生态技术的概念

从现有研究和实践应用的角度来看，生态技术广泛存在，但目前尚无准确的、普遍认同的定义。从其功能和作用的角度来看，生态技术是指脆弱生态区生态治理和恢复的技术，即生态治理和恢复过程中用到的技术及组合，可以促使生态原真性得到恢复，即生态系统结构恢复、功能提升并具有持续性，同时能够节约资源和能源、公众可接受、有利于区域经济发展、促进生态文明建设的措施和方法；生态技术是符合生态理念、直接产生生态效益的技术，具有生态、社会和经济多目标的特点（甄霖等，2019）。从实践应用的角度出发，生态技术主要表现为单项技术和技术模式的形式。单项技术是指直接作用于生态系统，通过促进生态恢复进而带动区域发展的单一技术，可以从作用原理、作用范围、细目、工艺描述、适用退化类型、适用地域、技术来源等方面加以描述。技术模式一般是针对特定地域生态退化问题及其治理的需求而形成的，适宜该区域生态、经济、社会文化等背景，能促进生态安全和经济社会健康发展的一系列生态技术的有机组合与集成。其主要特点和组成要素包括地域适宜性，具有较高的科技含量、实用价值和推广潜力，比较成熟且具有成功案例支持，具备可重复性和可操作性，技术的使用具有阶段性和层次性（甄霖和谢永生，2019）。因此，技术模式是科学技术与当地自然、社会经济条件密切结合的产物（王立明和杜纪山，2004），其核心是调整人类生存发展与生态环境之间存在的不合理、不协调的关系（谢永生等，2011）。技术模式可以从技术组成、适用退化类型、技术来源、适用地域、技术应用案例等方面加以描述。

生态技术主要应用于退化系统的生态治理和恢复。国际生态恢复学会（Society for Ecological Restoration，SER）自20世纪90年代起就生态恢复定义展开过几次大讨论，目前广泛接受的是2004年国际生态恢复学会给出的定义，即生态恢复是指协助已经退化、损害或者彻底破坏的生态系统恢复到原来发展轨迹的过程。通常情况下，需要恢复的是受直接或间接的人类活动干扰影响，已经退化、被损害或者彻底破坏的生态系统（Society for Ecological Restoration，2004）。生态恢复与生态重建是两个密切联系但又有所不同的概念：生态恢复是指改造退化土地，使某一特定生态系统的原始状态及其所有的功能和服务复原，其主要目的是仿效一个自然的、功能性的、自我调节的并与其生态景观相整合的系统（U. S. National Research Council，1992）。生态恢复是一个协助生态整体性恢复与管理的过程（Higgs，2003）。根据修复场地生态损害或退化程度的差异，生态恢复模式可以分为自然再生、辅助再生和生态重建三类。自然再生适用于生态损害相对较低的区域，一般来说，场地具备较强的自然恢复能力；辅助再生适用于生态损害中度甚至更高的区域，一般来说，场地具备一定的自然恢复能力；生态重建适用于生态损害高或退化程度高的区域，一般来说，场地自然恢复能力已基本丧失。因此，生态重建是指极力修复受到破坏或被阻隔的某些部分的生态系统功能，其主要目的是恢复生态系统的生产力（Society for Ecological Restoration，2004；McDonald et al.，2016）。在实际生态恢复中，通常采用多种方法、以空间镶嵌的方式实施生态修复，如对于生态系统相对较好的区域，通常采用自然恢复的模式，而对于生态系统受损较为严重的区域，则常常采用生态重建或辅助再生模式等。无论采用哪种恢复方法或模式，对于退化生态系统的恢复能力评估至关重要，这就要求按照生态退化程度和恢复能力的高低来决定人工干预程度，并在此基础上选取适宜的恢复技术。本书中的生态治理主要指在脆弱生态区通过应用生态技术实现生态恢复或生态重建。

1.2.2　生态技术的作用

生态技术是针对生态退化问题进行治理和恢复的技术，因此生态技术的界定需要针对生态恢复的目标确定相关标准。在标准制定过程中，需要从生态、社会和经济等各个方面进行综合考虑，考虑的主要内容包括：①该项生态技术的应用是否有利于调节区域生态系统结构和功能；②通过应用该项生态技术，利益相关者的收入是否得到改善；③该项生态技术的应用是否能够促进区域总体发展。

生态技术的功能和作用包括：①调节生态系统结构和功能，生态系统结构得到恢复，总体功能得到提升，生态系统完整性得到恢复（如实现植物群落稳定）；②生态技术应用带来的生态恢复使得区域经济得到发展，公众收入水平得到提高；③公众的社会参与意识和技能得到提高，人类社会系统和自然生态系统和谐、共同发展；④利于生态恢复和区域发展。

生态技术的特点包括：①符合生态学原理，适合当地自然环境和地域文化条件；②成本低；③副作用小；④有较强的可持续性；⑤偏自然（自然恢复为主、人工恢复为辅）；⑥单项技术和技术模式。

生态技术的作用对象和范围最早于1976年欧洲共同体在巴黎举办的"无废工艺和无废生产国际研讨会"上针对工业领域提出，大会认为生态技术的作用对象应该是生态问题。这里的生态问题是指由于生态平衡遭到破坏，生态系统的结构和功能严重失调，威胁人类的生存和发展的现象，不能简单地概括为环境污染、生态破坏问题。

1.3　生态技术的分类

从现有研究和实践应用的角度来看，生态技术存在多种多样的类型。针对生态技术具有多目标性的特点，同时从多层次、多功能的特性等方面分析，生态技术是一个内容相对完整、结构相对稳定的技术体系，包括大类、中类、小类和细类 4 个层次，分别代表技术的专业序列、技术功能、技术实现手段、技术表现形式（吕燕和杨发明，1997；李阔和许吟隆，2015）。从恢复生态学、技术经济学、社会学角度来看，生态技术可根据主要的生态退化类型及其诱发生态退化的经济社会学成因进行分类：按照生态技术的作用原理，生态技术可以分为工程技术、生物技术、农耕技术、物理技术、化学技术、管理措施等（张海元，2001；张克斌等，2003；代富强和刘刚才，2011；刘宝元等，2013）；按照技术地位，生态技术可以分为核心技术和配套技术，如草原水土保持技术中的围栏封育和划区轮牧为核心技术，同时配套有草场管理技术措施（何京丽，2013）；按照生态恢复技术方法的性质，则可以将生态技术归纳为三种类型，即物理（非物理）方法、生物方法和管理措施（Hobbs and Harris，2001），这三种类型的具体选择取决于生态退化的原因、类型、阶段和过程。

对于非生物因素包括地形、地貌、化学污染、水肥条件等引起的生态退化，一般可以通过物理方法（如地形改造、减污减排、施肥灌水等方法）进行恢复；对于生物因素包括物种组成、物种适应、群落结构等引起的生态退化，一般需要通过生物方法进行恢复；对于社会经济因素引起的生态退化（结构功能和景观退化），一般通过管理手段进行有效恢复。另外，依据生态系统的组成要素以及生态恢复类型和对象，恢复生态学综合集成的技术方法包括非生物因素（如土壤、水体、大气）的生态恢复技术，生物因素（如物种、种群和群落）的生态恢复技术，以及生态系统（结构和功能）和景观（包括结构和功能）的规划、设计、组装与管理技术（彭少麟，2007；董世魁等，2020）。

针对主要的生态退化类型、退化程度、退化诱因，按照生态技术的作用原理等，可将现有研究和实际应用中的生态技术分为工程类、生物类、农耕类、其他类四大类。

（1）工程类技术

工程类技术是指在山区、丘陵区、风沙区、水域区应用工程学原理，防治水土流失、防风固沙和防治水域污染，保护、改良与合理利用水土资源，充分发挥水土资源的经济效益和社会效益，建立良好生态环境的生态技术。工程类技术实际上是不改变立地条件的物理技术，主要包括坡面治理技术、沟道治理技术、山洪及泥石流防治技术、集雨蓄水技术、治沙技术、水体物理修复技术、土壤物理修复技术等。

（2）生物类技术

生物类技术是指通过植被保护、植树种草并结合发展经济植物种植和畜牧业、水生植物恢复的生态技术。生物类技术通过植被保护和恢复达到控制水土流失、防风固沙、保护和合理利用水土资源、改良土壤和提高土地生产力的目的，主要包括人工造林种草技术、水生生物技术、微生物修复技术等。

（3）农耕类技术

农耕类技术是指通过增加地面粗糙度、改变坡面地形、增加植被和地面覆盖或增强土壤抗蚀力等方法，实现水土保持、防风固沙、改良土壤和水体，提高农业生产水平的技术措施。农耕类技术的应用对象为农田,其目的是保护农业生态与环境,主要包括耕作技术、土壤培肥技术、旱作农业技术等。

(4)其他类技术

其他类技术主要包括化学类技术和管理类技术等。化学类技术是指采用化学原料及其合成物或者通过化学反应的作用,达到防治生态退化的目的。管理类技术是指针对生态退化及其造成的生态危害,以及为解决重大生态危害所采用的一类强制性生态管理技术。化学类技术主要包括化学固定技术、化学改良技术、化学去除技术等;管理类技术主要包括围栏封育技术、养畜技术、生态保护技术、生态开发技术等。通常情况下,对退化生态系统的治理需要采用不同的技术及组合才能达到预期的效果,生态技术的应用还需要考虑生态治理的阶段和层次,以及生态恢复状况。生态治理过程的每个阶段需要应用不同技术,且各种技术之间存在承接关系,即一种技术的使用一般要以另一种技术的使用为前提,按照生态治理的过程构建生态技术链、采用渐进式治理方式进行技术配置与应用。

基于技术具有强烈的应用性和明显的经济目的性(虞晓芳等,2018)及其与经济、社会、环境发展相辅相成的密切关系,生态技术的研发和应用也从单一目标为主演化为兼顾生态、经济、民生等多目标的复合模式(Zhen et al.,2017)。例如,沙障是风蚀工程治沙的主要措施之一,德国、丹麦、法国和波兰等国家从1316年就已开始使用,由于其成本低、效果好、简单易用等特点,迄今为止,一直在荒漠化防治中广泛应用(宁宝英等,2017)。研究表明,科技、需求和发展理念是沙障研究的三大驱动因素,环境友好、促进沙区经济产业化是沙障研究的需求和方向。我国自"十五"以来,研发出了214项核心技术,64个技术模式,100多个技术体系(傅伯杰,2013),进行了最佳技术案例的总结和优选工作(Jiang,2008),这些技术成果涵盖了水土流失治理、湿地保育、荒漠化防治、海岸带保护、重大生态工程保护和生态城市建设等多个方面,在全国不同生态类型区域示范推广500余万亩[①](科学技术部,2012),这些成果从技术层面上解决了脆弱生态区重大生态与环境问题的技术难点,实现了生态与经济相融合的高效性和可持续性,促进了区域生态安全与经济社会可持续发展(陈亚宁,2009)。其中,我国在水土流失治理、土地荒漠化治理以及石漠化治理方面处于国际领先位置,研发出的干旱条件下造林技术、生物篱技术、工程-生物措施相结合的治理模式、节水保土技术等,90%以上已经得到广泛应用。此外,针对区域发展和农民增收的需求,研发出了一系列的生态衍生产业,成为带动区域经济增长的新兴产业(资源环境领域技术预测工作研究组,2015)。荒漠化治理技术从1957年宁夏沙坡头的"草方格"治沙技术,逐渐发展为近年内蒙古库布齐的综合技术模式,实现了生态保护和社会经济发展的双赢。

---

① 1亩≈666.7m²。

第 2 章 生态技术应用案例研究

2.1 典型生态退化案例区选择

本章将根据全球水土流失、荒漠化、石漠化、退化生态系统空间分布的分析（甄霖等，2020），选取退化问题相对严重的代表性国家进行现有生态技术评价。除中国外，水土流失选择的代表性国家有土耳其、菲律宾、泰国、埃塞俄比亚、肯尼亚、赞比亚等32个国家，案例总数为74个；荒漠化选择的代表性国家有哈萨克斯坦、印度、伊朗、蒙古国、约旦、俄罗斯等18个国家，案例总数为44个；石漠化选择的代表性国家为斯洛文尼亚，案例总数为9个；退化生态系统所选的代表性国家有尼泊尔、巴基斯坦、美国、英国、德国、加拿大等22个国家，案例总数为76个。

2.2 数 据 来 源

2.2.1 实地考察

通过实地调研，主要获取了案例区基础信息和数据，包括自然和社会经济状况、退化问题与治理技术应用情况、技术需求等。调研的国家主要包括哈萨克斯坦、俄罗斯、约旦、英国、德国、日本、孟加拉国、尼泊尔等；国内案例区主要包括陕西、甘肃、青海、西藏、云南、广西、贵州、内蒙古、四川、重庆、江苏、浙江等省（自治区、直辖市）的案例区。

2.2.2 利益相关者问卷调查

首先选择和确定利益相关者，主要依据是从事生态保护和修复的科研人员、企业家、管理人员，主要研究区域在典型生态退化区，了解和熟悉退化区的生态退化和治理技术状况，有参与调研的意愿和时间。为了更好地选择适宜的利益相关者、确保调研质量、提高调研效率，在对已知专家调研的基础上，还通过几个相关的国际组织平台进行了专家的遴选，包括全球土地计划、全球青年生物多样性网络、德国国际合作机构、国际生态恢复学会、约旦皇家自然保护协会、全球环境基金会、国际农业发展基金等。

主要进行了三次问卷调研，分别为：①2017年9月在《联合国防治荒漠化公约》第十三次缔约方大会（内蒙古鄂尔多斯）期间，采用便利抽样方法开展半结构访谈，访谈对象为参会代表，包括从事退化生态治理的政府部门代表、研究人员、企业代表等，通过面对面问答式的深入互动交流，获得国外生态技术应用情况及技术打分信息。②2018 年 7 月对国内生态治理的专家学者及政府部门技术人员进行问卷调研，采用面对面访谈或邮寄式问卷填答的方式进行调研。③2020 年 11 月~2021 年 3 月，通过电子邮件等线上方式对国内外相关专家、学者进行问卷调研。三次调研结果共回收问卷 243 份，有效问卷 203 份，有效回收率为 83.54%。其中，国外有效问卷 104 份，涉及日本、菲律宾、尼泊尔、印度、土耳其、伊朗、哈萨克斯坦、尼日利亚、埃塞俄比亚、肯尼亚、埃及、挪威、西班牙、英国、荷兰、德国、俄罗斯、美国、澳大利亚等 52 个国家；国内有效问卷 99 份，涉及 15 个市。

2.2.3 国际权威组织报告分析

国际权威组织针对生态退化和生态技术，开展了一系列跟踪研究和评估工作，基于其研究和评估结果，分析不同区域的生态技术需求。通过对 21 个国际组织报告（表2-1）的全面梳理、归纳和总结，应用文献计量和内容分析法，凝练出不同区域生态技术需求。

表 2-1 生态技术需求评估数据和资料来源

国际组织	出版物名称	年份
IPBES	The Matic Assessment of Land Degradation and Restoration	2018
IPBES	Assessment Report on Biodiversity and Ecosystem Services for Europe and Central Asia	2018
IPBES	Assessment Report on Biodiversity and Ecosystem Services for the Americas	2018
IPBES	Assessment Report on Biodiversity and Ecosystem Services for Africa	2018
IPBES	Report of the Plenary of the Intergovernmental Science Policy Platform on Biodiversity and Ecosystem Services on the Work of Its Sixth Session	2018
UNCCD	Sustainable Land Management Contribution to Successful Land-based Climate Change Adaptation and Mitigation	2017
UNCCD	Sustainable Land Management for Climate and People	2017
FAO	FAO Water Reports 45-Drought Characteristics and Management in North Africa and the Near East	2018
WRI	Roots of Prosperity-The Economics and Finance of Restoring Land	2017
UNEP	Global Environment Outlook-6 Assessment：West Asia	2016
UNEP	Global Environment Outlook-6 Assessment：Pan-European Region	2016
UNEP	Global Environment Outlook-6 Assessment：Asia and the Pacific	2016
UNEP	Global Environment Outlook-6 Assessment：Africa	2016
FAO	The State of the World's Land and Water Resources for Food and Agriculture：Systemsat Breaking Point	2012
WOCAT	Desire for Greener Land-Options for Sustainable Land Management in Drylands	2012

国际组织	出版物名称	年份
UNFCCC& UNDP	Technology Needs Assessment for Climate Change	2010
UN	Millennium Ecosystem Assessment. Ecosystems and Human Well-being：Synthesis	2007
UN	Millennium Ecosystem Assessment. Ecosystems and Human Well-being：Desertification Synthesis	2007
UN	Millennium Ecosystem Assessment. Ecosystems and Human Wellbeing：Biodiversity Synthesis	2007
UN	Millennium Ecosystem Assessment. Ecosystems and Human Well-being：Wetlands and Water Synthesis	2007
WB	Sustainable Land Management：Challenges，Opportunities，and Trades-offs	2006

注：IPBES：The Intergovernmental Science-Policy Platform on Biodiversity and Ecosystem Services，生物多样性和生态系统服务政府间科学政策平台；UNCCD：United Nations Convention to Combat Desertification，《联合国防治荒漠化公约》；FAO：Food and Agriculture Organization of the United State，联合国粮食及农业组织；WRI：World Resources Institute，世界资源研究所；UNEP：United Nations Environment Programme，联合国环境规划署；WOCAT：World Overview of Conservation Approaches and Technologies，世界水土保持方法和技术概览；UNFCCC & UNDP：United Nations Framework Convention on Climate Change & United Nations Development Programme，《联合国气候变化框架公约》和联合国开发计划署；UN：United State，联合国；WB：World Bank，世界银行。

2.2.4 文献分析

为了进一步识别和分析 2017～2020 年全球典型生态退化区不同生态技术应用产生的效果，基于 WOS（Web of Science）、Scholar 和 Scopus 等在线数据库进行文献检索，并对相关文献进行分析，以期探讨生态技术在不同退化区的应用效果。共检索出 24 篇论文，包含土壤侵蚀、荒漠化、退化生态系统三类退化问题，覆盖 20 个国家或地区。

2.3 生态技术评价方法

2.3.1 评价指标

对技术的评价包括技术应用难度、技术成熟度、技术效益、技术适宜性、技术推广潜力 5 个维度（Zhen et al.，2017；胡小宁等，2018）。其中，技术应用难度指技术应用过程中对使用者技能素质的要求及技术应用的成本；技术成熟度指对技术体系完整性、稳定性和先进性的度量；技术效益指技术实施后对生态、经济和社会带来的促进作用；技术适宜性指技术与实施区域发展目标、立地条件、经济需求、政策法律配套的一致程度；技术推广潜力指在未来发展过程中该项技术持续使用的优势。

受访专家对技术应用难度、技术成熟度、技术效益、技术适宜性、技术推广潜力每个维度的评价采用利克特（Likert）5 点量表打分法，调查问卷中每项生态技术每个方面的打分最低为 0 分，满分为 5 分，具体的打分标准见表 2-2。其中，技术应用难度（负指标）：5＝非常容易，4＝比较容易，3＝一般，2＝比较困难，1＝非常困难；技术成熟度：5＝完全成熟，4＝成功应用，3＝技术风险可接受，2＝通过验证，1＝关键功能得到验证；技术效益：5＝非常高，4＝比较高，3＝中等，2＝比较低，1＝非常低；技术适宜性：5＝效果非常好，4＝效果良好，3＝较有效，4＝效果未达预期，5＝效果不明显；技术推广潜力：5＝非常高，4＝比较高，3＝中等，2＝比较低，1＝非常低。

表 2-2　退化治理技术打分标准

维度	等级				
	5	4	3	2	1
技术应用难度	非常容易	比较容易	一般	比较困难	非常困难
技术成熟度	完全成熟	成功应用	技术风险可接受	通过验证	关键功能得到验证
技术效益	非常高	比较高	中等	比较低	非常低
技术适宜性	效果非常好	效果良好	较有效	效果未达预期	效果不明显
技术推广潜力	非常高	比较高	中等	比较低	非常低

2.3.2　综合评估指数模型

本研究构建了综合评估指数（evaluation index）用来反映技术修复效果，评估指数是定量反映不同区域、不同退化类型的技术与修复效果的指标。以技术效果评价指标为基础，将评估指数界定为技术在 5 个维度的得分与理想状态下满分的接近程度，计算公式如下：

$$\mathrm{EI} = \frac{\omega_P \times \mathrm{Score}_P + \omega_U \times \mathrm{Score}_U + \omega_R \times \mathrm{Score}_R + \omega_E \times \mathrm{Score}_E + \omega_S \times \mathrm{Score}_S}{\sum\limits_{i=1}^{5} \omega_i \mathrm{Score}_i}$$

式中，EI 为综合指数，取值范围为 0～1，EI≥0.9 为高，0.65<EI<0.9 为中，EI≤0.65 为低；i 为维度；Score_P、Score_U、Score_R、Score_E、Score_S 分别为技术推广潜力、技术应用难度、技术成熟度、技术效益和技术适宜性的评价分数；ω_P、ω_U、ω_R、ω_E、ω_S 分别为 5 个维度的权重；ω_i 为理想状态下第 i 个维度的权重，本章暂采用等权重法，均取 1；Score_i 为理想状态下第 i 个维度技术的得分，本章暂取满分 5 分。

2.4　生态技术需求分析

2.4.1　技术需求分析流程

生态技术需求评估框架包括生态退化诊断、技术需求分析、可行性评估、技术优选、应用指南五部分内容（甄霖等，2020）。采用利益相关者结构式问卷调查、参与式社区评估等方法，构建生态技术需求评价总体框架；根据联合国可持续发展目标、我国生态文明建设目标等，遵从科学性、定性与定量相结合、可操作性等原则，构建生态技术需求可行性评价指标体系。应用生态技术需求评估框架及其技术流程，形成全球和中国典型生态退化区生态技术需求清单。构建典型案例区技术需求可行性评价指标体系及判定阈值，通过专家打分和层次分析法评估生成可行性生态技术需求清单，最后形成"一区一表"（图 2-1）。

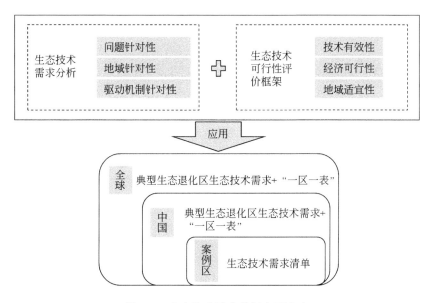

图 2-1　生态技术需求分析主要内容

2.4.2　生态技术需求评估框架及其可行性指标体系构建

基于全球和中国典型生态退化区生态退化空间分布以及典型生态退化区生态退化历史轨迹与趋势判断，采用现场调研、利益相关者结构式问卷调查、参与式社区评估、专家访谈等方法，结合文献计量分析，构建生态技术需求评价总体框架及其应用技术流程。在此基础上，根据联合国可持续发展目标、我国生态文明建设目标、生态治理和恢复目标、区域可持续发展目标等，遵从科学性、定性与定量相结合、可操作性等原则，构建生态技术需求可行性评价指标体系。

2.4.3　全球和中国典型生态退化区生态技术需求分析

选择国内外典型生态退化区为案例区，结合对国内外典型生态退化区专家结构式问卷调研、国际组织报告分析、权威网站数据分析等数据收集和分析方法，基于生态退化空间分布和生态技术库及技术属性表研究结果，应用生态技术需求评估框架及其技术流程，进行技术需求匹配分析，包括生态退化识别和诊断、主要成因、治理和恢复目标，以及生态技术适用的退化类型和退化程度、作用机制等，结合专家打分和层次分析法评估生成这些典型生态退化区可行性生态技术需求清单。

2.5 典型生态退化区"一区一表"制作

在上述分析的基础上，形成涵盖典型生态退化案例区自然及社会经济状况、退化问题、退化程度、治理阶段、驱动因素、现有生态技术及其应用评价、技术需求、技术推荐等内容的具有地域性和退化问题针对性的"退化诊断—技术评价—技术需求"表（简称"一区一表"）。"一区一表"简便易行，便于生态退化案例区直截了当地掌握其退化状况、技术应用及其效果，以及技术需求，有利于生态技术的优选或淘汰。

第 3 章　水土流失案例区生态技术应用

3.1　案例区介绍

水土流失案例区总计 74 个，其中亚洲 54 个，涉及 16 个国家（中国、泰国、老挝、马来西亚、菲律宾、印度尼西亚、印度、巴基斯坦、尼泊尔、孟加拉国、斯里兰卡、土耳其、巴勒斯坦、哈萨克斯坦、日本、韩国）；非洲 7 个，涉及 7 个国家（尼日利亚、几内亚、多哥、埃塞俄比亚、肯尼亚、赞比亚、莱索托）；欧洲 8 个，涉及 6 个国家（英国、荷兰、德国、奥地利、西班牙、俄罗斯）；美洲 3 个，涉及 2 个国家（美国、加拿大）；大洋洲 2 个，涉及 2 个国家（澳大利亚、新西兰）。

3.1.1　亚洲案例区基本情况

1）陕西省宝鸡市岐山县水土流失区：位于宝鸡市东北部，地处关中平原西部，107°33′E～107°55′E，34°7′N～34°37′N。主要驱动因素为水蚀、盐碱化、干旱、洪涝、病虫害；过度开垦、水资源过度开发、工矿开采①。

2）陕西省延安市安塞区水土流失区：位于陕北黄土高原丘陵沟壑区，108°5′44″E～109°26′18″E，36°30′45″N～37°19′3″N。主要驱动因素为水蚀、极端天气；过度开垦。

3）陕西省延安市安塞区纸坊沟流域水土流失区（a）：位于延安市正北，108°5′44″E～109°26′18″E，36°30′45″N～37°19′3″N。主要驱动因素为干旱、水蚀；过度开垦。

4）陕西省延安市安塞区纸坊沟流域水土流失区（b）：位于陕北黄土高原丘陵沟壑区，主要驱动因素为水蚀、极端天气；过度开垦。

5）陕西省延安市宝塔区水土流失区：位于延安市中部，109°14′1″E～101°50′43″E，36°10′33″N～37°2′5″N。主要驱动因素为风蚀、干旱、鼠虫害；过度开垦、水资源过度开发、工矿开采。

6）陕西省延安市羊圈沟流域水土流失区：位于延安市宜川县，距市区 14km，108°56′24″E～109°31′02″E，35°25′48″N～36°42′01″N。主要驱动因素为水蚀、滑坡；过度垦殖、过度放牧等人类活动。

7）陕西省榆林市水土流失区：位于北方农牧交错带中心，107°28′E～111°15′E，36°57′N～39°35′N。主要驱动因素为干旱、水蚀；过度开垦及其他过度人类活动。

8）西北黄土高原区水土流失区：包括山西、内蒙古、陕西、甘肃、青海和宁夏 6 省

---

① 主要驱动因素又分为自然因素与人为因素。

（自治区）共 271 个县（市、区、旗），100°52′E～114°33′E，33°41′N～41°16′N。主要驱动因素为风蚀、水蚀、重力侵蚀；过度开垦、放牧、樵采及水资源过度开发。

9）藏东南林芝市水土流失区：位于主要包括昌都和林芝地区的全部、山南地区的大部、日喀则地区的南部以及那曲地区的东部，78°25′E～99°6′E，26°50′N～36°53′N。主要驱动因素为风蚀、水蚀、盐渍化、冻融；过度放牧、工矿开采。

10）青藏高原水土流失区：包括西藏、青海、甘肃、四川和云南 5 省（自治区）共 144 个县（市、区），73°18′52″E～104°46′59″E，26°00′12″N～39°46′5″N。主要驱动因素为风蚀、水蚀、重力侵蚀；过度开垦、放牧、樵采及水资源过度开发。

11）西南岩溶区水土流失区：位于云贵高原区，包括四川、贵州、云南和广西 4 省（自治区）共 273 个县（市、区），101°54′36″E～112°4′12″E，21°N～29°14′24″N。主要驱动因素为风蚀、水蚀、重力侵蚀；过度开垦、放牧、樵采及水资源过度开发。

12）西南紫色土区水土流失区：包括四川盆地及周围山地丘陵区，103°E～108°E，28°N～32°N。主要驱动因素为风蚀、水蚀、重力侵蚀；过度开垦、放牧、樵采及水资源过度开发。

13）云南省红河流域水土流失区：云南省境内红河流域面积 74 890km²，约占全流域面积的 54%，100°35′E～104°58′E，22°30′N～25°30′N。主要驱动因素为水蚀；过度开垦、水资源过度开发。

14）云南省昭通市水土流失区：位于云南省东北部，云、贵、川三省交界地段，103°46′13″E～103°57′20″E，24°21′3″N～24°31′N。主要驱动因素为水蚀、重力侵蚀；过度开垦、基础设施建设。

15）四川省汶川县水土流失区：位于四川省中部，阿坝藏族羌族自治州东南部，四川盆地西北部边缘，102°51′E～103°44′E，30°45′N～31°43′N。主要驱动因素为水蚀、重力侵蚀、洪涝灾害；过度开垦、基础设施建设。

16）四川省阿坝藏族羌族自治州若尔盖县水土流失区：位于青藏高原东部边缘地带，阿坝藏族羌族自治州北部，102°44′24″E～103°39′E，34°6′N～34°19′N。主要驱动因素为水蚀、干旱；过度开垦、过度放牧。

17）甘肃省定西市水土流失区：位于黄土高原和西秦岭山地交汇区，我国北方农牧交错带西段，103°52′E～105°13′E，34°26′N～35°35′N。主要驱动因素为水蚀；过度开垦。

18）甘肃省天水市甘谷县水土流失区：位于天水市西北部，渭河上游，104°58′E～105°31′E，34°31′N～35°3′N。主要驱动因素为水蚀、重力侵蚀；过度开垦、工矿开采。

19）甘肃省天水市张家川县水土流失区：位于天水市东北部，为六盘山经向构造与秦岭纬向构造交汇处，106°12′E～106°35′E，34°44′N～34°59′24″N。主要驱动因素为干旱；过度开垦。

20）甘肃省天水市罗玉沟流域水土流失区（a）：位于天水市北郊，地处黄土丘陵沟壑区第三副区，是藉河（渭河一级支流）支沟，105°3′E～105°45′E、34°34′N～34°40′N。主要驱动因素为水蚀；过度开垦。

21）甘肃省天水市罗玉沟流域水土流失区（b）：位于天水市北郊，隶属天水市秦州区和麦积区，105°37′E～105°47′E，34°38′N～34°48′E。主要驱动因素为水蚀；过度放牧、过度樵采。

22）内蒙古自治区锡林郭勒盟水土流失区：位于内蒙古自治区中部，116°37′E ~ 119°07′E，43°32′N ~ 45°41′N。主要驱动因素为风力、水力侵蚀；土地过度利用、过度放牧。

23）北方风沙区水土流失区：位于新甘蒙高原盆地区，包括河北、内蒙古、甘肃和新疆 4 省（自治区）共 145 个县（市、区、旗），土地总面积约 239 万 km²。主要驱动因素为风蚀、水蚀、重力侵蚀；过度开垦、放牧、樵采及水资源过度开发。

24）北方土石山区水土流失区：位于北方丘陵山区，包括北京、天津、河北、山西、内蒙古、辽宁、江苏、安徽、山东和河南 10 省（自治区、直辖市）共 662 个县（市、区、旗）。主要驱动因素为风蚀、水蚀、重力侵蚀；过度开垦、放牧、樵采及水资源过度开发。

25）东北黑土区水土流失区：位于东北山地丘陵区，包括内蒙古、辽宁、吉林和黑龙江 4 省（自治区）共 244 个县（市、区、旗），土地总面积约 109 万 km²。主要驱动因素为风蚀、水蚀、重力侵蚀；过度开垦、放牧、樵采及水资源过度开发。

26）河北省承德市水土流失区：位于河北省东北部，115°54′E ~ 119°15′E，40°12′N ~ 42°37′N。主要驱动因素为水蚀、盐碱化、干旱、洪涝、病虫害；过度开垦、水资源过度开发、工矿开采。

27）北京市房山区水土流失区：位于北京市西南，115°25′E ~ 116°15′E，39°30′N ~ 39°55′N。主要驱动因素为水蚀、风蚀；水资源过度开发、工矿开采、基础设施建设。

28）山东省烟台市福山区水土流失区：位于山东半岛东北部，121°15′E ~ 121°22′E，37°14′N ~ 37°29′N。主要驱动因素为水蚀、干旱；过度开垦、基础设施建设。

29）福建省龙岩市长汀县水土流失区：位于福建省龙岩市，116°45′E ~ 116°39′20″E，25°18′40″N ~ 26°2′5″N。主要驱动因素为水蚀；过度开垦。

30）广东省梅州市梅县水土流失区：位于广东省东北部，韩江上游，梅州市中部，115°47′E ~ 116°33′E，23°55′N ~ 24°48′N。主要驱动因素为多山地丘陵、土质疏松、降雨水蚀；过度开垦、基础设施建设。

31）南方红壤区水土流失区：位于南方山地丘陵区，包括上海、江苏、浙江、安徽、福建、江西、河南、湖北、湖南、广东、广西和海南 12 省（自治区、直辖市）共 859 个县（市、区）。主要驱动因素为风蚀、水蚀、重力侵蚀；过度开垦、放牧、樵采及水资源过度开发。

32）泰国曼谷市水土流失区：位于湄南河三角洲东岸，南临暹罗湾，100°29′50″E ~ 100°31′20″E，13°45′50″N ~ 13°50′01″。主要驱动因素为水蚀、洪涝；过度开垦。

33）泰国湄宏顺府水土流失区：位于泰国西北，西北与缅甸相接，东与清迈府为邻，97°54′10″E ~ 97°56′02″E，19°18′36″N ~ 19°23′18″N。主要驱动因素为气候变化；过度捕鱼、工业扩张、旅游业发展。

34）泰国水土流失区：位于中南半岛中南部，97°30′E ~ 105°30′E，5°31′N ~ 21°N。主要驱动因素为水蚀，季节性暴雨；土地过度开采，陡坡耕地。

35）老挝水土流失区：位于中南半岛北部，101°35′E ~ 102°48′E，18°1′N ~ 19°65′N。主要驱动因素为气候变化、旱涝灾害；过度采伐。

36）马来西亚雪兰莪州水土流失区：位于马来西亚半岛西海岸中部，西临马六甲海峡，101°30′E～101°52′E，3°08′N～3°20′N。主要驱动因素为水蚀；水资源过度开发利用。

37）马来西亚吉隆坡市水土流失区：位于马来西亚半岛西海岸，地处巴生河流域，101°42′E～101°68′E，3°8′N～3°12′N。主要驱动因素为水蚀；土地过度利用、工矿业强度大。

38）菲律宾水土流失区：位于亚洲东南部，120°E～122°E，15°N～15°21′N。主要驱动因素为水蚀；过度利用土地。

39）印度尼西亚水土流失区：位于亚洲东南部，地跨赤道，96°E～140°E，12°S～7°N。主要驱动因素为气候变化；热带雨林的减少，过度垦殖。

40）印度水土流失区：位于南亚，68°7′E～97°25′E，8°24′N～37°36′N。主要驱动因素为水蚀，风蚀；土地开垦。

41）巴基斯坦格特基县水土流失区：位于信德省西部，东邻印度，南濒阿拉伯海，69°32′E～69°45′E，28°3′N～28°13′N。主要驱动因素为水蚀；土地过度利用。

42）尼泊尔水土流失区：位于喜马拉雅山中段南麓，84°7′E～85°19′E，27°42′N～28°2′N。主要驱动因素为气候干旱、风蚀；过度放牧。

43）尼泊尔苏瑞佩里河流域水土流失区：位于尼泊尔西部，81°49′E～83°16′E，28°21′N～29°25′N。主要驱动因素为水蚀；土地过度利用，密集耕作。

44）尼泊尔柯西河流域水土流失区：位于尼泊尔东北部、越西河沿岸、首都加德满都西侧，85°E～86°E，27°23′N～28°6′N。主要驱动因素为水蚀；土地过度利用、过度放牧、密集耕作。

45）孟加拉国库尔纳县水土流失区：位于孟加拉国西南部库尔纳区，89°31′12″E～89°34′01″E，22°43′24″N～22°49′03″N。主要驱动因素为海水侵蚀；路堤施工、养殖场扩建。

46）斯里兰卡中央省普塔勒姆区水土流失区：所在地斯里兰卡是印度洋上的岛国，西北隔保克海峡与印度半岛相望，79°42′E～81°53′E，5°55′20″N～9°50′10″N。主要驱动因素为水蚀；过度采伐、过度开垦。

47）斯里兰卡萨巴拉加穆瓦省水土流失区：位于斯里兰卡西南部，80°30′17″E～80°40′02″E，6°30′54″N～6°50′24″N。主要驱动因素为水蚀；过度开垦、采矿。

48）土耳其水土流失区：横跨欧洲和亚洲，42°2′E～43°5′E，38°8′N～39°52′N。主要驱动因素为水蚀；土地过度利用。

49）巴勒斯坦耶路撒冷城水土流失区：位于中东、东地中海沿岸、约旦河西岸，东邻约旦，35°13′E～35°22′E，31°45′N～31°47′N。主要驱动因素为干旱、水蚀；人口高速增长、土地过度利用。

50）哈萨克斯坦北部水土流失区：位于哈萨克斯坦阿克莫拉州，50°E～85°E，40°N～50°N。主要驱动因素为风蚀，水蚀；高强度农业种植、采矿、过度放牧。

51）哈萨克斯坦东南部水土流失区：位于阿拉木图地区北部，76°55′E～78°54′E，43°19′N～44°21′N。主要驱动因素为干旱、风蚀；过度放牧。

52）日本滋贺县爱东町区水土流失区：位于日本列岛中部，135°59′E～136°3′E，

35°12′N ~ 35°14′N,是连接日本东西走廊和沟通太平洋与日本海的通道,属于日本地域中的近畿地方。主要驱动因素为水蚀;过度开垦、化肥农药使用。

53)日本东京都水土流失区:位于日本关东,139°26′24″E ~ 139°44′02″E,35°34′11″N ~ 35°41′01″N。主要驱动因素为气候变化;过度开发。

54)韩国首尔市水土流失区:位于韩国西北部的汉江流域,朝鲜半岛的中部,126°58′20″E ~ 127°03′01″E,37°33′40″N ~ 38°08′52″N。主要驱动因素为水资源过度开发。

3.1.2　非洲案例区基本情况

1)尼日利亚水土流失区:位于西非东南部,30°E ~ 180°,50°N ~ 80°N。主要驱动因素为干旱;无序开矿。

2)几内亚科纳克里市水土流失区:位于几内亚西南沿海,濒临大西洋东侧,13°37′W ~ 13°43′W,9°30′N ~ 9°56′N。主要驱动因素为水蚀;土地过度利用。

3)多哥水土流失区:地处非洲西部,0° ~ 2°W,6°N ~ 12°N。主要驱动因素为海平面上升;过度耕作。

4)埃塞俄比亚水土流失区:地处非洲东部,34°E ~ 40°E,6°N ~ 9°N。主要驱动因素为雨季集中且降水量大;土地过度开垦和过度放牧。

5)肯尼亚水土流失区:位于非洲大陆的东海岸,1°17′S ~ 2°23′S,36°49′E ~ 37°28′E。主要驱动因素为气候干旱;限制游牧民移动政策,人口压力。

6)赞比亚卢萨卡市水土流失区:处于非洲中南部,内陆国家,87°9′E ~ 119°9′E,41°7′N ~ 51°6′N。主要驱动因素为降水量季节性分布不均;森林砍伐。

7)莱索托古廷区水土流失区:位于南非高原东缘,27°33′22″E ~ 28°43′39″E,30°28′12″S ~ 30°48′30″S。主要驱动因素为水蚀;过度开垦。

3.1.3　欧洲案例区基本情况

1)英国曼彻斯特市水土流失区:位于英格兰西北部平原,东部邻近奔宁山脉,2°14′W ~ 2°15′W,53°28′N ~ 53°30′N。主要驱动因素为水蚀;土地过度利用、过度耕作放牧。

2)荷兰代尔夫特市水土流失区:位于南荷兰省,地处海牙和鹿特丹之间,4°22′W ~ 4°38′W,51°58′N ~ 51°59′N。主要驱动因素为干旱、风蚀、水蚀;土地过度利用、过度放牧。

3)德国东弗里斯兰地区水土流失区:位于德国西北部的下萨克森州,7°40′W ~ 7°47′W,53°20′N ~ 53°23′N。主要驱动因素为水蚀;土地过度利用、化学污染。

4)德国勃兰登堡州水土流失区:位于德国东北部,13°06′W ~ 13°86′W,53°21′N ~ 53°32′N。主要驱动因素为风蚀、水蚀;土地过度利用、过度放牧。

5)奥地利水土流失区:位于9°W ~ 17°2′W,46°5′N ~ 49°N。主要驱动因素为侵蚀地貌;过度采伐。

6）西班牙瓦伦西亚市水土流失区：地处西班牙东部，东临地中海，0°21′35″E ~ 0°43′51″E，39°28′12″N ~ 39°38′50″N。主要驱动因素为水蚀、病虫害；过度樵采、城市扩张。

7）俄罗斯萨拉托夫州水土流失区：位于东欧平原东南部，伏尔加河下游，45°57′10″E ~ 46°48′53″E，51°59′15″N ~ 52°29′35″N。主要驱动因素为水蚀；过度开垦、过度樵采。

8）俄罗斯水土流失区：夏季降水集中，冬春两季冻融作用显著，极易诱发水土流失，30°E ~ 180°，50°N ~ 80°N。主要驱动因素为气候变化；盗伐。

3.1.4 美洲案例区基本情况

1）美国加利福尼亚州水土流失区：位于美国西南部太平洋沿岸，117°47′40″W ~ 120°01′02″W，33°41′2″N ~ 34°03′51″N。主要驱动因素为水蚀、气候变化；过度开垦、过度放牧、化肥农药使用。

2）加拿大多伦多市水土流失区：位于加拿大南部，地处安大略湖西北沿岸，79°23′W ~ 79°25′W，43°39′N ~ 43°40′N。主要驱动因素为风蚀、水蚀；土地过度利用、密集耕作。

3）加拿大安大略省水土流失区：位于加拿大中部，北至哈得孙湾，东邻魁北克省，西接马尼托巴省，南部与美国明尼苏达州、密歇根州、俄亥俄州、宾夕法尼亚州和纽约州为界，77°17′W ~ 78°23′W，43°13′N ~ 43°39′N。主要驱动因素为水蚀；密集耕作、化学污染。

3.1.5 大洋洲案例区基本情况

1）澳大利亚沃加沃加镇水土流失区：位于新南威尔士州西部，地处悉尼西南方，147°22′E ~ 147°35′E，35°3′S ~ 35°11′S。主要驱动因素为干旱、风蚀；土地过度利用、土地盐碱化。

2）新西兰水土流失区：位于太平洋西南部，169°40′E ~ 172°47′E，37°51′S ~ 38°2′S。主要驱动因素为水蚀、气候变化；过度开垦、过度放牧、水资源不合理利用。

3.2 生态技术种类及存在问题

从表 3-1 可以看出，针对水土流失的 74 个案例区，总计采用了 153 项技术进行治理。其中，亚洲采用技术数量最多的是宝鸡市岐山县（3 项），其次是延安市宝塔区（3 项），再次是榆林市（3 项）。非洲采用技术数量最多的是尼日利亚（2 项），其次是科纳克里市（2 项），再次是埃塞俄比亚（2 项）。欧洲采用技术数量最多的是曼彻斯特市（2 项），其次是代尔夫特市（2 项），再次是东弗里斯兰地区（2 项）。美洲采用技术数量最多的是加利福尼亚州（2 项），其次是多伦多市（2 项），再次是安大略省（2 项）。大洋洲的水土流失区有 2 个，加沃加镇和新西兰，采用的技术数量都是 2 项。目前生态技术的使用中存在各类不同的问题（表 3-1）。

表 3-1　水土流失案例区治理技术主要种类及存在问题①　　　（单位：项）

	编号	案例区名称	技术数量	技术名称	存在问题
亚洲	1	岐山县	3	梯田/人工造林/淤地坝	维护成本高，缺少配套技术；耗水高；调洪能力不足
	2	安塞区	2	梯田/人工造林	维护成本高，缺少配套技术；耗水量大
	3	纸坊沟流域（a）	2	植被恢复/梯田	监管困难，投入大，成本高；秋季暴雨损坏田埂
	4	纸坊沟流域（b）	2	梯田/人工造林	缺少维护；树种的适宜性、林地管护问题
	5	宝塔区	3	封山禁牧/舍饲养畜/退耕还林	梯田老龄化；极端降水事件影响大；高陡边坡无法恢复植被；林草管护投入高
	6	羊圈沟流域	2	淤地坝/退耕还林	当前利用率较低；低温寒潮、极端天气影响存活率
	7	榆林市	3	淤地坝/人工梯田/人工建植	工程设计不准确；配套设施不完善；后期管理、维护不到位；建植树种单一
	8	黄土高原区	3	封育/淤地坝/林分改造	维护成本高；经济效益低；品种选育难
	9	林芝市	2	围栏禁牧/人工种草	耗水多，维护成本高，撂荒后生态风险大
	10	青藏高原	2	围栏封育/生态移民	监管难度大，影响牧民收入；短期经济效益不明显
	11	西南岩溶区	3	坡改梯/封山育林/经果林种植	成本高；缺乏配套技术；经济效益低；优良品种选育难；品种升级难；市场同质化问题严重
	12	西南紫色土区	3	退耕还林/坡改梯/封育	经济效益低；成本高；缺少配套技术；拉动就业难
	13	红河流域	2	梯田/水源涵养林	耗水过多，维护成本高；过度砍伐，管护不到位
	14	昭通市	2	梯田/等高种植	维护成本高；缺乏经济激励机制
	15	汶川县	2	绿化混凝土护坡/挡土墙	维护成本高，缺少相应配套技术；过度开发利用
	16	若尔盖县	2	轮牧禁牧/人工建植	缺少相应配套技术；适宜性存在问题
	17	定西市	3	乔灌草配置/人工梯田/淤地坝	未针对不同环境匹配物种；部分梯田质量差；部分淤地坝滞洪能力不足；缺少配套排水技术

---

　　① 为综合对比分析评价同一技术，对不同区域的技术进行了整合和归纳，因此可能会存在与"一区一表"中的技术名称不完全一致的情况，以实际适用技术为准。后同。

续表

编号	案例区名称	技术数量	技术名称	存在问题
18	甘谷县	2	退耕还林/梯田	建植树种较为单一；易被冲毁
19	张家川县	2	梯田/淤地坝	易被损毁；维护整修投入较大
20	罗玉沟流域（a）	3	人工梯田/淤地坝/水保林	成本高；缺乏防汛管理；树种单一，病虫害易发
21	罗玉沟流域（b）	2	退耕还林/梯田	树种成活率低；易被冲毁
22	锡林郭勒盟	2	以草定畜/围栏封育	监管难度高；缺乏动态监测；影响野生动物觅食
23	北方风沙区	2	淤地坝/植树造林	未定时维护；缺少配套排水技术，经济效益不明显；耗水多；未解决居民生计问题
24	北方土石山区	2	梯田/封山育林	经济效益不高，暴雨时易损毁
25	东北黑土区	2	保护区建设/退耕	管理难度大，经费紧张，退耕难度大
26	承德市	2	鱼鳞坑/竹节沟	劳动力成本高；耗水量大
27	北京市房山区	2	水平梯田/造林绿化	耗水量大；维护成本高
28	烟台市福山区	2	环保路面固化/水源涵养林	成本较高，不能大规模应用；树种的养护较难
29	长汀县	2	生态农业/种植经济灌木	对人员素质要求较高，前期投资高；树种的养护困难
30	梅县	3	人工建植/梯田/谷坊群	未针对不同环境匹配物种；部分梯田质量差；机械化程度低；拦沙蓄水能力有限；缺少配套泄洪技术
31	南方红壤区	2	人工建植/梯田	未能针对不同环境匹配物种；部分梯田质量较差；道路修建不合理，机械化程度较低
32	曼谷市	2	平台式梯田/蓄水库	较易被冲毁，平台易积水；水库建设投入较高
33	湄宏顺府	2	森林保护立法/人工造林	执法难度大；树种单一、病虫害频发
34	泰国	2	小台阶梯田/截水沟	不适合机械化耕作，效益较低；成熟度较低
35	老挝	1	水质监控网络	缺少专业技术人员
36	雪兰莪州	2	梯田/水保林	强降雨引起梯田毁坏；幼苗存活率低，经济效益低
37	吉隆坡市	2	人工建植/洪水监测	树种单一且存活率低；适于近海地区，难以推广

（编号列左侧纵排：亚洲）

续表

编号		案例区名称	技术数量	技术名称	存在问题
亚洲	38	菲律宾	2	灌木等高篱/石墙梯田	技术推广难；结构耐久性差、维护所需费用高
	39	印度尼西亚	2	梯田/使用本地物种人工建植	缺少利益相关者培训；牧民保护草地意识弱
	40	印度	2	秸秆覆盖/带状种植	社区参与度低；技术推广困难
	41	格特基县	2	旱作农业/防护林建植	未有效利用水资源；当地居民生态修复意识较低
	42	尼泊尔	2	水资源保护/三人一组幼苗种植与管护	成本较高；在人口分散地区应用较难
	43	苏瑞佩里河流域	2	淤地坝/人工建植	成熟度较低，成本高；树种适宜性较低
	44	柯西河流域	2	人工建植/挡土墙	树种单一，病虫害频发；挡土墙易侵蚀，维护困难
	45	库尔纳县	1	种植耐、抗盐碱作物	盐碱化问题依然存在，农作物减产
	46	普塔勒姆区	2	植树造林/施用生物炭	树种单一、成活率低；成本较高
	47	萨巴拉加穆瓦省	2	辅助植被自然再生/幼苗抚育	成本较高
	48	土耳其	2	轮牧/滴灌	适宜性较差；推广难度大
	49	耶路撒冷城	2	农林间作/本地植物种植	物种选取不合理，影响收入；水资源过度开发利用
	50	哈萨克斯坦北部	3	休耕/等高线种植/草方格	监管困难，应用难度大；成本较高，耗费人力
	51	哈萨克斯坦东南部	2	坡改梯/施用有机肥	—
	52	滋贺县爱东町区	2	循环农业/土壤改良	应用难度大，对农业人员技能要求较高；成本较高
	53	东京都	2	复合农业/湿地保护区	耗水过多，农业投入大；缺少配套措施
	54	首尔市	1	河岸植被带	成本较高
非洲	1	尼日利亚	2	矿区生态工程/生态恢复规划	缺少技术人员和相关技术；缺少政策和资金支持
	2	科纳克里市	2	农林间作/地下排水系统	易受病虫害侵害；成本高
	3	多哥	1	简易水坝	缺少新技术和资金
	4	埃塞俄比亚	2	石头堤岸与排灌沟槽/人工建植	成本较高；幼苗存活率较低
	5	肯尼亚	2	人工造林/旱作农业	未兼顾生物多样性；成本较高
	6	卢萨卡市	2	免耕/农林复合种植	难以被用户接受；成本较高，适宜的区域有限
	7	古廷区	2	保护性耕作/农田防护林	对农民耕作技术要求较高；造林树种较单一

编号		案例区名称	技术数量	技术名称	存在问题
欧洲	1	曼彻斯特市	2	草地农业系统/舍饲养殖	未考虑土地资源承载力；管理成本较高
	2	代尔夫特市	2	地下灌溉/物种选育	成本高，未有效改善土壤质量；物种选育需时长
	3	东弗里斯兰地区	2	污水处理/植被保护	后期维护困难；成本较高
	4	勃兰登堡州	2	休耕/退耕还草	休耕区管理困难；影响居民收入，农户接受度低
	5	奥地利	2	森林经营/小流域综合治理	成本高
	6	瓦伦西亚市	2	人工造林/定期燃植	树种单一、病虫害频发；成本较高
	7	萨拉托夫州	2	滴灌/少耕、免耕	成本较高，滴灌技术仍需完善；收益提高不明显
	8	俄罗斯	1	坡耕地水保措施	社区参与度不高
美洲	1	加利福尼亚州	2	生物防治/温室二氧化碳回收	成本较高，需对植物和气候条件持续监测；互联的二氧化碳回收管道建设成本较高
	2	多伦多市	2	物种选育/农草间作	土壤质量改善效果不显著；农户主观能动性较低
	3	安大略省	2	废物回填/污水处理	淡水湖中仍有大量污染物；处理效率较低
大洋洲	1	加沃加镇	2	地膜覆盖/封育	土壤次生盐渍化，应用难度较大；管理成本较高
	2	新西兰	2	保护性耕作/河道清淤	土壤改良作用见效较慢；工程实施成本较高
		总计	153		

3.3 生态技术空间分布

从表 3-2 可以看出，针对水土流失，总计采用了 153 项技术进行治理。其中应用最多的是梯田（17 项），主要分布在亚洲（中国、马来西亚、印度尼西亚）；其次是淤地坝（9 项），主要分布在亚洲（中国、尼泊尔）；第三是人工建植（8 项），主要分布在亚洲和非洲（中国、马来西亚、尼泊尔、埃塞俄比亚）；第四是退耕/退耕还林/还草（7 项），主要分布在亚洲和欧洲（中国、德国）；第五是人工造林（6 项），主要分布在亚洲、非洲、欧洲（中国、泰国、肯尼亚、西班牙）；第六是围栏封育（5 项），主要分布在亚洲和大洋洲（中国、澳大利亚）；第七是坡改梯（3 项），主要分布在亚洲（中国、哈萨克斯坦）；第八是舍饲养殖（2项），主要分布在亚洲和欧洲（中国、英国）；第九是封山育林（2项），主要分布在亚洲（中国）；第十是挡土墙（2项），主要分布在亚洲（中国、尼泊尔）。

表3-2　水土流失案例区治理技术分布情况

技术名称	技术数量	分布区域					主要国家
		亚洲	非洲	欧洲	美洲	大洋洲	
梯田	17	17					中国、马来西亚、印度尼西亚
淤地坝	9	9					中国、尼泊尔
人工建植	8	7	1				中国、马来西亚、尼泊尔、埃塞俄比亚
退耕/退耕还林/还草	7	6		1			中国、德国
人工造林	6	4	1	1			中国、泰国、肯尼亚、西班牙
围栏封育	5	4				1	中国、澳大利亚
坡改梯	3	3					中国、哈萨克斯坦
舍饲养殖	2	1		1			中国、英国
封山育林	2	2					中国
挡土墙	2	2					中国、尼泊尔
植树造林	2	2					中国、斯里兰卡
水保林	2	2					中国、马来西亚
旱作农业	2	1	1				巴基斯坦、肯尼亚
滴灌	2	1		1			土耳其、俄罗斯
农林间作	2	1	1				巴勒斯坦、几内亚
休耕	2	1		1			哈萨克斯坦、德国
免耕	2		1	1			赞比亚、俄罗斯
保护性耕作	2		1			1	莱索托、新西兰
物种选育	2			1	1		荷兰、加拿大
污水处理	2			1	1		德国、加拿大
植被恢复	1	1					中国
轮牧	1	1					土耳其
轮牧禁牧	1	1					中国
封山禁牧	1	1					中国
林分改造	1	1					中国

续表

技术名称	技术数量	分布区域					主要国家
		亚洲	非洲	欧洲	美洲	大洋洲	
围栏禁牧	1	1					中国
人工种草	1	1					中国
生态移民	1	1					中国
经果林种植	1	1					中国
水源涵养林	1	1					中国
等高种植	1	1					中国
绿化混凝土护坡	1	1					中国
种植耐、抗盐碱作物	1	1					孟加拉国
水源涵养林	1	1					中国
乔灌草空间	1	1					中国
以草定畜	1	1					中国
保护区建设	1	1					中国
鱼鳞坑	1	1					中国
竹节沟	1	1					中国
水平梯田	1	1					中国
造林绿化	1	1					中国
环保路面固化	1	1					中国
生态农业	1	1					中国
种植经济灌木	1	1					中国
谷坊群	1	1					中国
平台式梯田	1	1					泰国
蓄水库	1	1					泰国
森林保护立法	1	1					泰国
小台阶梯田	1	1					泰国
截水沟	1	1					泰国
水质监控网络	1	1					老挝
洪水监测	1	1					马来西亚

续表

技术名称	技术数量	分布区域					主要国家
		亚洲	非洲	欧洲	美洲	大洋洲	
灌木等高篱	1	1					菲律宾
石墙梯田	1	1					菲律宾
使用本地物种人工建植	1	1					印度尼西亚
秸秆覆盖	1	1					印度
带状种植	1	1					印度
幼苗抚育	1	1					斯里兰卡
本地植物种植	1	1					巴勒斯坦
等高线种植	1	1					哈萨克斯坦
草方格	1	1					哈萨克斯坦
施用有机肥	1	1					哈萨克斯坦
循环农业	1	1					日本
土壤改良	1	1					日本
复合农业	1	1					日本
湿地保护区	1	1					日本
河岸植被带	1	1					韩国
矿区生态工程	1		1				尼日利亚
生态恢复规划	1		1				尼日利亚
地下排水系统	1		1				几内亚
简易水坝	1		1				多哥
石头堤岸与排灌沟槽	1		1				埃塞俄比亚
防护林建植	1	1					巴基斯坦
水资源保护	1	1					尼泊尔
三人一组幼苗种植与管护	1	1					尼泊尔
施用生物炭	1	1					斯里兰卡
辅助植被自然再生	1	1					斯里兰卡
农林复合种植	1		1				赞比亚
农田防护林	1		1				莱索托

续表

技术名称	技术数量	分布区域					主要国家
		亚洲	非洲	欧洲	美洲	大洋洲	
草地管护	1			1			英国
地下灌溉	1			1			荷兰
植被保护	1			1			德国
森林经营	1			1			奥地利
小流域综合治理	1			1			奥地利
定期燃植	1			1			西班牙
坡耕地水保措施	1			1			俄罗斯
生物防治	1				1		美国
温室二氧化碳回收	1				1		美国
农草间作	1				1		加拿大
废物回填	1				1		加拿大
地膜覆盖	1					1	澳大利亚
河道清淤	1					1	新西兰
总计	153	115	13	15	6	4	

3.4 生态技术评价

生物类水土流失治理技术主要包括生物防治、林分改造、物种选育等 11 项技术；工程类主要包括蓄水库、坡改梯、谷坊群等 16 项技术；农作类主要包括农林间作、休耕/免耕/少耕、立体农业等 9 项技术；管理类主要包括建立保护区、围栏封育、舍饲/半舍饲养殖等 10 项技术（表 3-3），共 46 项。水土流失治理中工程类技术运用最多，占治理技术总量的 34.78%，其次是生物类、管理类和农作类技术，占比分别为 23.91%、21.74% 和 19.57%。综合四类技术来看，综合指数>0.9 的技术包括生物防治（生物类）、蓄水库（工程类）、林分改造（生物类）、坡改梯（工程类）、农林间作（农作类）5 项技术，其中有 2 项工程类技术，2 项生物类技术，可见工程类和生物类技术在水土流失治理中效果较好，管理类技术虽然数量较多，但技术的综合指数均未超过 0.9，说明管理类技术在水土流失治理中的效果较差。

表 3-3 水土流失治理技术评价与综合排序

技术名称		技术评价					
		技术推广潜力	技术应用难度	技术成熟度	技术效益	技术适宜性	综合指数
生物类	生物防治	4.00	5.00	5.00	5.00	5.00	0.96
	林分改造	5.00	4.50	4.50	4.50	5.00	0.94
	物种选育	3.50	4.50	5.00	4.50	5.00	0.90
	"飞播造林/草"	5.00	3.00	4.00	5.00	5.00	0.88
	乔灌草空间配置	5.00	3.00	4.00	5.00	5.00	0.88
	防护林/缓冲林	4.50	3.75	4.25	4.25	4.25	0.84
	植物篱	4.50	3.50	5.00	4.00	4.00	0.84
	耐盐碱作物种植	5.00	3.00	4.00	4.00	5.00	0.84
	人工造林/草	4.20	4.25	4.20	4.24	4.09	0.84
	秸秆覆盖	5.00	3.00	4.00	3.00	3.00	0.72
	地膜覆盖	3.00	2.00	3.00	4.00	3.00	0.60
工程类	蓄水库	4.00	5.00	5.00	5.00	5.00	0.96
	坡改梯	4.50	4.00	5.00	4.50	5.00	0.92
	谷坊群	5.00	4.00	4.00	5.00	5.00	0.88
	废物回填	4.00	4.00	5.00	4.00	5.00	0.88
	退耕还林/草	4.33	4.50	4.50	3.67	4.50	0.86
	污水处理	3.50	4.50	5.00	4.00	4.00	0.84
	绿化混凝土护坡	5.00	4.00	4.00	4.00	4.00	0.84
	环保路面固化剂	5.00	3.00	3.00	5.00	5.00	0.84
	温室二氧化碳回收	5.00	3.00	3.00	5.00	5.00	0.84
	挡土墙	4.00	3.00	4.50	4.50	4.50	0.82
	河道清淤	4.00	3.00	3.00	5.00	5.00	0.80
	梯田	4.33	2.80	4.12	3.82	3.91	0.76
	石堤	3.00	4.00	4.00	3.00	4.00	0.72
	淤地坝	2.90	3.87	4.00	3.40	3.57	0.71
	地下排水系统	2.00	4.00	4.00	4.00	3.00	0.68
	截水沟	3.00	2.00	3.00	3.00	3.00	0.56

续表

技术名称		技术评价					
		技术推广潜力	技术应用难度	技术成熟度	技术效益	技术适宜性	综合指数
农作类	农林间作	4.25	4.75	4.75	4.75	4.50	0.92
	休耕/免耕/少耕	4.67	4.33	5.00	4.00	4.33	0.89
	立体农业	4.25	3.50	4.25	4.75	5.00	0.87
	保护性耕作	4.00	4.50	5.00	4.00	4.00	0.86
	土壤改良/培肥	4.67	3.67	4.00	4.00	4.33	0.83
	滴灌	3.50	4.50	4.00	4.00	4.50	0.82
	等高带状耕作	4.00	3.00	4.00	4.50	4.00	0.78
	带状耕作	3.00	3.00	4.00	3.00	4.00	0.68
	地下水灌溉	2.00	3.00	2.00	5.00	4.00	0.64
管理类	建立保护区	4.00	3.00	5.00	5.00	5.00	0.88
	围栏封育	4.00	4.67	4.67	4.00	4.33	0.87
	舍饲/半舍饲养殖	4.00	3.50	4.50	4.50	4.75	0.85
	以草定畜	4.00	3.00	5.00	5.00	4.00	0.84
	森林规划经营	4.00	3.00	5.00	4.00	5.00	0.84
	自然恢复	4.00	4.00	5.00	3.00	4.00	0.80
	三人一组幼苗种植与管护	3.00	5.00	4.00	4.00	4.00	0.80
	森林保护立法	3.00	3.00	4.00	4.00	4.00	0.72
	禁牧/休牧/轮牧	2.53	3.47	3.40	4.20	3.40	0.68
	定期燃植	2.00	4.00	4.00	3.00	3.00	0.64

本章附录　水土流失案例区"一区一表"

亚洲：（1）陕西省宝鸡市岐山县水土流失区			
地理位置	位于陕西省宝鸡市东北部，地处关中平原西部，107°33′E ~ 107°55′E，34°7′N ~ 34°37′N		
案例区描述	自然条件	属暖温带大陆性季风型半湿润气候，总面积856.45km²，年平均气温11.9℃，年平均降水量700mm，年日照平均2066.6h，全年无霜期158 ~ 225天。土壤类型主要有黄土、褐土、潮土、水稻土和沼泽土六大类。森林覆盖率36.4%。主要木本植物包括油松、华山松、白皮松、侧柏、圆柏、水柏、银杏等	
	社会经济	岐山县下辖9个镇，常住人口46.5万人（2018年），其中城镇人口约22.1万人，农村人口约24.4万人，常住人口城镇化率47.5%。城镇居民人均可支配收入31 411元，农村居民人均可支配收入12 505元。全县农作物播种面积4.14万hm²（2018年），其中，果园0.60万hm²，蔬菜园0.61万hm²	

生态退化问题：水土流失			
退化问题描述	全县水土流失面积670km²（2008年），占总面积的78%，以水力侵蚀为主，平均土壤侵蚀模数2100t/km²，年输沙量341.7万t		
驱动因子	自然：水蚀、盐碱化、干旱、洪涝、病虫害　　人为：过度开垦、水资源过度开发、工矿开采		
治理阶段	处于生态治理中期阶段，致力于加快产业转型保护生态环境，如建立关中、陕北现代草业示范区，扩大粮改饲实施区域；在陕南和陕北山区推行养殖场上山模式，建立产销一体化的草产业链条，促进规模化、现代化、集团化草业发展。彻底清理"大棚房"问题，落实、巩固"田长制""河长制""林长制"，坚守耕地红线，大力整治非法采砂、采石和乱采滥挖		

现有主要技术		
技术名称	1. 梯田	2. 人工造林	3. 淤地坝

效果评价			
存在问题	维护成本高，缺少相应配套技术	耗水高，部分树种不适合本地生长环境	对于连续洪水的调洪适应能力不足

技术需求		
技术需求名称	1. 土壤改良	2. 节水灌溉
功能和作用	保持土壤，提高地力，蓄水保水	节水抗旱

推荐技术		
推荐技术名称	1. 农业秸秆循环利用	2. 膜下滴灌
主要适用条件	需要进行土壤改良的农田	气候干旱、降水少的农田

(2) 陕西省延安市安塞区水土流失区

地理位置		位于陕北黄土高原丘陵沟壑区，108°5′44″E ~ 109°26′18″E，36°30′45″N ~ 37°19′3″N
案例区描述	自然条件	中温带大陆性半干旱季风气候，年均气温 9.1℃，年均降水量 506mm，全年降水量的 60% 集中在 7 ~ 9 月。总面积 2950km²，海拔 964 ~ 1640m
	社会经济	安塞区墚峁旱作农业，坡耕地面积大，1999 年前，15° 以上的坡耕地占农用地面积的 71.9%，25° 以上坡耕地占 34.4%。2015 年，安塞区农业人口 14.65 万人，占 75.0%，第一产业占 7.8%，农业总产值中种植业占 83.9%，林业占 3.1%，牧业占 10.3%，农村居民年人均纯收入 1.04 万元

生态退化问题：水土流失		
退化问题描述		2015 年水土流失面积 2832km²，占土地总面积的 96%，是典型受人类活动影响的生态环境脆弱区
驱动因子		自然：水蚀、极端天气　　人为：过度开垦
治理阶段		"七五" 期间提出的水土保持型生态农业模式是我国现阶段 "山水林田湖生命共同体" 理念的缩影；"八五" 期间提出的生态系统经过 20 集中连续治理可以初步进入良性循环的生态系统恢复三阶段理论，成为水利部制订全国水土保持生态建设规划的重要参考，为国家退耕还林还草生态建设提供了实证。"九五" 期间提出黄土丘陵区植被建设要强调 "因地制宜、还林还草、科学实施" 的原则，以自然恢复为主

现有主要技术		
技术名称	1. 梯田	2. 人工造林
效果评价		
存在问题	维护成本高，缺少相应配套技术	耗水过高，部分树种不适合本地生长环境

技术需求		
技术需求名称	1. 生物多样性维护	2. 梯田护埂
功能和作用	维持生物多样性	农田保护，土壤保持，蓄水保水

推荐技术		
推荐技术名称	1. 高效农业技术	2. 经果林品种升级
主要适用条件	高标准农田	经果林品种老化的地块

(3) 陕西省延安市安塞区纸坊沟流域水土流失区 （a）		
地理位置	位于陕西省延安市正北，108°5′44″E～109°26′18″E，36°30′45″N～37°19′3″N。该区东与子长市相邻，西与志丹县相接，北与榆林市靖边县接壤，南与甘泉县、宝塔区毗邻	
案例区描述	自然条件	属暖温带半干旱气候，纸坊沟流域总面积8.27km²，海拔1100～1400m。年均降水量483mm，主要集中在6～9月，占全年降水量的73.6%。年均气温8.8℃，积温3113.9℃，平均无霜期159天。年日照总时数2425.6h，年辐射量为551.76万kJ/m²。77.1%的土壤为黄绵土
	社会经济	纸坊沟流域包括纸坊沟、寺崾岘、瓦树塌3个自然村，截至2005年有住户113户，534人，人口密度65人/km²，人均耕地面积0.104hm²，年均纯收入3500元/人
生态退化问题：水土流失		
退化问题描述	位于黄土高原中部典型黄土丘陵沟壑水土流失严重区	
驱动因子	自然：干旱、水蚀　　人为：过度开垦	
治理阶段	2022年全区新增水土流失治理面积101.74km²，水土流失治理面积累计达到1146.57km²，治理率为38.85%，水土保持率由2021年的37.81%提高到了2022年的38.85%	
现有主要技术		
技术名称	1. 植被恢复	2. 梯田
效果评价		
存在问题	监管困难，投入大，成本高	人工梯田年久失修；秋季暴雨损坏田埂
技术需求		
技术需求名称	1. 自然恢复	2. 休耕
功能和作用	提高植被覆盖，防止土壤侵蚀	增加土壤有机质含量，缓解土壤侵蚀
推荐技术		
推荐技术名称	1. 自然封育	2. 经果林树种更新
主要适用条件	植被恢复较好的区域	树种过老的地块

（4）陕西省延安市安塞区纸坊沟流域水土流失区（b）

地理位置		位于陕北黄土高原丘陵沟壑区，108°5′44″E ~ 109°26′18″E，36°30′45″N ~ 37°19′3″N
案例区描述	自然条件	纸坊沟流域和南沟流域是安塞区境内的两个主要流域。纸坊沟流域位于沿河湾镇，流域面积8.27km²，土地利用类型以耕地、林地和草地为主，三类土地占比超过95%；15°以上土地占比超过60%
	社会经济	纸坊沟流域包括3个自然村，目前，沟口川地以种植水果和蔬菜大棚为主，沟头坡地以果业为主，种植业和养殖业为辅，外出务工人员占比达80%以上

生态退化问题：水土流失		
退化问题描述		该流域地貌极为破碎，沟谷纵横，沟壑密度高达8.1km/km²。水土流失重点区域，平均土壤侵蚀模数5000 ~ 6000t/（km²·a）。该流域处于森林草原带的北部边缘，天然植被主要为半旱生草灌类，治理前植被稀少，开垦指数极高，水土流失严重，年平均侵蚀产沙模数达14 000t/km²
驱动因子		自然：水蚀、极端天气　　人为：过度开垦
治理阶段		"七五"期间成为黄土高原综合治理试验示范区，流域内农户先于流域外开展水平沟种植作物，经过水土保持规划和治理，特别是1999年退耕还林（草）以来，林草面积比例逐步增加

现有主要技术		
技术名称	1. 梯田	2. 人工造林
效果评价		
存在问题	缺少必要的维修和加固	树种的适宜性、林地管护问题

技术需求		
技术需求名称	1. 梯田护埝	2. 林分改造
功能和作用	农田保护，土壤保持，蓄水保水	维持生物多样性、优化群落结构

推荐技术		
推荐技术名称	1. 休耕	2. 近自然林
主要适用条件	土壤结构、肥力和生产力下降的农田	人工林地

（5）陕西省延安市宝塔区水土流失区		
地理位置	位于延安市中部，109°14′1″E～110°50′43″E，36°10′33″N～37°2′5″N	

案例区描述	自然条件	属暖温带大陆性季风型半湿润气候，总面积 3556km²，海拔 860.6～1525m，年均无霜期 150 天，年均气温 7℃，年均降水量 550mm。西北、西南部高，中部隆起，呈两个环状向东倾斜的丘陵河谷地形
	社会经济	宝塔区下辖 12 个镇，常住人口 47.5 万人（2010 年），天然次生林 10.53 万 hm²，退耕还林 6.43 万 hm²。GDP 363.91 亿元，粮食播种面积 2.79 万 hm²，粮食总产量 7.87 万 t（2019 年）；苹果面积 2.91 万 hm²，产量 26.2 万 t；蔬菜面积 0.31 万 hm²，产量 13.8 万 t（2011 年）

生态退化问题：水土流失	
退化问题描述	延安市土壤侵蚀面积 27 699.07km²，占总面积的 75.02%，而中度以上侵蚀占总侵蚀面积的 80.81%。主要位于黄土高原丘陵沟壑区及部分风沙区。土壤侵蚀以强度面蚀、沟蚀和风蚀为主。该地区被黄土所覆盖，黄土结构松散，土质疏松，抗侵蚀能力低，遇水极易分散、崩解，加之降水量季节分配不均，夏季降水集中，且多暴雨，导致该地区水土流失极为严重
驱动因子	自然：风蚀、干旱、鼠虫害　　人为：过度开垦、水资源过度开发、工矿开采
治理阶段	处于生态治理中期阶段，致力于加快产业转型保护生态环境，如建立关中、陕北现代草业示范区，扩大粮改饲实施区域；在陕南和陕北山区推行养殖场上山模式，建立产销一体化的草产业链条，促进规模化、现代化、集团化草业发展。彻底清理"大棚房"问题，落实、巩固"田长制""河长制""林长制"，坚守耕地红线，大力整治非法采砂、采石和乱采滥挖

现有主要技术		
技术名称	1. 封山禁牧	2. 舍饲养畜	3. 退耕还林/还草

效果评价			
存在问题	梯田老龄化影响其持续利用；极端降水事件影响大	高陡边坡无法恢复植被	林草管护所需要人员和经费的投入高

技术需求	
技术需求名称	1. 边坡防护技术	2. 植被配置技术
功能和作用	土壤抗蚀，防灾减灾	提高植被覆盖度，土壤保持

推荐技术	
推荐技术名称	1. 适宜的经济作物（果园、作物、观赏花卉等）种植技术	2. 耐旱品种选育
主要适用条件	需要更换品种的区域，缓坡地、梯田	适宜农作物种植的区域

(6) 陕西省延安市羊圈沟流域水土流失区		
地理位置	位于陕西省延安市宜川县，距市区 14km，108°56′24″E ~ 109°31′02″E，35°25′48″N ~ 36°42′01″N	

案例区描述	自然条件	羊圈沟流域面积 35.87km²。地貌类型为黄土塬和黄土沟，沟谷密度 2.74km/km²，属典型黄土丘陵沟壑区。区域气候为半干旱大陆性季风气候，年平均降水量 535mm，降水多集中在 7 ~ 9 月。流域内土壤以黄绵土为主，抗蚀性差，水土流失严重
	社会经济	流域土地利用以坡耕地、梯田农地、果园、草地和林地为主，2011 年，耕地面积 39.27hm²，属典型缺土地村，年总产粮 5.54 万 kg，亩均产粮 94kg，淤地坝工程建成后，已淤地面积 4.16hm²，全部种植粮食，粮食亩产 500kg，亩均增产 406kg，增产效益十分显著

生态退化问题：水土流失		
退化问题描述	水土流失面积 35.87km²，1991 ~ 1996 年平均土壤侵蚀模数 8979t/(km²·a)，流域内自然植被破坏殆尽，垦殖指数较高。流域 1980 ~ 1990 年平均土壤侵蚀模数 11 866t/(km²·a)，1991 ~ 1996 年为 8979t/(km²·a)	
驱动因子	自然：水蚀、滑坡（边坡失稳）　　人为：过度垦殖、过度放牧等	
治理阶段	处于生态治理中期阶段，为了实现水土保持、生态平衡的综合治理效果，需要进行水利水保设施的工程建设，加大防御措施，实行退耕还林，建造拦沙坝、排灌渠和防洪堤等防风固沙工程，发挥水利水保设施的蓄水功能、防洪功等防御功能，从而降低水流的冲蚀作用，减少水土流失，涵养水源，提高土壤的肥力，恢复天然植被，增加地表的植被覆盖率，实现固土固沙效果，保持水土	

现有主要技术		
技术名称	1. 淤地坝	2. 退耕还林
效果评价		
存在问题	当前利用率较低	低温寒潮、极端天气影响存活率

技术需求		
技术需求名称	1. 经果林经营管理	2. 高标准农田建设
功能和作用	维持生物多样性，土壤保持	提高产量

推荐技术		
推荐技术名称	1. 间伐	2. 高标准农田配套措施
主要适用条件	水分限制区	高标准农田

(7) 陕西省榆林市水土流失区

地理位置		位于陕西最北部,与山西、宁夏、甘肃、内蒙古交界,地处黄土高原和毛乌素沙地南缘的交界处,位于北方农牧交错带中心,107°28′E ~ 111°15′E,36°57′N ~ 39°35′N
案例区描述	自然条件	温带半干旱大陆性季风气候,土地面积为 43 000km²,年均气温 10℃,年均降水量 400mm,年均日照时数 2593 ~ 2914h。自然土壤以栗钙土、黑垆土为主。北部为风沙草滩区(占总面积42%),南部为黄土丘陵沟壑区(58%)
	社会经济	榆林市下辖 1 市 2 区 9 县,2017 年,常住人口 340.3 万,其中城镇人口 196.5 万人(占总人口的 57.7%),乡村人口 143.8 万人(占总人口的 42.3%)。该市居民人均可支配收入 22 318元,城镇、农村居民人均可支配收入分别为 32 153 元、11 534 元

生态退化问题:水土流失	
退化问题描述	水土流失总面积 41 700km²,占总面积 97%,多年平均土壤侵蚀模数 12 200t/(km²·a),相当于每年流失近 1cm 的表土层,局部地区高达 44 800t/(km²·a),是黄河中游水土流失最严重的区域,13 个县区皆为全国水土流失重点治理县区
驱动因子	自然:干旱、水蚀　　人为:过度开垦及其他过度人类活动
治理阶段	目前正处于生态治理全面发展阶段。近年来致力于丰富沙区造林树种的多样性、建立沙化土地资产产权制度、建立荒漠生态效益补偿制度、构建特色经济林果产业体系等

现有主要技术		
技术名称	1. 淤地坝	2. 人工梯田	3. 人工建植
效果评价			
存在问题	未能针对特定环境进行工程设计;后续加固整修工作不到位;配套设施不完善	后期的管理、维护不到位	建植树种单一,未能做到因地选种;后期管护不足

技术需求		
技术需求名称	1. 边坡防护	2. 梯田加固
功能和作用	保持土壤,蓄水保水,增加植被覆盖	土壤保持,农田保护,防灾减灾

推荐技术		
推荐技术名称	1. 坡面植被种植	2. 配套排水渠+陡坎加固
主要适用条件	坡地	>3°的坡地

(8) 西北黄土高原区水土流失区

地理位置	位于山西、内蒙古、陕西、甘肃、青海和宁夏6省（自治区）共271个县（市、区、旗），土地总面积约55万km²，100°52′E~114°33′E，33°41′N~41°16′N	
案例区描述	自然条件	西北黄土高原区主要分布在鄂尔多斯高原、陕北高原等地。主要河流涉及黄河干流、汾河、渭河、泾河等。属暖温带半湿润、半干旱气候区，大部分地区年均降水量250~700mm。主要土壤类型有黄绵土、褐土、栗钙土、风沙土等。植被类型主要为暖温带落叶阔叶林和草原，林草覆盖率45.29%。区内耕地总面积1268.8万hm²，其中坡耕地452.0万hm²。水土流失以水力侵蚀为主，北部地区水蚀和风蚀交错
	社会经济	西北黄土高原区是重要的能源重化工基地，其中汾渭盆地、河套灌区是国家的农产品主产区，呼包鄂榆经济区、宁夏沿黄经济区、兰州—西宁和关中—天水等国家重点开发区是我国城镇化战略格局的重要组成部分

生态退化问题：水土流失		
退化问题描述	西北黄土高原区总面积约55万km²，该区土层深厚、沟壑纵横，年降水量分布不均，暴雨集中，且以黄土为主，土质疏松，水土流失严重，水土流失面积23.9万km²。贫困人口多生活在水土流失严重区，不当的生产、生活方式加剧了水土流失	
驱动因子	自然：风蚀、水蚀、重力侵蚀　　人为：过度开垦、放牧、樵采及水资源过度开发	
治理阶段	实施小流域综合治理，建设以梯田和淤地坝为核心的拦沙减沙体系，发展农业特色产业，保障黄河下游安全。巩固退耕还林还草成果，保护和建设林草植被，防风固沙，控制沙漠南移	

现有主要技术		
技术名称	1. 封育	2. 淤地坝	3. 林分改造
效果评价			
存在问题	经济效益不高	维护成本高；经济效益不高	品种选育难；缺乏科学规划

技术需求	
技术需求名称	1. 拦沙减沙工程	2. 坡耕地综合治理
功能和作用	土壤保持、拦沙减沙	蓄水保水、提高产量

推荐技术	
推荐技术名称	1. 沟道坝系建设	2. 小流域综合治理
主要适用条件	水土流失严重的沟道，坝系毁坏的区域	存在水土流失问题的小流域

(9) 藏东南林芝市水土流失区		
地理位置	位于西藏的东部和南部，主要包括昌都和林芝地区的全部、山南地区的大部、日喀则地区的南部以及那曲地区的东部，78°25′E～99°6′E，26°50′N～36°53′N	
案例区描述	自然条件	热带、亚热带、温带及寒带气候并存的多种气候带并存，全区土地面积 3236 万 hm²，约占西藏自治区土地总面积的 27%，年平均气温 7～16℃，无霜期约 170 天，年均降水量 600～800mm，干湿季分明且日较差大。代表性土壤有高山草原土、高山草甸土、亚高山草甸土、亚高山草原土、草甸土、沼泽土、山地灌丛草原土和褐土。植被分布主要为高寒草甸、高山寒带灌丛、亚高山寒温带针叶林、落叶阔叶林和山地温带针阔混交林
	社会经济	2016 年，林芝市常住人口 228 194 人，其中城镇人口 94 084 人，农村人口 134 110 人。农村居民人均可支配收入 13 407 元，人均生活消费支出 9813 元；城镇居民人均可支配收入 26 946 元，人均生活消费支出 16 837 元。农作物播种面积 22 894hm²，其中粮食作物播种面积 18 313hm²，油料种植面积 1867hm²，蔬菜种植面积 1385hm²
生态退化问题：水土流失		
退化问题描述	藏东南水土流失面积 2518 万 hm²，占全藏水土流失总面积的 24.56%	
驱动因子	自然：风蚀、水蚀、盐渍化、冻融　　人为：过度放牧、工矿开采	
治理阶段	目前处于生态治理与恢复的中期阶段，全面实施西藏生态安全屏障保护与建设规划，实施天然草地保护、森林防火及有害生物防治、重要湿地保护等 10 项工程，有效保护了生物多样性与重要生态区；建立各级各类自然保护区 47 处，总面积 41.22 万 km²；成立了中国目前面积最大、海拔最高和物种最典型的西藏羌塘藏羚羊、野牦牛国家公园；在全国率先建设江河源生态功能保护区，纳木错和羊卓雍错纳入国家良好湖泊保护试点，山南和林芝列入国家首批生态文明先行示范区，生态环境保护与建设取得新进展；全面推进"两江四河"流域造林绿化工程，植树造林 34.44 万 hm²	
现有主要技术		
技术名称	1. 围栏禁牧	2. 人工种草
效果评价		
存在问题	降低动物流动性	耗水多，维护成本高，撂荒后生态风险大
技术需求		
技术需求名称	1. 天然草场功能分区及动态监管	2. 人工草地发展适宜性及布局
功能和作用	增加土壤抗蚀性，维持生物多样性，防风固沙，合理利用草地资源，实现草畜平衡	增加植被覆盖，防风固沙，提高饲草产量，保护草地生态
推荐技术		
推荐技术名称	1. 草畜平衡	2. 耐寒草种选育
主要适用条件	天然草原、人工草原地区	适宜牧草品种生长地区

（10）	青藏高原水土流失区		
地理位置	分布区包括西藏、青海、甘肃、四川和云南5省（自治区）共144个县（市、区），土地总面积约219万 km²，73°18′52″E～104°46′59″E，26°00′12″N～39°46′50″N		
案例区描述	自然条件	主要包括祁连山、唐古拉山、巴颜喀拉山、横断山脉、喜马拉雅山、柴达木盆地、羌塘高原、藏南谷地。主要河流包括黄河、怒江、澜沧江、金沙江、雅鲁藏布江。气候从东到西由温带湿润区过渡到寒带干旱区，年均降水量50～800mm。土壤类型以高山草甸土、草原土和漠土为主。植被类型主要包括温带高寒草原、草甸和疏林灌木草原，林草覆盖率58.24%	
	社会经济	据1997年的人口资料统计，青藏高原人口总数量已经达到1.0×10⁷人，平均人口密度为4人/km²，其中少数民族人口为6.18×10⁶人，占总人口的62.9%。高原腹地和西北部的高原亚寒带为纯牧业地带，其外围的高原温带，东南部为牧农林业相结合的地带，青海东北和藏南为农牧业交错地带，传统农业占主导地位	
生态退化问题：水土流失			
退化问题描述	水土流失面积31.9万 km²，已有30%的草场出现不同程度的退化		
驱动因子	自然：风蚀、水蚀、重力侵蚀　　人为：过度开垦、放牧、樵采及水资源过度开发		
治理阶段	目前处于生态治理中期阶段。维护独特的高原生态系统，加强草场和湿地的保护，治理退化草场，提高江河源头区水源涵养能力，综合治理河谷周边水土流失，促进河谷农业生产		
现有主要技术			
技术名称	1. 围栏封育		2. 生态移民
效果评价			
存在问题	监管难度大，影响牧民收入		短期经济效益不明显
技术需求			
技术需求名称	1. 高寒湿地保护		2. 绿洲农田保护
功能和作用	维持生物多样性		土壤保持、防灾减灾、农田保护
推荐技术			
推荐技术名称	1. 防治草地沙化退化		2. 天然林保护
主要适用条件	沙地退化严重的区域		天然林生长状况不佳及发生退化的区域

(11) 西南岩溶区水土流失区

地理位置	位于云贵高原区，包括四川、贵州、云南和广西 4 省（自治区）共 273 个县（市、区），土地总面积约 70 万 km²，101°54′36″E ~ 112°4′12″E，21°N ~ 29°14′24″N		
案例区描述	自然条件	西南岩溶区主要分布有横断山山地、云贵高原、桂西山地丘陵等。主要河流涉及澜沧江、怒江、元江、金沙江、雅碧江、乌江等。属亚热带和热带湿润气候区，大部分地区年均降水量 800 ~ 1600mm。土壤类型主要分布有黄壤、黄棕壤、红壤和赤红壤。植被类型以亚热带和热带常绿阔叶、针叶林、针阔混交林为主，林草覆盖率 57.80%。区内耕地总面积 1327.8 万 hm²，其中坡耕地 722.0 万 hm²。水土流失以水力侵蚀为主，局部地区存在滑坡、泥石流		
	社会经济	西南岩溶区少数民族聚居，该区是我国水电资源蕴藏十分丰富的地区，是重要的有色金属及稀土等矿产基地，也是重要的生态屏障。黔中及滇中地区是国家重点开发区，滇南是华南农产品主产区的重要组成部分。区内岩溶石漠化严重，陡坡耕地比例大，工程性缺水严重，农村能源匮乏，贫困人口多，山区滑坡、泥石流等灾害频发，水土流失问题突出		

生态退化问题：水土流失

退化问题描述	该区域主要受太平洋季风、印度洋季风影响，水热配套、降水丰沛，水土流失主要外营力为重力及水力。西南岩溶区因其自然条件的特殊性和人类活动的不合理，造成水域流失面积不断加大，目前已有水土流失面积 20.4 万 km²		
驱动因子	自然：风蚀、水蚀、重力侵蚀　　　人为：过度开垦、放牧、樵采及水资源过度开发		
治理阶段	改造坡耕地和建设小型蓄水工程，强化岩溶石漠治理，保护耕地资源，提高耕地资源的综合利用效率，加快脱贫致富。注重自然修复，推进陡坡耕地退耕，保护设林草植被。防治山地灾害。加强水电、矿产资源开发和水土保持监督管理		

现有主要技术

技术名称	1. 坡改梯	2. 封山育林	3. 经果林种植
效果评价			
存在问题	成本高；缺少相应配套技术	经济效益不高	优良品种选育难；品种升级难；市场同质化问题严重

技术需求

技术需求名称	1. 坡耕地整治	2. 坡面水系工程
功能和作用	土壤保持、提高产量	蓄水引水

推荐技术

推荐技术名称	1. 土壤改良	2. 表层泉水引蓄灌工程
主要适用条件	土壤贫瘠及受石漠化影响的农田	水土流失严重需要灌溉的农田

（12）西南紫色土区水土流失区

地理位置	位于四川盆地及周围山地丘陵区，103°E ~ 108°E，28°N ~ 32°N		
案例区描述	自然条件	西南紫色土区分布有秦岭、武当山、大巴山、巫山、四川盆地等。主要涉及长江上游干流，以及岷江、沱江、嘉陵江、汉江、丹江、清江、澧水等河流。属亚热带湿润气候区，大部分地区年均降水量 800 ~ 1400mm。土壤类型以紫色土、黄棕壤和黄壤为主。植被类型主要包括亚热带常绿阔叶林、针叶林，林草覆盖率 57.84%。区域耕地总面积 1137.8 万 hm²，其中坡耕地 622.1 万 hm²。水土流失以水力侵蚀为主，局部地区滑坡、泥石流等山地灾害频发	
	社会经济	西南紫色土区包括重庆、四川、陕西和甘肃等 7 省（直辖市）共 254 个县（市、区），土地总面积约 51 万 km²。该区是我国西部重点开发区和重要的农产品生产区，是长江上游重要的水源涵养区。区内人多地少，坡耕地广布，水电、石油天然气和有色金属矿产等资源开发强度大，水土流失严重，山地灾害频发，是长江泥沙的策源地之一	

生态退化问题：水土流失

退化问题描述	该区水土流失类型以水力侵蚀为主，局部地区滑坡、泥石流等山地灾害频发，坡耕地是该区土壤侵蚀的主要策源地。根据第一次全国水利普查数据，该区水土流失面积 16.2 万 km²，占辖区面积的 31.76%，中度及以上水土流失面积占水土流失总面积的 64.10%		
驱动因子	**自然**：风蚀、水蚀、重力侵蚀　　　**人为**：过度开垦、放牧、樵采及水资源过度开发		
治理阶段	加强以坡耕地改造及坡面水系工程配套为主的小流域综合治理，巩固退耕还林还草成果。实施重要水源地和江河源头区预防保护，建设与保护植被，提高水源涵养能力，完善长江上游防护林体系。积极推行重要水源地清洁小流域建设，维护水源地水质。防治山洪灾害，健全滑坡泥石流预警		

现有主要技术

技术名称	1. 退耕还林	2. 坡改梯	3. 封育
效果评价			
存在问题	经济效益不高	成本高；缺少相应配套技术	经济效益低；拉动就业难

技术需求

技术需求名称	1. 水源涵养林	2. 坡耕地综合治理
功能和作用	土壤保持、水源涵养	土壤保持、提高产量、蓄水保水

推荐技术

推荐技术名称	1. 生态旅游产业	2. 经果林种植
主要适用条件	生态资源丰富、恢复效果好的区域	宜林宜果的缓坡地和梯田

（13）云南省红河流域水土流失区

地理位置		云南省境内红河流域面积有 74 890km²，约占全流域面积的 54%，干流年平均流量 450m³/s，100°35′E～104°58′E，22°30′N～25°30′N
案例区描述	自然条件	低纬高原季风气候，具有雨季旱季分明、垂直分带显著的特点，旱季日照又充沛，尤其 4～5 月气温高，土壤风化过程快，进入雨季特别是遇暴雨就易于冲刷流失。土壤主要有黄棕壤、红壤、赤红壤、燥红土、砖红壤等地带性土壤
	社会经济	富宁县水能理论蕴藏量 4.8 万 kW，可开发量 28 810kW，已开发 7942kW，已建小型水库 4 座，引水工程 520 处。那坡县可开发利用水能 1920kW，已开发 513kW，引水工程 9 处

生态退化问题：水土流失	
退化问题描述	悬移质一般都在 2.5～4.9kg/m³，侵蚀模数达 1100～1900t/km²
驱动因子	自然：水蚀　　人为：过度开垦、水资源过度开发
治理阶段	云南省 65 个石漠化综合治理重点县林业生态建设共争取中央投资 97 608 万元，占石漠化综合治理工程中央总投资 184 400 万元的 53%，共实施人工造林 13.3 万 hm²、封山育林 41.8 万 hm²，增加工程区森林覆盖率 2.8 个百分点，年减少水土流失 34 万 t，石漠化面积较 2005 年第一次监测时减少 6.2 万 hm²，石漠化扩展的趋势得到有效遏制

现有主要技术		
技术名称	1. 梯田	2. 水源涵养林
效果评价		
存在问题	耗水过多，维护成本高	为了追求经济效益砍伐，管护不到位

技术需求		
技术需求名称	1. 增加护坡	2. 小型水坝
功能和作用	农田保护、蓄水保水	防灾减灾

推荐技术		
推荐技术名称	1. 水源涵养林保护	2. 梯壁植草
主要适用条件	水土流失严重的林区	梯埂受损以及需要加固的梯田

（14）云南省昭通市水土流失区

地理位置		位于云南省东北部，为云、贵、川三省交界地段。区域大致为一个不规则的三角形，103°46′13″E ~ 103°57′20″E，24°21′3″N ~ 24°31′N
案例区描述	自然条件	亚热带和暖温带共存的典型高原立体气候，四季及干热季节不明，雨热同季。北部雨水多、蒸发量少，而南部雨水少、蒸发量大。属典型的高寒、干热、河谷、岩溶地带，受江河切割影响，山高谷深，境内地形地貌复杂，山地占土地面积的97%，自然坡度在25°以上。最高海拔2459m，最低海拔820m，气候差别较大。年平均气温13 ~ 14℃，年降水量1000mm左右，气温较低，影响农作物的生长发育；水资源匮乏，有效浇灌面积较少，大部分耕地属雨养农业，农作物产量低而不稳；以石灰岩红壤、砂页岩黄红壤为主
	社会经济	昭通市下辖11个县（市、区），土地面积22 430.7km²，2022年总人口495.7万人。该区农业人口占99.3%，少数民族人口16.2%；农业人口人均占有耕地0.1hm²；人口密度121人／km²

生态退化问题：水土流失

退化问题描述	该地位于金沙江下游，处在对长江流域和全省生态环境最具影响的关键部位，水土流失严重。1987年遥感调查，全区水土流失面积13 362.49km²，占土地面积的59.57%，比全省高23.04%，比全国高21.34%。全区11个县（市、区）中有7个水土流失面积占土地面积的50%以上，其中鲁甸县、巧家县高达71.83%和71.37%。全区年均土壤侵蚀量4694万t，年均土壤侵蚀模数2091t／km²，每年输入长江的泥沙达2060万t
驱动因子	自然：水蚀、重力侵蚀　　人为：过度开垦、基础设施建设
治理阶段	1989年"长治"工程在昭通启动，在治理中坚持以小流域为单元，以坡改梯和增加林草覆盖度为重点，工程、植物、保土耕作措施相结合，山水林田路综合治理，获得了显著的生态、经济和社会效益。1999年遥感普查，全区水土流失面积11 307.93km²，比1987年减少2054.56km²，是全省16个地（州、市）中减少比例最大的一个地区。全区有6条小流域被命名为首批示范小流域

现有主要技术

技术名称	1. 梯田	2. 等高种植
效果评价		
存在问题	维护成本高	缺乏经济激励机制

技术需求

技术需求名称	1. 地膜覆盖	2. 顺坡种植转变为等高种植
功能和作用	土壤保持，提高作物产量	土壤保持，水源涵养，提高作物产量

推荐技术

推荐技术名称	1. 农田集约管理配套技术	2. 反季节蔬菜种植技术
主要适用条件	需要提高综合效益的农田	适宜反季节蔬菜种植

(15) 四川省汶川县水土流失区		
地理位置	位于四川省中部,阿坝藏族羌族自治州东南部,四川盆地西北部边缘,102°51′E ~ 103°44′E,30°45′N ~ 31°43′N	

案例区描述	自然条件	属青藏高原亚湿润气候区,总面积4084km²,地势由西北向东南倾斜,平均海拔1300m,西部多分布海拔3000m以上的高山,东南部漩口地区仅780m。光、热、水地区分布不均,年均气温13.5 (北部) ~14.1℃ (南部),年降水量528.7 ~1332.2mm,无霜期247 ~269 天。森林覆盖率56.9%,植物资源种类繁多,约4000 种以上,国家保护的珍稀树木20 余种
	社会经济	汶川县下辖9 个镇,户籍人口93 553 人 (2018 年),其中藏族19 100 人、羌族36 520 人、汉族36 601 人、回族1007 人、其他民族325 人。该县农作物播种面积6407m² (2016 年),其中粮食作物3117hm²,油料作物648hm²,蔬菜及食用菌2036hm²。城镇居民和农村居民人均可支配收入分别达到31 897 元和13 437 元 (2018 年)

生态退化问题:水土流失	
退化问题描述	由于水力侵蚀及洪涝灾害等自然驱动作用,加之过度开垦和基础设施建设等问题的存在,该区域水土流失和泥石流等问题突出
驱动因子	自然:水蚀、重力侵蚀、洪涝灾害　　　人为:过度开垦、基础设施建设
治理阶段	处于水土流失治理中期阶段,坚持以大流域为依托、小流域为单元、乡村组为基础,科学规划,统一部署;合理布设各项措施,山水田林路统一整治,近远期措施统筹安排,形成多目标、多功能、高效益的水土保持综合防护体系;统筹安排各流域水土保持、预防保护、综合治理、生态修复、监测预报、面源污染控制和秀美家园建设等任务,全面恢复和提高灾区生态环境质量

现有主要技术		
技术名称	1. 绿化混凝土护坡技术	2. 挡土墙
效果评价		
存在问题	维护成本高,缺少相应配套技术	过度开发利用

技术需求		
技术需求名称	1. 生态混凝土	2. 植被混凝土喷射
功能和作用	实现安全防护的同时实现生态种植	效率高,美观,减灾

推荐技术		
推荐技术名称	1. 多孔种植混凝土	2.CBS 植被混凝土边坡绿化防护
主要适用条件	高陡边坡,淹水区边坡	60°以上的高陡边坡

(16) 四川省阿坝藏族羌族自治州若尔盖县水土流失区

地理位置	位于青藏高原东部边缘地带,地处阿坝藏族羌族自治州北部,102°44′24″E ~ 103°39′E,34°6′N ~ 34°19′N	
案例区描述	自然条件	属青藏高原亚湿润气候区,总面积4084km²,以高原丘陵地貌为主,占土地总面积的64%。海拔4000m左右的山原上地势平缓。河谷两岸山高坡陡,水流湍急,山坡森林密布,山顶缓坡为草甸。河谷两岸平均海拔2500 ~ 3000m的平坝和半坡地带的土壤为山地棕壤、山地褐色土、暗棕壤。平均昼夜温差10 ~ 15℃,平均日照时数长达12h,年降水量500 ~ 600mm
	社会经济	2010年,若尔盖县总人口75 791人,其中农牧业人口65 871人,占86.9%,藏族69 104人,占91.2%。居住有藏族、汉族、回族、羌族、彝族等12个民族。GDP 13.5亿元,工业总产值2.36亿元,城镇居民人均可支配收入达到24 400元,农牧民人均纯收入达到7430元

生态退化问题:水土流失		
退化问题描述	牧民在盲目发展牲畜的同时,忽视了对草地生态环境的保护和建设,特别是缺乏合理的管理制度,草地利用极不合理。过牧践踏,致使草地板结、龟裂,牧草矮化、绵化的趋势日益严重,草地毒草灾害的占比增加。过度放牧造成的沙化土地面积达3.7万hm²,占沙化土地和有明显沙化趋势的土地总面积的41.0%	
驱动因子	自然:水蚀、干旱　　人为:过度开垦、过度放牧	
治理阶段	大力推行人工种草和补植牧草,加大畜种改良力度,减少牲畜数量,由数量型畜牧业向质量型、效益型畜牧业发展	

现有主要技术		
技术名称	1. 轮牧禁牧	2. 人工建植
效果评价		
存在问题	缺少相应配套技术	适宜性存在问题,缺少相应的配套技术

技术需求		
技术需求名称	1. 引进适宜的旱生植物	2. 草方格
功能和作用	增加植被覆盖,蓄水保水	增加土壤抗蚀性,防风固沙

推荐技术		
推荐技术名称	1. 旱生物种选育	2. 高原泥炭保护
主要适用条件	植被发生退化的区域	泥炭资源丰富但过度开采的区域

(17) 甘肃省定西市水土流失区		
地理位置	地处甘肃省中部，位于黄土高原和西秦岭山地交汇区，我国北方农牧交错带西段，103°52′E ~ 105°13′E，34°26′N ~ 35°35′N	
案例区描述	自然条件	属温带半湿润和中温带干旱气候区，总面积 20 330km²，海拔 1420 ~ 3941m，年均气温 5.5 ~ 7.5℃，年均降水量 500mm，年均蒸发量 1400mm，年均无霜期 122 ~ 160 天。土壤以黄绵土、灰钙土为主。植被类型从北到南为荒漠草原、干旱草原、草甸草原
	社会经济	定西市下辖六县一区，2017 年，常住人口 280.8 万人，其中城镇人口 96.4 万人（占总人口 34.3%），农村人口 184.4 万人。该市现有耕地约 80 万 hm²，人均耕地 0.18hm²，城镇、农村居民人均可支配收入分别为 22 543 元、6855 元

生态退化问题：水土流失	
退化问题描述	土壤侵蚀面积 15 800km²，占总面积的 77.7%；年均流失泥沙总量约 8786 万 t，占黄河年均输沙量的 5.6%，平均土壤侵蚀模数 5253t/km²，严重地区高达 12 000t/km²，年流失土层厚度 4 ~ 10mm
驱动因子	自然：水蚀　　人为：过度开垦
治理阶段	处于生态治理中期阶段，以小流域为单元，遵循"荒山封禁造林、坡地退耕种草、梯田覆膜种薯、沟道筑坝拦蓄"的治理开发模式，实行山水林田统一规划，规模治理，综合开发

现有主要技术		
技术名称	1. 乔灌草空间配置	2. 人工梯田	3. 淤地坝
效果评价			
存在问题	未能针对不同环境（海拔、坡向、降水）匹配物种	部分梯田质量较差；道路修建不合理，机械化程度较低	部分淤地坝滞洪能力不足；未能定时维护检修；缺少配套的排水技术

技术需求		
技术需求名称	1. 植物护坡技术	2. 林分改造
功能和作用	保持水土，保护农田	优化植被结构功能，拦截径流，涵养水源

推荐技术		
推荐技术名称	1. 缓冲植被带技术	2. 近自然造林
主要适用条件	坡度小于 15°的山地	非适地适树建造的人工林

(18) 甘肃省天水市甘谷县水土流失区

案例区描述	地理位置	位于甘肃省东南部，天水市西北部，渭河上游，104°58′E～105°31′E，34°31′N～35°3′N	
	自然条件	属大陆性季风气候，总面积1572.6km²。年均气温12.6℃，年均降水量365.6mm，年均日照时数2055.2h，无霜期215天左右。渭河自西向东横贯全境，县中部为断陷河谷，地势平坦，南部为石质山区，海拔较高，北部为黄土墚峁沟壑区，山势较低。全县平均海拔1972m，最低1228m，最高2716m。森林面积3.1万hm²，森林蓄积量66.38万m³，森林覆盖率19.5%	
	社会经济	全县耕地面积8.3万hm²，人均0.13hm²，基本农田面积6.7万hm²，已建成梯田4.3万hm²，适宜区梯田化率90%。该县主要粮食作物有冬小麦、玉米、马铃薯等，经济作物主要有辣椒、油菜、胡麻、花椒、中药材，蔬菜主要有大白菜、韭菜、水萝卜、蒜薹，水果主要为苹果、梨、杏、桃、葡萄	

生态退化问题：水土流失			
退化问题描述	由于干旱和过度开垦，该区水土流失问题较为严重		
驱动因子	自然：水蚀、重力侵蚀　　　人为：过度开垦、工矿开采		
治理阶段	处于治理中期阶段，近年来，甘谷县始终把小流域综合治理作为改善农业生产条件、促进农民增收致富的重要抓手，分流域编制实施梯田、道路、林草、沟道、雨水集蓄等工程，全面推进"梯田+道路+产业+水利"综合治理模式		

现有主要技术			
技术名称	1. 退耕还林		2. 梯田
效果评价			
存在问题	建植树种较为单一		易被冲毁

技术需求			
技术需求名称	1. 林分改良		2. 梯田加固
功能和作用	土壤保持，保护生物多样性		土壤保持，农田保护，防灾减灾

推荐技术			
推荐技术名称	1. 近自然造林		2. 配套排水渠+陡坎加固
主要适用条件	造林区		>3°的坡地

（19）甘肃省天水市张家川县水土流失区

地理位置	位于天水市东北部，为六盘山经向构造与秦岭纬向构造交汇处，106°12′E～106°35′E，34°44′N～34°59′24″N	
案例区描述	自然条件	属温带大陆性季风气候，全县总面积1311.8km²，年降水量约600mm、年均气温7℃左右，无霜期163天。平均海拔2011.4m，县境内山峦起伏，沟壑纵横，地貌复杂。全县森林覆盖率31.8%，东部关山一带有杨、椴、松、桦等天然林1.9万hm²，以及鹿茸、麝香、党参、甘草、黄芪、天麻、柴胡、半夏、大黄等名贵中药材
	社会经济	2019年全县总人口345 008人，其中农村人口318 920人；全县常住人口29.81万人，其中城镇常住人口8.06万人，农村常住人口21.75万人。2019年全县粮食作物种植面积3.4万hm²，以小麦、玉米、马铃薯为主；油料种植面积0.5万hm²，以胡麻、油菜为主；蔬菜种植面积0.3万hm²。全县农村居民人均可支配收入达7633元，城镇居民人均可支配收入26 432元

生态退化问题：水土流失		
退化问题描述	由于干旱和过度开垦，该区水土流失问题较为严重	
驱动因子	自然：干旱　　人为：过度开垦	
治理阶段	处于治理中期阶段，近年来，按照山水田林路综合治理，蓄水、拦洪措施配套，整流域治理的原则，在兴修梯田过程中，采取机修与人修相结合的办法，坚持活土还原，死土深耕，科学配方施肥，加速土壤熟化	

现有主要技术		
技术名称	1. 梯田	2. 淤地坝
效果评价		
存在问题	易被损毁	维护整修投入较大

技术需求		
技术需求名称	1. 多样化种植	2. 土壤改良
功能和作用	增加生物多样性	保水保土、提高土地生产力

推荐技术		
推荐技术名称	1. 农林间作	2. 地膜
主要适用条件	农区	旱区农田

（20）甘肃省天水市罗玉沟流域水土流失区（a）

地理位置	位于甘肃省天水市北郊，地处黄土丘陵沟壑区第三副区，是藉河（渭河一级支流）支沟，105°30′E ~ 105°45′E，34°34′N ~ 34°40′N	
案例区描述	自然条件	属温带大陆性季风气候，流域呈狭长羽状，总面积 71.2km²，海拔 1165 ~ 1895m，年均气温 10.7℃，年均降水量 554.2mm，年均蒸发量 1293mm，年均无霜期 184 天。土壤主要为山地褐色土、山地灰褐土和冲积土。流域内乔木均为人工种植
	社会经济	2019 年末，天水市常住人口 336.89 万人，其中城镇人口 142.46 万人，农村人口 194.43 万人。城镇、农村居民人均可支配收入分别为 24 612 元、7065 元。农耕地占流域总面积的 55.0%，人均耕地 0.13hm²，主要农作物有小麦、玉米、马铃薯，近年来经济林发展较快，以樱桃、苹果、杏、梨、核桃为主

生态退化问题：水土流失

退化问题描述	水土流失面积 47.9km²，占全区总面积的 67.3%，多年平均径流量 30 700m³/km²，多年平均土壤侵蚀模数为 7500t/km²
驱动因子	自然：水蚀　　人为：过度开垦
治理阶段	1941 年建立黄河水利委员会天水水土保持科学试验站，开始水土保持实验研究；1956 ~ 1983 年，以罗玉沟试验场为中心的试验研究和以农村基点为典型的示范推广；1984 ~ 1998 年，作为黄土高原丘陵沟壑区第三副区的代表流域进行观测试验研究；1999 年至今，实施藉河水土保持示范区总体规划下的规模治理及监测评价

现有主要技术

技术名称	1. 人工梯田	2. 淤地坝	3. 水保林
效果评价			
存在问题	劳动力成本高；破坏栖息地	坝体损毁，存在安全隐患；维修养护没有保障；缺乏配套的防汛管理	树种过于单一，病虫害易发

技术需求

技术需求名称	1. 提高人工植被存活率	2. 农林复合经营
功能和作用	提高植被成活率，降低抚育成本，提高生产水平	提升多样化产品的生产，充分提高土地生产潜力

推荐技术

推荐技术名称	1. 套笼植树	2. 地埂灌木+台地经济林
主要适用条件	树苗易受到家畜、鼠兔啃食危害的地区	立地条件较好的宜林山地

(21) 甘肃省天水市罗玉沟流域水土流失区 (b)

地理位置		位于天水市北郊，隶属天水市秦州区和麦积区，105°37′E ~ 105°47′E，34°38′N ~ 34°48′N
案例区描述	自然条件	属温带半湿润气候，区域面积约 72.8km²，流域呈狭长形，沟系分布为羽状，年平均气温 10.7℃，1 月平均气温−2.3℃，7 月平均气温 22.6℃，年平均降水量 554.2mm，年平均蒸发量 1293.3mm，无霜期 184 天，年均日照时数 2032h
	社会经济	2019 年末，天水市常住人口 336.89 万人，其中城镇人口 142.46 万人，农村人口 194.43 万人。城镇、农村居民人均可支配收入分别为 24 612 元、7065 元。农耕地占流域总面积的 55.0%，人均耕地 0.13hm²，主要农作物有小麦、玉米、马铃薯，近年来经济林发展较快，以樱桃、苹果、杏、梨、核桃为主

生态退化问题：水土流失		
退化问题描述		由于干旱和过度开垦，该区水土流失问题较为严重
驱动因子		自然：水蚀　　人为：过度放牧、过度樵采
治理阶段		处于生态治理中前期阶段，近年来，坚持以小流域为单元，整乡整村整流域集中连片，整体推进的原则，将梯田建设与小型农田水利建设相结合。探索和完善"修梯田、调结构、兴产业、促增收"的发展模式，全力推广"梯田+水窖+果园""梯田+种草+养殖""梯田+农产品+加工"等高效旱作农业模式

现有主要技术		
技术名称	1. 退耕还林	2. 梯田
效果评价		
存在问题	树种成活率低	易被冲毁

技术需求		
技术需求名称	1. 提高幼苗存活率	2. 梯田陡坎/护埂加固技术
功能和作用	增加植被覆盖，保持水土	保护梯田，保持水土

推荐技术		
推荐技术名称	1. 容器苗造林	2. 植被护坡技术
主要适用条件	适宜造林区	梯田陡坎或护埂

(22) 内蒙古自治区锡林郭勒盟水土流失区

地理位置	位于内蒙古自治区中部，116°37′E ~ 119°07′E，43°32′N ~ 45°41′N。北与蒙古国接壤，西与乌兰察布市交界，南与河北省毗邻，东与赤峰市、通辽市、兴安盟相连	
案例区描述	自然条件	属温带大陆性气候，总面积 20.3 万 km²，草地面积 17.9 万 km²，海拔 800 ~ 1800m，年均气温 0 ~ 3℃，年均降水量 295mm，年均蒸发量 1500 ~ 2700mm，年均日照时数 2800 ~ 3200h，无霜期 110 ~ 130 天。土壤有黑土、黑钙土等多种类型。植被类型为草甸草原、典型草原、荒漠草原
	社会经济	2019 年，锡林郭勒盟人口 105.5 万人，其中城镇人口 69.3 万人（占 65.7%），农村人口 36.2 万人，汉族 66.5 万（占 63.0%），蒙古族 32.8 万人（占 31.1%）。该盟城镇、农村居民人均可支配收入分别为 38 299 元、15 706 元

生态退化问题：水土流失

退化问题描述	水土流失面积占全盟总面积的 74.5%。其中，风蚀面积占 96.3%；水蚀面积占 3.37%。土壤侵蚀模数在 2500 ~ 8000t/(km²·a)，风蚀主要发生在干旱少雨的荒漠草原区和典型草原区。南部土石山区则以风蚀、水蚀交替发生为主	
驱动因子	自然：风力、水力侵蚀 人为：土地过度利用、过度放牧	
治理阶段	目前正处于生态治理全面发展阶段，近年来致力于丰富沙区造林树种的多样性、建立沙化土地资产产权制度、建立荒漠生态效益补偿制度、构建特色经济林果产业体系等	

现有主要技术

技术名称	1. 以草定畜	2. 围栏封育
效果评价		
存在问题	监管难度高；缺乏对草地状况的动态监测	影响野生动物跨区域觅食，影响收入

技术需求

技术需求名称	1. 轮牧	2. 草方格
功能和作用	防止草地水土流失	防风固沙、固土

推荐技术

推荐技术名称	1. 物种选育	2. 飞播种草
主要适用条件	非适地适草形成的人工草地退化区	平地或者缓坡

(23) 北方风沙区水土流失区		
地理位置	位于新甘蒙高原盆地区，包括河北、内蒙古、甘肃和新疆 4 省（自治区）共 145 个县（市、区、旗），土地总面积约 239 万 km^2	
案例区描述	自然条件	北方风沙主要分布有内蒙古高原、阿尔泰山、准噶尔盆地、天山、塔里木盆地、昆仑山、阿尔金山，区内包含塔克拉玛干、古尔班通古特、巴丹吉林、腾格里、库姆塔格、库布齐、乌兰布和沙漠及浑善达克沙地。属温带干旱半干旱气候区，年均降水量 25~350mm。土壤类型以栗钙土、灰钙土、风沙土和棕漠土为主。主要植被类型包括荒漠草原、典型草原以及疏林灌木草原等，林草覆盖率 31.2%。区内耕地总面积 754.4 万 hm^2，其中坡耕地 20.5 万 hm^2
	社会经济	北方风沙区荒漠草原相间，绿洲零星分布，天山、祁连山、昆仑山、阿尔泰山是区内主要河流的发源地，生态环境脆弱，在我国生态安全战略格局中占有十分重要的地位，是国家重要的能源矿产和风能开发基地，国家重要农牧产品产业带
生态退化问题：水土流失		
退化问题描述	水土流失面积 142.6 万 km^2	
驱动因子	**自然**：风蚀、水蚀、重力侵蚀　　**人为**：过度开垦、放牧、樵采及水资源过度开发	
治理阶段	加强预防，实施退牧还草工程，防治草场沙化退化。保护和修复山地森林植被，提高水源涵养能力，维护江河源头区生态安全。综合防治农牧交错地带水土流失，建立绿洲防治理阶段风固沙体系，加强能源矿产开发的监督管理	
现有主要技术		
技术名称	1. 淤地坝	2. 植树造林
效果评价		
存在问题	未能定时维护检修；缺少配套的排水技术，经济效益不明显	耗水过多；未解决居民生计问题
技术需求		
技术需求名称	1. 风蚀防治	2. 绿洲农田和荒漠植被保护
功能和作用	土壤保持、防风固沙	农田保护、维持生物多样性、增加植被覆盖
推荐技术		
推荐技术名称	1. 树种选育	2. 流域生态修复措施优化配置
主要适用条件	需要造林的退化地区	发生退化且有恢复技术应用的小流域

（24）北方土石山区水土流失区

地理位置	位于北方丘陵山区，包括北京、天津、河北、山西、内蒙古、辽宁、江苏、安徽、山东和河南10省（自治区、直辖市）共662个县（市、区、旗），土地总面积约81万km²	
案例区描述	自然条件	北方土石山区主要包括辽河平原、燕山太行山、胶东低山丘陵、沂蒙山泰山以及淮河以北的黄淮海平原等。属温带半干旱、暖温带半干旱及半湿润气候区，大部分地区年均降水量400~800mm。主要土壤类型包括褐土、棕壤和栗钙土等。植被类型主要为温带落叶阔叶林、针阔混交林，林草覆盖率24.22%。区内耕地总面积3229.0万hm²，其中坡耕地192.4万hm²。水土流失以水力侵蚀为主，部分地区也存在风力侵蚀
	社会经济	北方土石山区的环渤海地区、山东半岛地区、冀中南、东陇海、中原经济区等重要的优化开发和重点开发区域是我国城镇化战略格局的重要组成部分，辽河平原、黄淮海平原是重要的粮食主产区，沿海低山丘陵区是农业综合开发基地，太行山、燕山等区域是华北重要饮用水水源地。山区丘陵区耕地资源短缺，坡耕地比例大

生态退化问题：水土流失	
退化问题描述	水土流失面积19.0万km²，局部地区存在山洪灾害。区内开发强度大，人为水土流失问题突出，海河下游和黄泛区存在潜在风蚀危险
驱动因子	**自然：** 风蚀、水蚀、重力侵蚀　　　　**人为：** 过度开垦、放牧、樵采及水资源过度开发
治理阶段	以保护和建设山地森林草原植被，提高河流上游水源涵养能力为重点，维护重要水源地安全。加强山丘区小流域综合治理、微丘岗地及平原沙土区农田水土保持工作，改善农村生产生活条件。全面加强生产建设活动和项目水土保持监督管理

现有主要技术		
技术名称	1. 梯田	2. 封山育林
效果评价		
存在问题	经济效益不高，暴雨时易损毁	经济效益不高

技术需求		
技术需求名称	1. 水资源高效利用	2. 缓冲植被带
功能和作用	水源涵养、蓄水保水、增加覆盖	土壤保持、水源涵养

推荐技术		
推荐技术名称	1. 保护性耕作	2. 乔灌草植被缓冲带
主要适用条件	坡度小于10°的山地	河流上游

(25)　东北黑土区水土流失区		
地理位置	位于东北山地丘陵区，包括内蒙古、辽宁、吉林和黑龙江 4 省（自治区）共 244 个县（市、区、旗），土地总面积约 109 万 km²	
案例区描述	自然条件	东北黑土区主要分布有大小兴安岭、长白山、呼伦贝尔高原、三江平原及松嫩平原。主要河流涉及黑龙江、松花江等。属温带季风气候区，大部分地区年均降水量 300～800mm。土壤类型以黑土、黑钙土、灰色森林土、暗棕壤、自然棕色针叶林土为主。主要植被类型包括落叶针叶林、落叶针阔混交林和草原植被等，林草覆盖率 55.27%。区内耕地总面积 2892.3 万 hm²，其中坡耕地 230.9 万 hm²，缓坡耕地 356.3 万 hm²。水土流失以水力侵蚀为主，间有风力侵蚀，北部有冻融侵蚀
	社会经济	东北黑土区是世界三大黑土带之一，既是我国森林资源最为丰富的地区，也是国家重要的生态屏障。三江平原和松嫩平原是全国重要商品粮生产基地，呼伦贝尔草原是国家重要经济畜产品生产基地，哈长地区是全国重要的能源、装备制造基地

生态退化问题：水土流失		
退化问题描述	水土流失面积 25.3 万 km²	
驱动因子	自然：风蚀、水蚀、重力侵蚀　　　　人为：过度开垦、放牧、樵采及水资源过度开发	
治理阶段	以漫川漫岗区的坡耕地和侵蚀沟治理为重点，加强农田水土保持工作，实施农林镶嵌区退耕还林还草和农田防护、治理阶段西部地区风蚀防治，强化自然保护区、天然林保护区、重要水源地的预防和监督管理	

现有主要技术		
技术名称	1. 保护区建设	2. 退耕
效果评价		
存在问题	许多保护区内仍有耕地存在，管理难度大，经费紧张	当地居民主要以农业为生，无有效的替代生计，退耕难度大

技术需求		
技术需求名称	1. 水土保持耕作	2. 侵蚀沟道治理
功能和作用	土壤保持、增强土壤抗蚀性	土壤保持、防灾减灾

推荐技术		
推荐技术名称	1. 保护性耕作	2. 乔灌草植被缓冲带
主要适用条件	坡度小于 10° 的山地	坡面及沟道

（26）河北省承德市水土流失区

案例区描述	地理位置	承德市水土流失区位于河北省东北部，115°54′E ~ 119°15′E，40°12′N ~ 42°37′N	
	自然条件	属季风气候区，全年平均气温9.0℃，年降水量402.3 ~ 882.6mm，其中，夏季6 ~ 8月降水量为241.5 ~ 542.4mm，占年降水量的56% ~ 75%。市境内有滦河、潮河、辽河、大凌河四大水系，年产水量37.6亿 m³，是京津冀的重要供水源地。林地面积占河北省的43.4%，草地面积占40%，森林覆盖率48%	
	社会经济	承德市总人口为3 354 444人（2020年），城镇人口1 898 080人，农村人口1 456 364人。2020年，全市粮食种植面积425.9万亩，蔬菜种植面积97.1万亩，中草药材播种面积34.1万亩，瓜果种植面积2.7万亩；粮食总产量146.5万 t，蔬菜及食用菌总产量431.6万 t，园林水果、食用坚果产量分别为109.2万 t、20.7万 t；猪牛羊禽肉产量38.1万 t，生猪存栏89.4万头，牛存栏72.0万头，羊存栏94.9万只，家禽存栏2327.7万只	

生态退化问题：水土流失			
退化问题描述	由于气候变化和人类活动，该地区水土流失日趋严重		
驱动因子	自然：水蚀、盐碱化、干旱、洪涝、病虫害　　人为：过度开垦、水资源过度开发、工矿开采		
治理阶段	处于生态治理中期阶段，致力于加快产业转型保护生态环境，坚守耕地红线，大力整治非法采砂、采石和乱采滥挖		

现有主要技术			
技术名称	1. 鱼鳞坑		2. 竹节沟
效果评价	应用难度 5.0　推广潜力　成熟度　适宜性　效益		应用难度 5.0　推广潜力　成熟度　适宜性　效益
存在问题	劳动力成本高		耗水量大

技术需求			
技术需求名称	1. 水沙调控技术		2. 坡面蓄水工程技术
功能和作用	农田保护，土壤保持，蓄水保水		农田保护，土壤保持，蓄水保水

推荐技术			
推荐技术名称	1. 波状坡田间拦挡滤排技术		2. 直型坡石坎截坡开阶蓄渗技术
主要适用条件	土层薄、坡长坡陡、波状起伏的农田		薄土坡农田

(27) 北京市房山区水土流失区		
地理位置	位于北京市西南，115°25′E～116°15′E，39°30′N～39°55′N	

案例区描述	自然条件	属暖温带半湿润季风大陆性气候区，总面积 2019km²，境内地貌复杂平原、丘陵、山区各占 1/3，气候有明显差异，年平均气温平原地区为 11.6℃，山区为 10.8℃，年平均降水量平原地区为 602.5mm，山区为 645.2mm，全年无霜期平原地区为 191 天，山区 201 天。土壤类型以褐土、棕壤为主。地带性植被主要是蒙古栎、麻栎、白桦和山杨等，落叶阔叶乔木树种占优势的暖温带落叶阔叶林
	社会经济	房山区下辖 28 个乡镇（街道）、459 个行政村、210 个社区居委会。全区常住人口 118.8 万人（2018 年），其中常住外来人口 30.6 万人，占常住人口的 25.8%。常住人口中，城镇人口 88.6 万人，占常住人口的 74.6%。该区居民人均可支配收入 42 823 元（2019 年），其中城镇居民人均可支配收入 50 644 元

生态退化问题：水土流失		
退化问题描述	土壤侵蚀类型主要为水力侵蚀，轻度以上土壤侵蚀面积 545.28km²（2018 年），其中轻度侵蚀面积 534.83km²、中度侵蚀面积 8.66km²、强烈侵蚀面积 1.79km²	
驱动因子	自然：水蚀、风蚀　　　人为：水资源过度开发、工矿开采、基础设施建设	
治理阶段	处于生态治理中期阶段，2018 年全区共审批生产建设项目水土保持方案 107 个，按照构筑"生态修复、生态治理、生态保护"三道防线的思路，建设生态清洁小流域 3 个，京津风沙源小流域 3 条，治理面积 50km²	

现有主要技术		
技术名称	1. 水平梯田	2. 造林绿化
效果评价		
存在问题	维护成本高	耗水过高，维护成本高

技术需求		
技术需求名称	1. 生态清洁面源污染防治技术	2. 植被缓冲带
功能和作用	增加植被覆盖，涵养水源；保护农田，提高作物产量	保持土壤，涵养水源，防治污染，维护生物多样性

推荐技术		
推荐技术名称	1. 免耕技术	2. 乔灌草植被缓冲带
主要适用条件	坡度小于 10°的山地	河流上游

（28）山东省烟台市福山区水土流失区

地理位置	位于山东半岛东北部，121°15′E ~ 121°22′E，37°14′N ~ 37°29′N		
案例区描述	自然条件	属温带季风气候，土地总面积482.8km²，年平均气温13.4℃，年平均降水量524.9mm，年平均日照时数2488.9h。植被属暖温带落叶阔叶林区的胶东丘陵栽培植被赤松麻栎林分区，主要森林植被类型有赤松林、黑松林、麻栎林、日本落叶松林、糅椴林、刺槐林、枫杨赤杨林、杨树林和竹林9个种类	
	社会经济	2022年，福山区地区生产总值（GDP）435.9亿元，其中，第一产业增加值27.8亿元，增长5.4%；第二产业增加值216亿元，增长6.7%；第三产业增加值192.1亿元，增长4.8%。居民人均可支配收入53 976元，其中城镇居民人均可支配收入57 826元	

生态退化问题：水土流失			
退化问题描述	水土流失总面积115.1km²，其中轻度水土流失87.1km²，中度水土流失25.7km²，强烈水土流失2.1km²，极强烈水土流失0.2km²。总体以轻度侵蚀为主，其主要分布在植被覆盖度较高但地表植被少、坡度较大的丘陵区园地，中度侵蚀主要集中分布在坡度相对较大、植被覆盖度相对较低的丘陵区，而强烈、极强烈侵蚀主要发生在海拔相对较高、坡度较大、植被覆盖度较低的低山地带		
驱动因子	自然：水蚀、干旱　　人为：过度开垦、基础设施建设		
治理阶段	处于生态治理中期阶段，目前针对山丘区水土流失面广量大的特点，实行以大流域为骨干，小流域为单元，山水田林路村统一规划、综合治理，工程措施、植物措施和农业措施紧密结合，建立水土流失综合防治体系		

现有主要技术			
技术名称	1. 环保路面固化剂		2. 水源涵养缓冲林
效果评价			
存在问题	成本较高，不能大规模应用		树种的养护较难

技术需求			
技术需求名称	1. 植物护坡技术		2. 林分改造
功能和作用	保持水土，保护农田		优化群落结构，拦截径流，涵养水源

推荐技术			
推荐技术名称	1. 缓冲植被带技术		2. 近自然造林
主要适用条件	坡度小于15°的山地		非适地适树建造的人工林

（29）福建省龙岩市长汀县水土流失区

地理位置	长汀县属福建省龙岩市，地处福建西部，武夷山南麓，南与广东省近邻，西与江西省接壤，116°45″E ~ 116°39′20″E，25°18′40″N ~ 26°2′5″N		
案例区描述	自然条件	属中亚热带季风气候，总面积 3099.0km²，年平均气温 19.3℃，年均降水量 1519mm，降水集中在 4~7 月，季节性干旱常见于 7~8 月，年均日照时数 1660.2h，无霜期 281 天。土壤类型为抗蚀性差且酸性强的山地红壤，保水保肥能力低，植被类型为亚热带常绿阔叶林区	
	社会经济	长汀县下辖 18 个乡（镇），2018 年，常住人口 54.5 万人，其中城镇人口 22.6 万人（占总人口 41.5%），农村人口 31.9 万人；该县有耕地 4420 万 hm²，其中水田 4010 万 hm²，旱地 410 万 hm²；城镇居民人均可支配收入 23 330 元，农村居民人均可支配收入 13 991 元	

生态退化问题：水土流失			
退化问题描述	水土流失集中分布在以河田镇为中心的中部低丘区，向周围山区呈辐射下降趋势，87.21% 的水土流失分布在海拔 200~500m 的丘陵地带（2005 年）。近年来，水土流失面积和强度都呈下降趋势，尤其以河田镇下降最大，但是剧烈流失在空间分布上呈扩散的现象		
驱动因子	自然：水蚀　　人为：过度开垦		
治理阶段	处于生态治理中期阶段，紧密围绕水土流失精准治理深层治理建设目标，推进造林绿化工作。技术人员分包造林山场，严把苗木关、栽植关和管护关，确保造林质量。2020 年水土流失精准治理深层治理项目已经开展，包括迹地等水土流失治理 2.8 万亩，马尾松林优化改造 800hm²，森林质量提升 3333hm²		

现有主要技术			
技术名称	1. 生态农业（复合养牛）		2. 种植经济灌木
效果评价			
存在问题	对养殖人员素质要求较高，前期投资较高		部分经济树种植养护困难

技术需求			
技术需求名称	1. 土壤改良		2. 林分改造
功能和作用	保持水土，保护农田，增强土壤抗蚀性，增加产量		优化群落结构，拦截径流，涵养水源

推荐技术			
推荐技术名称	1. 缓冲植被带技术		2. 近自然造林
主要适用条件	坡度小于 15° 的山地		非适地适树建造的人工林

（30）广东省梅州市梅县水土流失区

地理位置	位于广东省东北部，韩江上游，梅州市中部，115°47′E～116°33′E，23°55′N～24°48′N		
案例区描述	自然条件	属亚热带季风气候，总面积2483km²，年平均气温21.3℃，年平均降水量1528.5mm，年均日照时数1874.2h，年均相对湿度77%，年均无霜期306天。土壤类型多样，以赤红壤、红壤为主。植被类型有阔叶林、针叶林、针叶阔叶混交林、竹林、灌丛、稀树灌木草坡、经济林和果林、农业植被八个类型	
	社会经济	梅县下辖19个镇（办事处、高管会），2018年，全区户籍人口61.6万人，常住人口54.36万人，其中，城镇人口28.7万人，农村人口32.9万人，城镇化率46.6%；该县耕地面积2.1万hm²，其中水田1.6万hm²，农村人口人均耕地0.064hm²；全体居民人均可支配收入25 938元，城镇居民人均可支配收入32 788元，农村居民人均可支配收入18 735元	

生态退化问题：水土流失			
退化问题描述	属南方红壤丘陵区，境内水土流失普遍存在，属广东省水土流失重点治理区，水土流失面积714.24km²（2006年），共有崩岗7215个，崩岗流失面积44.64km²		
驱动因子	自然：丘陵地貌、土质疏松、降雨水蚀		人为：过度开垦、基础设施建设
治理阶段	处于生态治理中期阶段，全区共修建谷坊3557座、拦沙坝241座、水平沟49.22万m²、水平梯田499hm²，营造水保林9453hm²，种植经济林果17 000hm²，封禁治理2800hm²，生态环境和农业生产条件得到了明显的改善，生态得到了有效的修复		

现有主要技术			
技术名称	1. 人工建植	2. 梯田	3. 谷坊群
效果评价			
存在问题	未能针对不同环境（海拔、坡向、降水）匹配物种	部分梯田质量较差；道路修建不合理，机械化程度较低	部分拦沙蓄水能力有限；未能定时维护检修；缺少配套的泄洪技术

技术需求		
技术需求名称	1. 植物护坡技术	2. 林分改造
功能和作用	保持水土，保护农田	优化植被结构功能，拦截径流，涵养水源

推荐技术		
推荐技术名称	1. 缓冲植被带技术	2. 近自然造林
主要适用条件	坡度小于15°的山地	非适地适树建造的人工林

(31) 南方红壤区水土流失区		
地理位置	南方山地丘陵区，包括上海、江苏、浙江、安徽、福建、江西、河南、湖北、湖南、广东、广西和海南 12 省（自治区、直辖市）共 859 个县（市、区），土地总面积约 124 万 km²	

案例区描述	自然条件	南方红壤区主要包括大别山、桐柏山、江南丘陵、淮阳丘陵、浙闽山地丘陵、南岭山地丘陵及长江中下游平原、东南沿海平原等。属亚热带、热带湿润气候区，大部分地区年均降水量 800~2000mm。土壤类型主要包括棕壤、黄红壤和红壤等。主要植被类型为常绿针叶林、阔叶林、针阔混交林以及热带季雨林，林草覆盖率 45.16%，区内耕地总面积 2823.4 万 hm²，其中坡耕地 178.3 万 hm²
	社会经济	南方红壤区是重要的粮食、经济作物、水产品、速生丰产林和水果生产基地，也是有色金属和核电生产基地。长江、珠江三角洲等城市群是我国城镇化战略格局的重要组成部分

生态退化问题：水土流失		
退化问题描述	水土流失面积 16.0 万 km²	
驱动因子	自然：风蚀、水蚀、重力侵蚀　　人为：过度开垦、放牧、樵采及水资源过度开发	
治理阶段	加强山丘区坡耕地改造及坡面水系工程配套，控制林下水土流失，开展微丘岗地缓坡地带的农田水土保持工作，实治理阶段施侵蚀劣地和崩岗治理，发展特色产业。保护和建设森林植被，提高水源涵养能力，推动城市周边地区清洁小流域建设。加强城市、经济开发区及基础设施建设的水土保持监督管理	

现有主要技术		
技术名称	1. 人工建植	2. 梯田
效果评价		
存在问题	未能针对不同环境（海拔、坡向、降水）匹配物种	部分梯田质量较差，容易被暴雨损毁；道路修建不合理，机械化程度较低

技术需求		
技术需求名称	1. 植物护坡技术	2. 水资源开发利用
功能和作用	保持水土，保护农田	蓄水保水，提高水资源利用率

推荐技术		
推荐技术名称	1. 缓冲植被带技术	2. 地下河提水
主要适用条件	坡度小于 15°的山地	岩溶地下水富集处

(32) 泰国曼谷市水土流失区

地理位置	位于湄南河三角洲东岸，南临暹罗湾，中心位置位于 100°29′50″E ~ 100°31′20″E，13°45′50″N ~ 13°50′01″N	
案例区描述	自然条件	属热带季风气候，终年炎热，年均气温 27.5℃，6 月为全年最高气温月，平均最高气温 35℃，年均降水量 1500mm
	社会经济	曼谷市总面积 7761.5km²，总人口 1197.1 万人（2010 年），其中城市人口达到 980 万人，曼谷经济占泰国经济总量的 44%，人均 GDP 达到 13 000 美元，是东南亚发达城市之一

生态退化问题：水土流失		
退化问题描述	水蚀、洪涝灾害以及过度开垦使得曼谷水土流失日趋严重	
驱动因子	自然：水蚀、洪涝　　人为：过度开垦	

现有主要技术		
技术名称	1. 平台式梯田	2. 蓄水库
效果评价		
存在问题	较易被冲毁，平台易积水	水库建设投入较高

技术需求		
技术需求名称	1. 农田防护	2. 复合农业
功能和作用	农田保护，降低农田维护成本	提高土地生产率，维持生物多样性，控制水土流失，促进物质循环

推荐技术		
推荐技术名称	1. 石墙梯田	2. 基塘农业
主要适用条件	降水冲刷较大、土墙梯田易损毁的地区	地势低洼、水分充足的农区

(33)　泰国湄宏顺府水土流失区			
地理位置	湄宏顺府地处泰国西北，西北与缅甸相接，东与清迈府为邻，97°54′10″E ~ 97°56′02″E，19°18′36″N ~ 19°23′18″N		
案例区描述	自然条件	热带季风气候，年均气温 26.4℃，年均降水量 1228mm。平均海拔 580m，府内最高峰为麦雅峰，海拔 2005m。大部分地区是山地，拥有丰富的天然林资源	
	社会经济	泰国可耕地面积约 1681 万 hm²，人均可耕地面积约 0.244hm²（2016 年）。湄宏顺府全府面积 12 681km²，总人口约 279 088 人（2017 年），人口密度为 22.2 人/km²，以掸族、克伦族、拉祜族、傈僳族为主。全府人均 GDP 1828.42 美元，年人均可支配收入 302.12 美元（2011 年）	
生态退化问题：水土流失			
退化问题描述	由于过度捕鱼、工业扩张以及旅游业发展，该地区生物多样性减少，水土流失及环境污染日趋严重		
驱动因子	自然：气候变化　　　人为：过度捕鱼、工业扩张、旅游业发展		
现有主要技术			
技术名称	1. 森林保护立法		2. 人工造林
效果评价			
存在问题	执法难度大		树种单一、病虫害频发
技术需求			
技术需求名称	1. 林分改造		2. 植物护坡
功能和作用	改善群落结构，增加植被覆盖，涵养水源		保持水土，保护农田
推荐技术			
推荐技术名称	1. 近自然造林		2. 缓冲植被带
主要适用条件	适宜于造林的区域		坡度小于 15° 的山地

(34) 泰国水土流失区

地理位置	位于中南半岛中南部, 97°30′E ~ 105°30′E, 5°31′N ~ 21°N。与柬埔寨、老挝、缅甸、马来西亚接壤, 东南临泰国湾 (太平洋), 西南濒安达曼海 (印度洋)	
案例区描述	自然条件	热带季风气候, 温暖潮湿, 年均降水量1000mm。地势北高南低, 自西北向东南倾斜, 地形以平原和低地为主 (占其国土总面积的50%以上)。湄南河是泰国最主要的河流, 纵贯泰国南北, 全长1200多千米
	社会经济	该国土面积51.3万 km², 制造业、农业和旅游业是其支柱产业。农业是传统经济产业, 全国可耕地面积约1681万 hm², 占全国土面积的32.8%, 是世界上稻谷和天然橡胶最大出口国。农产品是外汇收入的主要来源之一

生态退化问题: 水土流失		
退化问题描述	土地退化的年度总成本估计为27亿美元, 其中40%是由于供应生态系统服务 (如粮食供应, 木材生产等) 的减少。全国土壤流失总面积为17.42万 hm², 占国土面积的34%	
驱动因子	自然: 水蚀, 季节性暴雨　　人为: 土地过度开采, 陡坡耕地	

现有主要技术		
技术名称	1. 小台阶梯田	2. 截水沟
效果评价		
存在问题	不适合机械化耕作, 效益较低	排出水流可能带来场外侵蚀, 成熟度较低

技术需求		
技术需求名称	1. 侵蚀控制	2. 保护性耕作
功能和作用	保水固水	减少农用地水土流失

推荐技术		
推荐技术名称	1. 植树造林	2. 免耕少耕
主要适用条件	水分条件较好的宜林地区	由于频繁耕作而发生退化的耕地

(35) 老挝水土流失区

地理位置		位于中南半岛北部，101°35′E ~ 102°48′E，18°1′N ~ 19°65′N。北邻中国，南接柬埔寨，东临越南，西北达缅甸，西南毗连泰国
案例区描述	自然条件	热带、亚热带季风气候。年均气温26℃，年均降水量2000mm。5 ~ 10月为雨季，11月至次年4月为旱季。森林面积约17万km²，森林覆盖率约50%
	社会经济	该国国土面积23.68万km²，总人口723万人，人口密度30人/km²。GDP 190亿美元，人均GDP 2765美元（2019年）。以农业为主，工业基础薄弱，农作物主要有水稻、玉米、薯类、咖啡、烟叶、花生、棉花等

生态退化问题：水土流失	
退化问题描述	落后的"刀耕火种"式的生产方式导致作物产量低下，水土流失严重，地力下降快。一般2 ~ 3年就要换一块地进行开垦耕种，而被砍伐的林地需要几年植被才能恢复。30万户家庭每年破坏森林25万 ~ 30万hm²，其中10万hm²为热带雨林
驱动因子	自然：气候变化、旱涝灾害　　人为：过度采伐

现有主要技术	
技术名称	水质监控网络
效果评价	
存在问题	缺少专业技术人员

技术需求	
技术需求名称	自然资源监管的法律法规
功能和作用	改善水质

推荐技术	
推荐技术名称	水质监测能力建设
主要适用条件	湄公河流域

(36) 马来西亚雪兰莪州水土流失区		
地理位置	地处马来西亚半岛西海岸中部，西临马六甲海峡，中心位于 101°30′E ~ 101°52′E、3°08′N ~ 3°20′N	
案例区描述	自然条件	属热带海洋性气候，全年高温多雨，无四季之分，年均气温 23 ~ 33℃，年降水量 2000 ~ 2500mm。州西部主要为平原，东部是山地，最高峰努昂山海拔 1493.2m，主要的河流有巴生河、冷岳河
	社会经济	雪兰莪州总面积 8104km²，总人口 638.08 万人（2017 年），占马来西亚总人口的 19.85%，其中马来族及原住民占 53.1%，华裔占 24.3%，印裔占 11.3%。该州对马来西亚 GDP 贡献率最高，达 22.7%，农业总产值占该州经济比例仅为 1.4%（2016 年）
生态退化问题：水土流失		
退化问题描述	由于降水量较大及水资源过度开发利用，该州农田水土流失较为严重	
驱动因子	自然：水蚀　　人为：水资源过度开发利用	
现有主要技术		
技术名称	1. 梯田	2. 水保林
效果评价		
存在问题	强降水引起的梯田毁坏，缺少配套技术	幼苗存活率较低，经济效益较低
技术需求		
技术需求名称	1. 梯田加固	2. 农田防护林种植
功能和作用	保水保土，提高农田生产力	农田水土保持，提高经济收益
推荐技术		
推荐技术名称	1. 岩墙梯田	2. "稻田+棕榈"间作
主要适用条件	降水量大、梯田易损毁的区域	热带及亚热带农田

(37) 马来西亚吉隆坡市水土流失区		
地理位置	位于马来西亚半岛西海岸，地处巴生河流域，东临蒂迪旺沙山脉，北方及南方被丘陵环绕，西临马六甲海峡，101°42′E～101°68′E，3°8′N～3°12′N	
案例区描述	**自然条件**　属热带雨林气候，长年温暖，四季如夏，日照充足，且降水丰沛。最高气温约32℃，最低气温约23℃。年均降水量2600mm，10月至次年3月为雨季，6～7月较为干旱。平均海拔21.95m	
	社会经济　吉隆坡市面积243km²，人口179.52万人（2018年），GDP占马来西亚的15.6%（2017年），人均GDP 11.13万林吉特（约为27 023.64美元）	
生态退化问题：水土流失		
退化问题描述	早期锯材原料需求量急剧增加、采伐作业机械化程度加大，导致滑坡、泥石流等灾害频发，水土流失严重。后期传统工业导致水土流失问题进一步凸显，且近海地区易受洪涝灾害影响，经生态修复后现已明显改善	
驱动因子	自然：水蚀　　　人为：土地过度利用、工矿业强度大	
现有主要技术		
技术名称	1. 人工建植	2. 洪水监测
效果评价		
存在问题	树种单一且存活率较低	适用于近海地区，成本高，推广潜力较低
技术需求		
技术需求名称	1. 生物固土	2. 水资源循环利用
功能和作用	减少滑坡、泥石流的发生	循环使用水资源，提高资源利用率
推荐技术		
推荐技术名称	1. 生物结皮	2. 雨水收集
主要适用条件	易发生滑坡和泥石流的水土流失区	水资源匮乏的水土流失区

(38) 菲律宾水土流失区		
地理位置	位于亚洲东南部，120°E～122°E，15°N～15°21′N。北隔巴士海峡与中国台湾省相对，南隔苏拉威西海、巴拉巴克海峡与印度尼西亚、马来西亚相望，西濒南中国海，东临太平洋	
案例区描述	**自然条件**	季风型热带雨林气候，高温多雨，湿度大，台风多。年均气温27℃，年降水量2000～3000mm。森林面积1579万hm²，覆盖率达53%。地形多以山地为主，占总面积3/4以上
	社会经济	该国国土面积29.97万km²，为出口导向型经济，第三产业在国民经济中地位突出，其次是农业和制造业。20世纪90年代初，90%的家庭依赖小农。2016年农林渔业产值294.23亿美元，占GDP的8.0%
生态退化问题：水土流失		
退化问题描述	约45%的土地遭受了中度到重度侵蚀，土壤生产力和保水能力降低30%～50%，是坡地可持续生产的主要制约因素	
驱动因子	自然：水蚀　　　人为：过度利用土地	
现有主要技术		
技术名称	1. 灌木等高篱	2. 石墙梯田
效果评价		
存在问题	技术推广难	结构耐久性差、后期维护所需费用较高
技术需求		
技术需求名称	1. 坡地保水种植	2. 保护性耕作
功能和作用	缓解坡地水土流失	缓解农用地水土流失
推荐技术		
推荐技术名称	1. 蔬菜梯田	2. 秸秆覆田
主要适用条件	水分适宜的缓坡地	蒸发量较大、土壤流失严重的坡地

(39) 印度尼西亚水土流失区		
地理位置	地处亚洲东南部，地跨赤道，96°E ~ 140°E，12°S ~ 7°N	
案例区描述	自然条件	热带雨林气候，年平均气温 25 ~ 27℃，无四季分别。北部受北半球季风影响，7 ~ 9 月降水量丰富，南部受南半球季风影响，12 月、1 月、2 月降水量丰富，年降水量 1600 ~ 2200mm。该国总面积 191.36 万 km²，森林面积 1.37 亿 hm²，森林覆盖率超过 60%
	社会经济	该国总人口 2.62 亿人，人口密度 2 人/km²，其中农村人口占总人口的 32.4%。GDP 1.11 万亿美元，人均 GDP 3779 美元（2017 年）。矿业在印度尼西亚经济中占有重要地位，产值占 GDP 的 10% 左右。耕地面积约 8000 万 hm²，盛产经济作物，如棕榈油、橡胶、咖啡、可可等。渔业资源丰富，潜在捕捞量超过 800 万 t/a。旅游业是印度尼西亚非油气行业中仅次于电子产品出口的第二大创汇行业，2019 年赴印度尼西亚外国游客 1611 万人次
生态退化问题：水土流失		
退化问题描述	一方面，降水模式的不稳定会加大洪涝或干旱的发生概率，高温干旱天气给印度尼西亚的森林资源带来了巨大的隐性危害；另一方面，人口增长也加重了环境压力。对生物资源不可持续的利用、非法砍伐、外来物种入侵等对生物多样性造成了挑战。此外，印度尼西亚传统的"烧芭"习俗加重了这一压力。在保留"烧芭"习俗的地区，大量的原始森林和泥炭地遭到破坏，这不仅危及许多濒临灭绝物种的栖息地，还释放了蕴藏在林木和泥炭地中的碳汇，增加了大气中温室气体的含量	
驱动因子	自然：气候变化　　人为：热带雨林的减少、过度垦殖	
现有主要技术		
技术名称	1. 梯田	2. 使用本地物种进行人工建植
效果评价		
存在问题	缺少利益相关者培训，效益不明显	牧民保护草地意识弱
技术需求		
技术需求名称	土壤培肥	
功能和作用	提高土壤抗蚀能力	
推荐技术		
推荐技术名称	土壤快速培肥技术	
主要适用条件	受水土流失影响、土壤肥力下降的农田	

(40) 印度水土流失区		
地理位置	位于南亚，68°7′E~97°25′E，8°24′N~37°36′N	

| 案例区描述 | 自然条件 | 大部分属于热带季风气候，降水少且不均，干旱频繁，土壤条件不利于集约化作物生产。耕地面积约 1.6 亿 hm²。高密度的人口和牲畜为区域自然资源带来压力。游牧民族广泛分布，耕地扩张威胁着脆弱的生态系统 |
| | 社会经济 | 印度经济以耕种、现代农业、手工业、现代工业以及其支撑产业为主，是世界上最大的粮食生产国之一。农村人口占总人口的 72% |

生态退化问题：水土流失		
退化问题描述	由于气候变化和人类活动的影响，印度各地均存在不同强度和类型的土壤侵蚀。全国年均土壤侵蚀强度约 1650t/km²，相当于每年流失 1mm 土层，远高于全国土壤侵蚀允许值 450~1120t/km²。全国每年因土壤侵蚀而流失的土壤和水分分别达 53.36 亿 t 和 180 亿 m³，损失土壤养分 600 万~1000 万 t。农地的土壤侵蚀最为严重，全国每年由农耕活动造成的土壤侵蚀量高达 53.34 亿 t	
驱动因子	自然：水蚀，风蚀 人为：土地开垦	

现有主要技术		
技术名称	1. 秸秆覆盖	2. 带状种植
效果评价		
存在问题	社区参与度低	技术推广困难

技术需求		
技术需求名称	1. 小流域综合治理	2. 3S 技术评估侵蚀量
功能和作用	涵养水源，控制侵蚀	控制侵蚀，防灾减灾

推荐技术		
推荐技术名称	土壤侵蚀监测	
主要适用条件	水土流失易发、常发区域	

(41) 巴基斯坦格特基县水土流失区		
地理位置	位于巴基斯坦信德省西部，东邻印度，南濒阿拉伯海，69°32′E，28°3′N	
案例区描述	自然条件	地处印度河下游平原，属亚热带季风气候，气候干旱，夏季炎热，冬季寒冷。2~9月西南季候风盛行，受季风影响，雨季较长且湿热。年均降水量180mm，7~8月为雨季
	社会经济	该县人口97.05万人（1998年）。该县耕地面积占38%，以棉花、小麦、水稻种植为主，其中棉花产量占全国的1/3；工业主要包括纺织、水泥等，其中水泥产量占全国的60%；制造业以塑料、橡胶等为主
生态退化问题：水土流失		
退化问题描述	农业的快速发展、土地的过度利用导致土壤侵蚀严重，并导致生物栖息地破碎化	
驱动因子	自然：水蚀 人为：土地过度利用	
现有主要技术		
技术名称	1. 旱作农业	2. 防护林建植
效果评价		
存在问题	未有效利用水资源	当地居民生态修复意识较低
技术需求		
技术需求名称	1. 生态农业	2. 保护性耕作
功能和作用	有利于农业的可持续发展	缓解土地过度利用，防止水土流失
推荐技术		
推荐技术名称	1. 轮耕	2. 保护性耕作
主要适用条件	水土流失严重的农作区	水土流失严重的农作区

(42) 尼泊尔水土流失区		
地理位置	位于喜马拉雅山中段南麓，84°7′E～85°19′E，27°42′N～28°2′N。北与中国西藏接壤，东、西、南三面被印度包围，国境线长 2400km	
案例区描述	**自然条件**	地区气候差异明显，分北部高山、中部温带和南部亚热带三个气候区。北部为高寒山区，终年积雪，最低气温可达–41℃；中部河谷地区气候温和，四季如春；南部平原常年炎热，夏季最高气温为45℃
	社会经济	该国国土面积147 181km²，人口2898 万人（2016 年），GDP 288.12 亿美元，人均 GDP 1026 美元（2018 年）。该国耕地面积325.1 万 hm²，农业人口占总人口的80%，主要种植大米、甘蔗、茶叶和烟草等农作物，粮食自给率达97%

生态退化问题：水土流失	
退化问题描述	由于区域气候干燥及风力、水力侵蚀等自然驱动作用，加之过度放牧、过度开垦等问题的存在，该区域出现水土流失问题
驱动因子	自然：气候干旱，风蚀　　　人为：过度放牧

现有主要技术		
技术名称	1. 水资源保护	2. 三人一组幼苗种植与管护
效果评价		
存在问题	当地居民承担的成本较高	在人口较为分散的地区应用较难

技术需求		
技术需求名称	1. 植被缓冲带	2. 生物多样性保护
功能和作用	保持土壤，涵养水源，防治污染，维护生物多样性	维护生物多样性

推荐技术		
推荐技术名称	1. 植物篱	2. 农林复合经营
主要适用条件	坡度较缓的山地	坡度较缓的山地

（43）尼泊尔苏瑞佩里河流域水土流失区

地理位置		位于尼泊尔西部，81°49′E～83°16′E，28°21′N～29°25′N	
案例区 描述	自然 条件	属热带湿润气候，气候温和，四季如春。4～9 月是雨季，其中 4～5 月最高气温达到 36℃。 地形以河谷为主，多山地。海拔 535～7624m，坡度 0°～77.43°	
	社会 经济	该流域面积 9338km²，主导产业为农业，1995～2015 年农业用地面积增加了 58%，建设用地 面积增加了 16.1km²，森林面积减少了 11.17%	
生态退化问题：水土流失			
退化问题描述		由于水力侵蚀的自然驱动作用，加之过度放牧、过度开垦、过度开发利用水土资源等，该区域 1995～ 2015 年重度侵蚀面积增加了 20%，其中农用地侵蚀最严重，1995 年、2007 年和 2015 年土壤侵蚀量 分别为 26.46t/（hm²·a）、23.56t/（hm²·a）和 21.54t/（hm²·a）	
驱动因子		自然：水蚀　　　人为：土地过度利用，密集耕作	
现有主要技术			
技术名称		1. 淤地坝	2. 人工建植
效果评价			
存在问题		成熟度较低，成本高	树种适宜性较低，成本较高
技术需求			
技术需求名称		1. 节水灌溉	2. 河岸绿化带
功能和作用		避免过度抽取地下水，缓解水资源压力	减少人为活动对河流的干扰，缓解水土流失
推荐技术			
推荐技术名称		1. 雨水收集	2. 缓冲林
主要适用条件		水资源匮乏的水土流失区	河岸两侧的水土流失区

(44) 尼泊尔柯西河流域水土流失区		
地理位置	位于尼泊尔东北部、首都加德满都西侧，85°E ~ 86°E，27°23′N ~ 28°6′N	
案例区描述	**自然条件** 属亚热带季风气候，年均气温 17.4℃ 年均降水量 1315mm，约 80% 的降水集中在季风季节（6 ~ 9 月）。海拔 492 ~ 1341m，属于尼泊尔典型的干谷景观	
	社会经济 该流域面积 283km²，以农牧业为主，灌木林地面积 150hm²（面积占比 53%），主要分布在 20° ~ 30° 的陡峭斜坡；坡耕地面积 90hm²；林地面积 43hm²，植被覆盖度 70% ~ 90%，平均坡度 15°	
生态退化问题：水土流失		
退化问题描述	持续干旱和人类扰动阻碍植被和作物生长，导致土壤侵蚀呈现加速的态势。灌木林地侵蚀速率达 32.52t/(hm² · a)，土壤流失量占 55.08%，是土壤侵蚀易发区	
驱动因子	自然：水蚀　　人为：土地过度利用，过度放牧，密集耕作	
现有主要技术		
技术名称	1. 人工建植	2. 挡土墙
效果评价		
存在问题	树种单一，病虫害频发	挡土墙易被侵蚀，后期维护困难
技术需求		
技术需求名称	1. 水土流失综合治理工程	2. 生态农业
功能和作用	缓解土壤侵蚀，提高生物多样性	提高资源利用率，缓解水土流失
推荐技术		
推荐技术名称	1. 封育	2. 等高耕作
主要适用条件	土壤侵蚀严重、有恢复力的林地	水土流失严重的农作区

(45) 孟加拉国库尔纳县水土流失区		
地理位置	位于孟加拉国西南部库尔纳区，89°31′12″E~89°34′01″E，22°43′24″N~22°49′03″N	
案例区描述	自然条件	属亚热带季风型气候，湿热多雨，年降水量 1809.4mm，年均气温 26.3℃，每年的 4 月为无霜期。该地海拔平均 4m，属于海平面较低的区域
	社会经济	该县总面积 4394.46km²，下设九个乡。人口 170.97 万人（2011 年），人口密度较高，约 1314 人/km²。当地居民以信奉穆斯林、佛教为主
生态退化问题：水土流失		
退化问题描述	农田过度开垦、虾养殖场扩建以及路堤修建造成当地水土流失；飓风使海水倒灌农田、草地，海水侵蚀导致土壤质量进一步下降	
驱动因子	自然：海水侵蚀　　人为：路堤施工、养殖场扩建	
现有主要技术		
技术名称	种植耐、抗盐碱作物	
效果评价		
存在问题	盐碱化问题依然存在，农作物减产	
技术需求		
技术需求名称	1. 阻止虾养殖场过度扩建	2. 阻止盐水侵蚀耕地
功能和作用	确保农田土壤质量，减少盐碱化	减少水土盐碱化
推荐技术		
推荐技术名称	1. 修建防潮堤	2. 建防护林带
主要适用条件	水土流失严重的农田和海岸	海水倒灌区

(46) 斯里兰卡中央省普塔勒姆区水土流失区		
地理位置	位于印度洋上，西北隔保克海峡与印度半岛相望，79°42′E ~ 81°53′E，5°55′20″N ~ 9°50′10″N	
案例区描述	**自然条件** 属热带季风气候，总面积 65 610km²，年平均气温 28℃，年均降水量 1174mm	
	社会经济 斯里兰卡人均可耕地面积约 0.061hm²，人均 GDP 4216 美元（2017 年）。普塔勒姆区总人口 45 400 人，人口密度为 322 人/km²	
生态退化问题：水土流水		
退化问题描述	由于过度开垦和过度采伐，斯里兰卡水土流失问题日益严重	
驱动因子	自然：水蚀　　人为：过度采伐、过度开垦	
现有主要技术		
技术名称	1. 植树造林	2. 施用生物炭
效果评价		
存在问题	树种单一、成活率低	成本较高
技术需求		
技术需求名称	1. 保护性耕作	2. 土壤改良
功能和作用	土壤保持，改善农田生物多样性	土壤保持，提高生产力
推荐技术		
推荐技术名称	1. 少耕、浅耕	2. 作物残渣混合生物炭
主要适用条件	耕作频繁、退化农田	退化农田

（47）斯里兰卡萨巴拉加穆瓦省水土流失区

地理位置	地处斯里兰卡西南部，为内陆省份，$80°30'17''E \sim 80°40'02''E$，$6°30'54''N \sim 6°50'24''N$	
案例区描述	自然条件	属热带雨林气候，斯里兰卡年均日照时数 2500～2850h，大部分地区是平原，只有中南部为山地，植被类型主要为低地雨林。萨巴拉加穆瓦省总面积 4968km²，平均海拔 109m，年均气温 24.3℃，4～5 月为一年中最热月份，年均降水量 4460mm
	社会经济	斯里兰卡可耕地面积约 130 万 hm²，人均可耕地面积约 0.061hm²/人（2016 年），人均 GDP 3852 美元（2019 年）。萨巴拉加穆瓦省总人口约 192.9 万人，人口密度 391.6 人/km²（2012 年），年户均可支配收入 252.36 美元（2016 年）

生态退化问题：水土流失		
退化问题描述	由于过度开垦、采伐及采矿，该地区水土流失日趋严重	
驱动因子	自然：水蚀　　人为：过度开垦、采矿	

现有主要技术		
技术名称	1. 辅助植被自然再生	2. 幼苗抚育
效果评价		
存在问题	成本较高	成本较高

技术需求	
技术需求名称	农林间作
功能和作用	保持水土

推荐技术	
推荐技术名称	立体农业
主要适用条件	土地退化的农区

(48) 土耳其水土流失区

地理位置	横跨欧洲和亚洲，42°2′E～43°30′E，38°48′N～39°52′N。邻格鲁吉亚、亚美尼亚、阿塞拜疆、伊朗、伊拉克、叙利亚、希腊和保加利亚，濒地中海、爱琴海、马尔马拉海和黑海	
案例区描述	自然条件	气候类型多样，东南部较为干旱，中部安纳托利亚高原较为凉爽湿润。地形复杂多样，从沿海平原到山区草场，从雪松林到绵延的大草原，是世界植物资源最丰富的地区之一。森林面积达 2000 万 hm²
	社会经济	该国国土面积 78.36 万 km²，工农业均有一定基础，轻纺、食品工业发达，粮食、棉花、蔬菜、水果、肉类等基本实现自给自足。农业生产总值占 GDP 的 20% 左右，从事农业的劳动力占全国劳动力的 50% 左右。大部分耕地用来种植粮食作物，其中小麦和大麦的种植面积最大。经济作物（棉花和烟草）是重要的出口商品。牧场养殖绵羊及少量的牛和山羊

生态退化问题：水土流失		
退化问题描述	20 世纪 70 年，每年土壤侵蚀量约 5 亿 t，2016 年水土流失量 1.54 亿 t	
驱动因子	自然：水蚀　　人为：土地过度利用	

现有主要技术		
技术名称	1. 轮牧	2. 滴灌
效果评价		
存在问题	适宜性较差，推广潜力不大	推广难度大

技术需求		
技术需求名称	1. 增加植被覆盖度	2. 边坡防护
功能和作用	保持水土	防止坡面水土流失

推荐技术		
推荐技术名称	1. 人工造林	2. 边坡种植
主要适用条件	水热条件适宜的地区	坡度较缓的坡面

（49）巴勒斯坦耶路撒冷城水土流失区

地理位置	位于中东、东地中海沿岸、约旦河西岸，东邻约旦，35°13′E~35°22′E，31°47′N~31°76′N	
案例区描述	自然条件	属亚热带地中海气候。夏季炎热干燥，7~8 月最高气温可达 38℃。冬季微冷湿润多雨，平均气温为 4~11℃。雨季为 12 月至次年 3 月，年均降水量 450~500mm，且降水多为暴风雨
	社会经济	巴勒斯坦国土面积 6220km²，可耕地面积为 16.6 万 hm²，农业劳动力占比 20%。该国 GDP 144.98 亿美元，人均 GDP 2946.3 美元（2019 年）。水果、蔬菜和橄榄占出口产品的 25%；工业水平较低且规模较小，主要包括加工业，如塑料、橡胶等

生态退化问题：水土流失		
退化问题描述	农业的快速发展、土地的过度利用导致水资源开发严重，面临土壤侵蚀加剧、生物栖息地破碎化和生物多样性降低等生态环境问题	
驱动因子	自然：干旱、水蚀　　人为：人口高速增长、土地过度利用	

现有主要技术		
技术名称	1. 农林间作	2. 本地植物种植
效果评价		
存在问题	物种选取不合理，影响当地居民收入	树种单一，水资源过度开发利用

技术需求		
技术需求名称	1. 生态农业	2. 水资源循环利用
功能和作用	有利于水土资源协调发展	提高水资源利用率，缓解水资源压力

推荐技术		
推荐技术名称	1. 物种选育	2. 节水灌溉/滴灌
主要适用条件	非适地适树的农牧区和林草区	水资源浪费严重且匮乏的农林区

(50) 哈萨克斯坦北部水土流失区			
地理位置	位于哈萨克斯坦北部阿克莫拉州，50°E~85°E，40°N~50°N。北与北哈萨克斯坦州相邻，南与卡拉干达州相邻，东与巴甫洛达尔州相邻，在西方和西北方与科斯塔奈州相连		
案例区描述	自然条件	属大陆性气候，北部自然环境较为湿润，北部可接受来自海洋的水汽	
	社会经济	阿克莫拉州面积14.62万km^2，人口74.76万人，哈萨克族人口占53.4%，而俄罗斯人口占33.7%（2017年）。第一产业以农业为主	

生态退化问题：水土流失			
退化问题描述	存在着由风蚀和水蚀等因素引起的水土流失问题		
驱动因子	自然：风蚀，水蚀　　　人为：高强度农业种植；采矿；过度放牧		

现有主要技术			
技术名称	1. 休耕	2. 等高线种植	3. 草方格
效果评价			
存在问题	监管困难，应用难度大	适于起伏地形，适宜性待提高	成本较高，耗费大量人力

技术需求		
技术需求名称	1. 可持续养殖管理	2. 建立生物保护带
功能和作用	防止过度放牧导致的荒漠化	防风固沙

推荐技术		
推荐技术名称	1. 划区禁牧/轮牧/休牧	2. 农林间作
主要适用条件	退化草地	水分适宜的退化区

(51)　哈萨克斯坦东南部水土流失区		
地理位置	位于哈萨克斯坦东南部,阿拉木图地区北部,76°55′E ~ 78°54′E,43°19′N ~ 44°21′N	
案例区 描述	**自然 条件**　大陆型气候,冬季寒冷,夏季炎热。1 月气温≤0℃天数达 1/3,7 月气温在 24℃以上。年均 降水量 125 ~ 813mm。地形高低起伏较大,包括山地和平原	
	社会 经济　阿拉木图市总人口 187 万人,人口密度 9 人/km² (2019 年)。该市以哈萨克族人居多,占全 部人口的 60%,其次是俄罗斯人、鞑靼人、乌孜别克人、维吾尔人、乌克兰人等	
生态退化问题:水土流失		
退化问题描述	哈萨克斯坦东南部存在着由风蚀和水蚀等因素引起的水土流失问题	
驱动因子	自然:干旱,风蚀　　人为:过度放牧	
现有主要技术		
技术名称	1. 坡改梯	2. 施用有机肥
效果评价		
技术需求		
技术需求名称	1. 梯田护埂	2. 土壤改良
功能和作用	保持土壤,保水蓄水	提高土壤肥力
推荐技术		
推荐技术名称	1. 农田防护林	2. 土壤培肥
主要适用条件	退化农田	土壤肥力低下的农田

（52）日本滋贺县爱东町区水土流失区

地理位置	位于日本列岛中部，135°59′E～136°3′E，35°12′N～35°14′N，是连接日本东西走廊和沟通太平洋与日本海的通道，属于日本地域中的近畿地方	
案例区描述	自然条件	属亚热带海洋性季风气候，终年温和湿润，6月多梅雨，夏秋季多台风，境内中心有日本最大的湖泊——琵琶湖
	社会经济	滋贺县面积4017.36km²，是日本三大都市圈之一大阪都市圈的组成部分。该县农业以水稻为主，经济作物有茶叶、水果等；畜牧业以肉牛、奶牛为主；渔业以琵琶湖盛产的淡水鱼为主，淡水珍珠养殖也很发达；工业发达，为日本屈指可数的工业县

生态退化问题：水土流失		
退化问题描述	由于水力侵蚀等自然驱动作用，加之过度开垦等问题的存在，该区域水土流失问题出现	
驱动因子	自然：水蚀　　人为：过度开垦、化肥农药使用	

现有主要技术		
技术名称	1. 循环农业	2. 土壤改良
效果评价		
存在问题	应用难度大，对农业人员技能要求较高	成本较高

技术需求		
技术需求名称	1. 生物多样性保护	2. 水质保护
功能和作用	保护森林生物多样性	提高生态用水及饮用水质量

推荐技术		
推荐技术名称	1. 近自然造林	2. 农业污染控制
主要适用条件	需人工造林地区	农作区

(53) 日本东京都水土流失区		
地理位置	位于日本关东，139°26′24″E～139°44′02″E，35°34′11″N～35°41′01″N	
案例区描述	自然条件	亚热带湿润气候，年均气温15.2℃，年均降水量1530mm，日均日照时数5.2h。3/4面积为山地，平均海拔40m
	社会经济	日本可耕地面积约41.8万hm²，人均可耕地面积约0.033hm²/人（2016年），人均GDP 42 386美元，年人均可支配收入20 782.1美元（2019年）。东京面积2155km²，东京都区部人口数达946万人，东京都市圈的人口数则达3700万人（2017年），以日本人、中国人和韩国人为主
生态退化问题：水土流失		
退化问题描述	由于气候变化的和过度开发，该地区水土流失较为严重	
驱动因子	自然：气候变化　　人为：过度开发	
现有主要技术		
技术名称	1. 复合农业	2. 湿地保护区
效果评价		
存在问题	耗水过多，农业投入大	缺少配套措施
技术需求		
技术需求名称	1. 循环农业	2. 栖息地保护
功能和作用	增加收入，增加农业系统稳定性	保护生物多样性
推荐技术		
推荐技术名称	1. 基塘农业	2. 建立栖息地保护区
主要适用条件	低洼多水的农区	野生动物聚居地

(54) 韩国首尔市水土流失区		
地理位置	位于韩国西北部的汉江流域，朝鲜半岛的中部，地处盆地，汉江迂回穿城而过，126°58′20″E ~ 127°03′01″E，37°33′40″N ~ 38°08′52″N	
案例区描述	自然条件	温带季风气候，年均降水量 1450.5mm，年均气温约 11.8℃，四季分明，气候温暖，6 ~ 9 月的月均温度 20 ~ 27℃，12 月至次年 2 月的月均温度 -5 ~ 0℃，年均日照时数 2066h。平均海拔 40m，主要由丘陵和山地构成，西部和南部有大片平原
	社会经济	韩国可耕地面积约 142.1 万 hm²，人均可耕地面积约 0.028hm²/人（2016 年），人均 GDP 31 846 美元，年人均可支配收入 17 408.1 美元（2019 年）。首尔市面积约 605.25km²，总人口 998.5 万人（2020 年），人口密度 16 497 人/km²
生态退化问题：水土流失		
退化问题描述	由于水资源过度开发和工业及生活污水排放，该地区水土流失及河流污染问题日趋严重	
驱动因子	人为：水资源过度开发	
现有主要技术		
技术名称	河岸植被带	
效果评价		
存在问题	成本较高	
技术需求		
技术需求名称	绿化带	
功能和作用	水土保持，美化景观	
推荐技术		
推荐技术名称	城市绿化带	
主要适用条件	市区适宜于植被生长的区域	

非洲：（1）尼日利亚水土流失区		
地理位置	位于西非东南部，30°E～180°，50°N～80°N。东邻喀麦隆，东北隔乍得湖与乍得相望，西接贝宁，北接尼日尔，南濒大西洋几内亚湾	
案例区描述	自然条件	属热带季风气候，全年分为旱季和雨季，年均气温 26～27℃。边界线长约 4035km，海岸线长 800km。地势北高南低。境内河流众多。可耕地 6800 万 hm²，已耕地 3400 万 hm²，森林覆盖率 17%
	社会经济	尼日利亚国土面积 92.38 万 km²，人口 2.01 亿人，人口密度 218 人/km²，其中农村人口占 70%。GDP 4753 亿美元，人均 GDP 2501 美元（2019 年）。石油为支柱产业，占 GDP 的 20%～30%。农业主产区集中在北方地区，木薯年产量 4000 万 t，农业 GDP 约占 GDP 的 28.2%。旅游资源丰富，基础设施落后
生态退化问题：水土流失		
退化问题描述	随着全球气候变暖，西非大草原已经遭受严重干旱和荒漠化的大片地区将继续恶化，其中包括尼日利亚北部地区。此外，由于水土流失，东南部尼日尔河三角洲可能损失 15% 的土地；如果海平面再上升 0.5mm，尼日尔河三角洲损失的面积可能达到 35%	
驱动因子	自然：干旱　　人为：无序开矿	
现有主要技术		
技术名称	1. 矿区生态恢复工程	2. 生态恢复规划
效果评价		
存在问题	缺少专业技术人员和相关技术	缺少政策和资金支持
技术需求		
技术需求名称	1. 矿区回填	2. 矿区生态恢复
功能和作用	恢复矿区生态，防止水土流失	促进矿区可持续发展
推荐技术		
推荐技术名称	1. 建立社区管理机制	2. 适应性恢复与管理
主要适用条件	生态退化区	生态退化区

（2）几内亚科纳克里市水土流失区		
地理位置	位于几内亚西南沿海，濒临大西洋东侧，13°37′W ~ 13°43′W，9°30′N ~ 9°56′N	
案例区描述	**自然条件** 属热带雨林气候，年均气温 26.4℃，最高气温 38.1℃。年均降水量 4000mm，5 ~ 10 月为雨季，占全年降水量的 95% 以上，雨季多南风和西南风，平均风速 22km/h	
	社会经济 首都科纳克里面积 347km²，人口约 200 万人。经济活动以农业和种植业为主，捕捞业较为活跃，主要的出口产品包括可可和咖啡。矿业较为发达，工业基础薄弱，仅有少量轻工业和手工制造业	

生态退化问题：水土流失		
退化问题描述	降水集中造成水资源分配不均衡，山坡地形造成严重的水土流失	
驱动因子	自然：水蚀　　　人为：土地过度利用	

现有主要技术		
技术名称	1. 农林间作	2. 地下排水系统
效果评价		
存在问题	易受病虫害侵害	成本高

技术需求		
技术需求名称	1. 地膜覆盖	2. 水资源循环利用
功能和作用	减少水土流失	提高水资源利用率

推荐技术		
推荐技术名称	1. 秸秆覆盖	2. 淤地坝
主要适用条件	土壤松散且易受侵蚀的农田	水资源匮乏的水土流失区

(3) 多哥水土流失区		
地理位置	地处非洲西部，0°~2°W，6°N~12°N。南濒几内亚湾，东邻贝宁，西界加纳，北与布基纳法索接壤	
案例区描述	自然条件	南部属热带雨林气候，北部属热带草原气候。沿海地区年均气温为27℃，北部为30℃。海岸线长56km
	社会经济	该国国土面积56 785km^2，人口830万人，人口密度142人/km^2，总GDP 56.4亿美元，人均GDP 680美元（2020年）。42.2%的人口从事农业生产活动（种植业、狩猎、林业），农业产值约占GDP的30%，工业基础薄弱；畜牧业主要集中在中部和北部地区，产值占农业产值的15%

生态退化问题：水土流失、海岸带侵蚀		
退化问题描述	面临海岸侵蚀和海平面上升的严重威胁	
驱动因子	自然：海平面上升 人为：过度耕作	

现有主要技术		
技术名称	简易水坝	
效果评价		
存在问题	缺少新技术和资金	

技术需求		
技术需求名称	新型水坝	
功能和作用	防灾减灾	

推荐技术		
推荐技术名称	1. 海岸带保护	2. 海岸线开发技术
主要适用条件	易受侵蚀的海岸	具有一定社会经济发展基础的海岸带

（4）埃塞俄比亚水土流失区

地理位置	位于非洲东部，34°E～40°E，6°N～9°N。东与吉布提、索马里毗邻，西同苏丹、南苏丹交界，南与肯尼亚接壤，北接厄立特里亚	
案例区描述	自然条件	地中海气候，温度冷热不均，降水不均，局部干旱。山地高原占全境的2/3。平均海拔近3000m，素有"非洲屋脊"之称。水资源丰富，号称"东非水塔"。境内河流湖泊较多，青尼罗河发源于此，但利用率不足5%。目前森林覆盖率为9%
	社会经济	该国国土面积110.36万km²，农业用地1240万hm²。农牧业为主，工业基础薄弱，农业约占GDP的40%。农牧民占总人口的85%以上。作物以苔麸、小麦等谷类作物为主（占粮食作物产量的84.15%）。以家庭放牧为主，抗灾力弱，产值约占GDP的20%。牲畜存栏位居世界前列

生态退化问题：水土流失		
退化问题描述	农田土壤流失严重，每年约有19亿t土壤随雨水流失，以及土壤养分大量流失，以及沙漠化、石漠化等土地退化问题，位于西北部的阿姆哈拉州是埃塞俄比亚水土流失最严重的地区	
驱动因子	自然：雨季集中且降水量大　　人为：土地过度开垦和过度放牧	

现有主要技术		
技术名称	1. 石头堤岸与排灌沟槽	2. 人工建植
效果评价		
存在问题	成本较高	幼苗存活率较低

技术需求		
技术需求名称	1. 基于自然的人工建植	2. 林分改造
功能和作用	提高植被覆盖度、维护生物多样性	优化植被结构功能，拦截径流，涵养水源

推荐技术		
推荐技术名称	1. 草地群落近自然配置	2. 近自然林
主要适用条件	发生退化的人工草地	人工林地

(5) 肯尼亚水土流失区		
地理位置	位于非洲大陆的东海岸，1°17′S ~ 2°23′S，36°49′E ~ 37°28′E	
案例区 描述	自然 条件	热带草原气候，沿海地区湿热，高原气候温和。年降水量 200 ~ 1500mm，潜在蒸发量 2500mm 以上。地形以平均海拔 1500m 的高原为主，可耕地面积 9.2 万 km²（约占国土面积的 16%），其中已耕地占 73%，主要集中在西南部
	社会 经济	该国农业、服务业和工业是国民经济三大支柱，农业以茶叶、咖啡和花卉为主。全国 80% 以上的人口从事农牧业。农业产值约占 GDP 的 30%，其出口占总出口的一半以上（2012 年）。旅游业较发达
生态退化问题：水土流失		
退化问题描述	荒漠化的加剧和蔓延威胁着数百万人并严重降低了该国的生产力	
驱动因子	自然：气候干旱　　人为：限制游牧民移动政策，人口压力	
现有主要技术		
技术名称	1. 人工造林	2. 旱作农业
效果评价		
存在问题	未兼顾生物多样性	成本较高
技术需求		
技术需求名称	1. 集水	2. 生态农业
功能和作用	蓄水保水，增加产量	提高土地多元化利用程度、充分发挥土地潜力
推荐技术		
推荐技术名称	1. 集水坝	2. 复合农业
主要适用条件	降水量小且地下水资源缺乏的地区	土地发生退化、适宜复合种养的农田

(6) 赞比亚卢萨卡市水土流失区

地理位置	位于非洲中南部，内陆国家，87°9′E~119°9′E，41°7′N~51°6′N。东接马拉维、莫桑比克，南接津巴布韦、博茨瓦纳和纳米比亚，西邻安哥拉，北靠刚果（金）及坦桑尼亚		
案例区描述	自然条件	热带草原气候，湿度低，海拔1000~1500m，地势大致从东北向西南倾斜。境内河流众多，水网稠密，水力资源非常丰富，主要河流是赞比西河，是非洲第四大河，全长2660km。年均降水量800~1000mm	
	社会经济	该国国土面积75.3万km²，农业是赞比亚国民经济的重要部门，57%的土地适宜从事农业生产，其中3900万hm²为中高产地。经济以农业、矿业和服务业为主，其中采矿业是国民经济主要支柱之一。生产总值约占GDP的18%。全国80%的人口从事农业生产，目前已开发的耕地面积为620万hm²，只占全部可耕地的14%。主要农作物是玉米、小麦、大豆、水稻等。耕地普遍缺乏灌溉系统，农作物抗灾能力较弱	

生态退化问题：水土流失

退化问题描述	水土流失造成的土地退化严重。土地退化造成土地生产力降低，作物产量下降；在依赖农业发展的区域，土地退化影响了其社会经济发展，加剧了农村地区的贫困	
驱动因子	自然：降水量季节性分布不均	人为：森林砍伐

现有主要技术

技术名称	1. 免耕	2. 农林复合种植
效果评价	应用难度 5.0 推广潜力 成熟度 0 适宜性 效益	应用难度 5.0 推广潜力 成熟度 0 适宜性 效益
存在问题	难以被用户接受	成本较高，适宜的区域有限

技术需求

技术需求名称	1. 牧场经营	2. 土壤防蚀
功能和作用	缓解土地退化、提高动物生产力	土壤保持、增加土壤抗蚀性、保护农田

推荐技术

推荐技术名称	1. 轮牧	2. 围栏封育
主要适用条件	放牧压力较大的草场	发生土壤侵蚀和退化的林草地

（7）莱索托古廷区水土流失区		
地理位置	位于非洲东南部，南非高原东缘，其国土完全被南非环绕，是世界最大的国中之国，27°33′20″E ~ 28°43′39″E，30°28′12″30″S ~ 30°48′30″S	
案例区描述	自然条件	莱索托属亚热带草原气候，国土面积 30 355km²，最高气温 33℃，最低气温 -7℃。东部多山地，最高海拔 3482m，西部多为地势较平缓的低地，最低海拔 1388m
	社会经济	莱索托人口 210 万（2013 年），农业人口占全国人口的 80%，农业劳动力占全国劳动力总数的 50%。现有可耕地面积 18 万 hm²，约占国土面积的 10%（2013 年）；畜牧业占重要地位，全国 66% 的土地可供放牧，以养羊业为主

生态退化问题：水土流失		
退化问题描述	由于过度开垦，莱索托水土流失，可耕地逐年减少	
驱动因子	自然：水蚀　　人为：过度开垦	

现有主要技术		
技术名称	1. 保护性耕作	2. 农田防护林
效果评价		
存在问题	对农民耕作技术要求较高	造林树种较单一

技术需求		
技术需求名称	1. 沟道治理	2. 多样化种植
功能和作用	土壤保持	土壤保持、增加植被覆盖、保护生物多样性

推荐技术		
推荐技术名称	1. 淤地坝	2. 近自然造林
主要适用条件	侵蚀沟道	退化农区、林地和草地

欧洲：（1）英国曼彻斯特市水土流失区		
地理位置	位于英格兰西北部平原，东部邻近奔宁山脉，2°14′W～2°15′W，53°28′N～53°30′N	
案例区描述	**自然条件** 属温带海洋性气候。1～3月均温8℃，7～9月均温20℃。年均降水量809mm，10月至次年1月为雨季，2～3月最为干燥。位于盆地之中，北方和东方毗邻奔甯荒野，南方邻近柴郡平原，草地和耕地面积占比较大	
	社会经济 曼彻斯特面积115.65km^2，人口51.44万人（2013年）。该区以工业、服务业和制造业为主，尤其是棉纺织工业。新兴工业发展迅速，以电子、化工和印刷为中心，拥有重型机器、织布、炼油、玻璃和食品加工等700多种行业	
生态退化问题：水土流失		
退化问题描述	过度放牧等人为活动导致草地和耕地严重退化，土地侵蚀的主要形式为细沟侵蚀。裸露和植被覆盖率低的地区年均土壤流失面积为1000km^2，而在砂壤土区年均土壤流失面积高达1770km^2，年均侵蚀量为2.2×10^{6}t，占侵蚀总量的95%。草地受人为干扰强度大	
驱动因子	自然：水蚀　　人为：土地过度利用、过度耕作放牧	
现有主要技术		
技术名称	1. 草地农业系统	2. 舍饲养殖
效果评价		
存在问题	未考虑土地资源承载力	管理成本较高
技术需求		
技术需求名称	1. 生态农业	2. 饲养
功能和作用	缓解土地压力，减少水土流失	提高饲养水平
推荐技术		
推荐技术名称	1. 农草间作	2. 以草定畜
主要适用条件	水土流失严重的农牧区	畜牧业发达的农牧区

(2) 荷兰代尔夫特市水土流失区		
地理位置	位于南荷兰省，地处海牙和鹿特丹之间，4°22′W~4°38′W，51°58′N~51°59′N	
案例区描述	自然条件	属温带海洋性气候，夏季和冬季的平均气温分别为16℃、3℃，年均降水量797mm
	社会经济	代尔夫特市面积24.08km²，人口9.45万人（2006年）。该市早期以毛织业和啤酒业为主，18世纪陶器产业快速发展。此外，食品、化学、塑料、机械、造船等工业发达

生态退化问题：水土流失		
退化问题描述	土地的过度利用、重工业的高能源消耗、城市交通和农业集约化造成各种环境压力。65%的荷兰人从事农业生产，农业生产率位于世界各国前列，面临着潜在的水土流失危机	
驱动因子	自然：干旱、风蚀、水蚀　　人为：土地过度利用、过度放牧	

现有主要技术		
技术名称	1. 地下灌溉	2. 物种选育
效果评价		
存在问题	成本高，未有效改善土壤质量	物种选育需时长、成本高

技术需求		
技术需求名称	1. 水资源循环利用	2. 生态农业
功能和作用	缓解水资源压力	缓解水土流失

推荐技术		
推荐技术名称	1. 滴灌	2. 植物篱
主要适用条件	水土流失严重，水资源匮乏区域	人为干扰严重的水土流失区

(3) 德国东弗里斯兰地区水土流失区

地理位置		位于德国西北部的下萨克森州，西与荷兰接壤，南临黑森州和图林根州，东与萨克森–安哈尔特州相近，北与汉堡和石勒苏益格—荷尔斯泰因州毗邻，$7°40'W \sim 7°47'W$，$53°20'N \sim 53°23'N$
案例区描述	自然条件	属北温带大陆性气候和海洋性气候。平均气温 1 月 $-5 \sim 1℃$，7 月 $14 \sim 19℃$，年降水量 $500 \sim 1000mm$。夏季凉爽、冬季多雪。地势北低南高，由哈尔茨山区、威悉山地和以吕内堡草原为中心的北德低地组成
	社会经济	下萨克森州面积 4.76 万 km^2，人口 800 万人（2006 年）。该州 2/3 的面积用于农业，主要种植粮食、甜菜、饲料玉米和马铃薯等。北海沿岸是重要的产鱼区，被誉为德国的鱼米之乡。矿业主要包括矿盐、钾盐矿、铁矿以及石油天然气。工业以汽车制造和化学工业为主，如大众汽车厂

生态退化问题：水土流失		
退化问题描述	暴雨季节集中在 $5 \sim 7$ 月，农作区以幼苗覆盖为主，水土保持能力差，因此产生严重水土流失，玉米地径流系数可高达 0.3。此外，由于人类生产生活的废物排放，水土资源面临严重污染	
驱动因子	自然：水蚀　　人为：土地过度利用、化学污染	

现有主要技术		
技术名称	1. 污水处理	2. 植被保护
效果评价		
存在问题	后期维护困难，成本较高	成本高

技术需求		
技术需求名称	1. 水资源保护	2. 耕作管理
功能和作用	缓解水资源污染状况	防止土壤侵蚀

推荐技术		
推荐技术名称	1. 水污染治理	2. 农林间作
主要适用条件	化学污染严重的区域	效益低下的农林区

(4) 德国勃兰登堡州水土流失区		
地理位置	位于德国东北部，南与萨克森州相邻，西与萨克森–安哈尔特州毗邻，西北部与下萨克森州相邻，北与梅克伦堡–前波莫瑞州毗邻，东与波兰接壤，13°06′W ~ 13°86′W，53°21′N ~ 53°32′N	

案例区描述	自然条件	属温带海洋性气候。降水一年四季均衡分布。冬季平均气温在 1.5 ~ 6℃，7 月平均气温在 18 ~ 20℃。自然保护区、森林、湖泊和其他水域面积占 1/3
	社会经济	该州面积 2.95 万 km²，人口 249 万人（2011 年）。3/4 的土地为耕地，主产小麦、大麦、燕麦、甜菜与饲料作物。土壤生产能力不均衡，空间分布呈现出由中部、南部至北部土壤逐渐肥沃的状态，中南部贫瘠砂质土壤占主导地位

生态退化问题：水土流失		
退化问题描述	20 世纪初至 1945 年由于工业化快速发展，生态修复工作的重点是通过人工植树造林的方式进行地块治理。1945 ~ 1990 年快速的工业复兴和过度放牧造成森林减少、地表植被和土地破坏、水土流失等生态环境问题，政府开始通过立法的途径解决生态修复治理问题	
驱动因子	自然：风蚀、水蚀　　人为：土地过度利用、过度放牧	

现有主要技术		
技术名称	1. 休耕	2. 退耕还草
效果评价		
存在问题	休耕区域杂草丛生导致管理困难	影响当地居民收入，农户接受度较低

技术需求		
技术需求名称	1. 自然恢复	2. 保护性耕作
功能和作用	减少人为干扰，防止水土流失	提高资源利用率，防止水土流失

推荐技术		
推荐技术名称	1. 围栏封育	2. 残茬覆盖耕作
主要适用条件	因人类活动导致的水土流失区	水土流失严重的农作区

(5) 奥地利水土流失区		
地理位置	位于 9°W ~ 17°2′W，46°5′N ~ 49°N。东邻匈牙利和斯洛伐克，南接斯洛文尼亚和意大利，西连瑞士和列支敦士登，北与德国和捷克接壤	
案例区描述	自然条件	属温带阔叶林气候。平均气温 1 月为 −2℃，7 月为 19℃。地形以山地为主，森林面积 375 万 hm²，森林覆盖率 43%
	社会经济	该国国土面积 8.4 万 km²，人口 890 万人（2020 年），其中外国人口 148.7 万人，占 16.7%。GDP 3985 亿欧元，人均 GDP 44 900 欧元。工业产值 1026.3 亿欧元，农林渔业产值 45.1 亿欧元，农业用地 133 万 hm²，占全国面积的 16%，机械化程度高。旅游业和农业发达
生态退化问题：水土流失		
退化问题描述	奥地利把面积小于 100km²、具有侵蚀地貌的小流域称为荒溪，全国有荒溪 4338 条。1882 ~ 1883 年连续发生严重的山洪及泥石流灾害，促使 1884 年通过《荒溪治理法》。在百余年的荒溪治理实践中，总结出一套行之有效的荒溪治理森林工程措施体系	
驱动因子	自然：侵蚀地貌　　人为：过度采伐	
现有主要技术		
技术名称	1. 森林规划经营	2. 小流域综合治理
效果评价		
存在问题	成本高	成本高
技术需求		
技术需求名称	坡面防护林体系	
功能和作用	土壤保持，增加植被覆盖，防灾减灾	
推荐技术		
推荐技术名称	坡面植被选育	
主要适用条件	易发生水土流失的区域（坡面）	

（6）西班牙瓦伦西亚市水土流失区			
地理位置	地处西班牙东部，东临地中海，位于 0°21′35″E ~ 0°72′51″E，39°28′12″N ~ 39°38′50″N		
案例区描述	自然条件	温带海洋性气候，土地面积 10 807km²。年均气温 36℃，年均降水量 2376mm，年均日照时数 2696h。平均海拔 361m	
	社会经济	西班牙可耕地面积约 776.4 万 hm²，人均可耕地面积约 0.049hm²/人（2016 年），人均 GDP 1855.74 美元。瓦伦西亚市总人口约 139.3 万人，人口密度 239.9 人/km²	
生态退化问题：水土流失			
退化问题描述	由于水蚀、病虫害、过度樵采和城市扩张，该地区水土流失日趋严重		
驱动因子	自然：水蚀、病虫害　　　人为：过度樵采、城市扩张		
现有主要技术			
技术名称	1. 人工造林		2. 定期燃植
效果评价			
存在问题	树种单一、病虫害频发		成本较高
技术需求			
技术需求名称	1. 土壤净化		2. 淡水处理
功能和作用	改良土壤、改善水质		改善水质
推荐技术			
推荐技术名称	1. 植物稳定技术（种植可以固定土壤重金属的植物）		2. 生物膜过滤技术
主要适用条件	需要进行土壤净化的地区		需要进行水质净化的地区

(7) 俄罗斯萨拉托夫州水土流失区		
地理位置	位于东欧平原东南部，伏尔加河下游，东南与哈萨克斯坦接壤，45°57′10″E ~46°48′53″E，51°59′15″N ~ 52°29′35″N	
案例区描述	自然条件	温带大陆性气候，面积 10.02 万 km²，平均海拔 67m，1 月平均气温 –12℃，7 月平均气温 22℃，年均降水量 460mm，7 月为无霜期。大部分为森林草原和草原，东南为荒漠草原，境内主要河流是伏尔加河
	社会经济	2021 年，俄罗斯人均可耕地面积约 0.84hm²，人均 GDP 12 173 美元
生态退化问题：水土流失		
退化问题描述	由于水蚀、过度开垦和过度樵采，该地农田水土流失较为严重	
驱动因子	自然：水蚀　　人为：过度开垦、过度樵采	
现有主要技术		
技术名称	1. 滴灌	2. 少耕、免耕
效果评价		
存在问题	成本较高，滴灌技术仍然在进一步完善	农民收益的提高不明显
技术需求		
技术需求名称	1. 蓄水储水技术	2. 农作物种植多样化
功能和作用	缓解农区缺水问题，提高农作物产量	水土保持，蓄水保水
推荐技术		
推荐技术名称	1. 建设小型农业区储水库	2. 农林间作
主要适用条件	降水分配不均的农区	土地发生退化的农区

(8) 俄罗斯水土流失区		
地理位置		位于欧亚大陆北部，地跨欧亚两大洲，30°E ~ 180°，50°N ~ 80°N
案例区描述	自然条件	从西到东大陆性气候逐渐加强；北冰洋沿岸属苔原气候（寒带气候）或称极地气候，太平洋沿岸属温带季风气候。从北到南依次为极地荒漠、苔原、森林苔原、森林、森林草原、草原带和半荒漠带。年均降水量 150 ~ 1000mm。地势南高北低，西低东高，地形以平原和高原为主
	社会经济	俄罗斯科技基础雄厚，核工业和航空航天业在世界占有重要地位。农业人口 668.4 万人，占总就业人口的 9.9%。农牧业并重，主要农作物有小麦、大麦、燕麦、玉米和豆类。经济作物以亚麻、向日葵和甜菜为主。畜牧业以养牛、养羊、养猪业为主
生态退化问题：水土流失		
退化问题描述		俄罗斯近年来乱砍滥伐问题严重且森林火灾频发，导致水土流失、河流湖泊严重污染。木材走私现象严重
驱动因子		自然：气候变化　　人为：盗伐
现有主要技术		
技术名称		坡耕地水保措施
效果评价		
存在问题		社区参与度不高
技术需求		
技术需求名称		水资源综合利用
功能和作用		蓄水保水
推荐技术		
推荐技术名称		节水灌溉
主要适用条件		主要农田

美洲：（1）美国加利福尼亚州水土流失区		
地理位置	位于美国西南部太平洋沿岸，117°47′40″W～120°01′02″W，33°41′2″N～34°03′51″N。州东部为沙漠地区，西部沿海多山	
案例区描述	自然条件	属地中海气候，夏季干旱，冬季多雨。东南部科罗拉多沙漠的气温达54℃，太平洋沿岸的气温一般介于0～32℃。西北部降水量4420mm，东南部科罗拉多沙漠降水量50～75mm，中央谷地年降水量介于200～500mm
	社会经济	加利福尼亚州面积41.1万km²，人口4012万人（2013年）。该州是美国农业最发达的州，农业用地占全州的30%，主要集中在中央谷地，以灌溉农业为主，主要作物为棉花、稻米、甘蔗、蔬菜、水果等。林业发达，为全国三大木材生产州之一。渔业产值全国第一，圣弗朗西斯科、圣迭戈及圣佩德罗为重要渔港
生态退化问题：水土流失		
退化问题描述	由于气候变化和水力侵蚀等自然驱动作用，加之过度开垦、过度放牧等问题的存在，该区域水土流失问题出现。目前正探究代替农业的各种可行性办法，如可持续的温室生产提供了可持续的和高利润的农业生产手段	
驱动因子	自然：水蚀、气候变化　　人为：过度开垦、过度放牧、化肥农药使用	
现有主要技术		
技术名称	1. 生物防治	2. 温室二氧化碳回收
效果评价		
存在问题	成本较高，需对植物和气候条件持续监测	互联的二氧化碳回收管道建设成本较高
技术需求		
技术需求名称	1. 生物多样性保护	2. 综合流域规划
功能和作用	保护农田生物多样性	通过流域尺度规划，调节上下游用水和排污，保证生态用水需求
推荐技术		
推荐技术名称	1. 复合农业	2. 水文水质监测
主要适用条件	土地生产力下降、适宜复合种养的区域	流域湿地

(2) 加拿大多伦多市水土流失区		
地理位置	位于加拿大南部，地处安大略湖西北沿岸，为加拿大安大略省的省会，79°23′W ~ 79°25′W，43°39′N ~ 43°40′N	
案例区描述	**自然条件** 属温带大陆性湿润气候，四季分明，春季短暂、夏季湿热、秋季早晚温差大、冬季寒冷漫长。1 月气温最低–3.7℃，7 月气温最高 22.3℃，年均降水量 831.2mm 且一年四季均匀分布	
	社会经济 多伦多市面积 7125km²，GDP 4869 亿美元，人口 592.8 万人（2016 年）。植物资源丰富，种植玉米、蔬菜、小麦、烟叶等，南部的圣劳伦斯河谷地由于土壤肥沃是该市农业和畜牧业的聚集地。工业主要有汽车、钢铁、食品、电器	
生态退化问题：水土流失		
退化问题描述	多伦多南部圣劳伦斯河谷地由于密集耕作，水土流失状况严峻	
驱动因子	自然：风蚀、水蚀　　　人为：土地过度利用、密集耕作	
现有主要技术		
技术名称	1. 物种选育	2. 农草间作
效果评价		
存在问题	土壤质量改善效果不显著	影响农户收入，农户主观能动性较低
技术需求		
技术需求名称	1. 轮作	2. 自然恢复
功能和作用	有效减少土壤压力，避免土壤侵蚀	减少人为干扰促进生态恢复
推荐技术		
推荐技术名称	1. 生态农业	2. 乔灌草空间配置
主要适用条件	水土流失严重的农牧区	层次单一的农林草区

（3）加拿大安大略省水土流失区

地理位置	位于加拿大中部，北至哈得孙湾，东邻魁北克省，西接马尼托巴省，南部则与美国明尼苏达州、密歇根州、俄亥俄州、宾夕法尼亚州和纽约州以安大略湖为界，77°17′W ~ 78°23′W，43°13′N ~ 43°39′N	
案例区描述	自然条件	属温带大陆性和亚寒带大陆性气候。1月气温最低−3.7℃，7月气温最高22.3℃，年均降水量831.2mm。有25万余个湖泊和全长超过10万km的河流，其淡水量占世界淡水总量的1/3
	社会经济	安大略省面积106.8万km²，人口1344.8万人（2016年），GDP 6957.05亿加元（约5621.99亿美元），人均GDP 4.64万加元（约3.75万美元，2013年）。农产品主要包括玉米、蔬菜、小麦、烟叶等；矿产资源丰富，工业主要为制造业

生态退化问题：水土流失		
退化问题描述	解冻土和未冻土层的融雪与径流导致产沙量显著增加，安大略省水土流失严重、侵蚀力指数高，由于人为活动影响，水土资源面临严重的化学污染	
驱动因子	自然：水蚀　　人为：密集耕作，化学污染	

现有主要技术		
技术名称	1. 废物回填	2. 污水处理
效果评价		
存在问题	淡水湖中仍有大量水污染物	处理效率较低

技术需求		
技术需求名称	1. 废石-混凝土转化	2. 化学污染物分离
功能和作用	减少废物产生	保护淡水资源

推荐技术		
推荐技术名称	1. 混凝土护坡/岸	2. 水质净化
主要适用条件	废石易转化为混凝土的水土流失区	水资源污染严重的区域

大洋洲：（1）澳大利亚沃加沃加镇水土流失区		
地理位置	位于新南威尔士州西部，地处悉尼西南方，紧邻穆林碧治河，147°35′E～147°22′E，35°3′S～35°11′S	
案例区描述	**自然条件**　属温带海洋性气候，气候温和。7月气温最低13℃，1月气温最高32℃。年均降水量569mm。年日照时长为1440～1680h	
	社会经济　新南威尔士州 GDP 5313 亿澳元（4115.45 亿美元），人均 GDP 6.9 万澳元（5.34 万美元）（2016 年）。矿产资源、森林资源、旅游资源丰富。葡萄酒酿造业、农牧业、钢铁工业、机械制造业和纺织业等发达	
生态退化问题：水土流失		
退化问题描述	由于移民人口的不断增加和工农业、畜牧业迅速发展，约一半森林资源被毁，40%～50% 的土地沙化，盐渍地面积不断扩大，植被覆盖遭到严重破坏，水土流失日趋严重	
驱动因子	自然：干旱、风蚀　　**人为**：土地过度利用	
现有主要技术		
技术名称	1. 地膜覆盖	2. 封育
效果评价		
存在问题	使用不当会造成土壤次生盐渍化，应用难度较大	管理成本较高
技术需求		
技术需求名称	1. 人工建植	2. 土壤改良
功能和作用	提高植被覆盖率	降低土壤 pH
推荐技术		
推荐技术名称	1. 疏林补植	2. 土壤改良
主要适用条件	植被覆盖率较低的退化生态系统	土壤严重退化、生产力下降的农牧业区

（2）新西兰水土流失区

案例区描述	地理位置	位于太平洋西南部，169°40′E～172°47′E，37°51′S～38°2′S。由北岛、南岛、斯图尔特岛及其附近一些小岛组成，南岛邻近南极洲，北岛与斐济及汤加相望，首都惠灵顿以及最大城市奥克兰均位于北岛
	自然条件	属温带海洋性气候。夏季平均气温约 20℃，冬季平均气温约 10℃。年均降水量 600～1500mm。地形以山地和丘陵为主。森林覆盖率达 29%，天然牧场或农场占国土面积的一半。水力资源丰富，全国 80% 的电力为水力发电
	社会经济	该国国土面积 27 万 km²，人口 492 万人（2019 年）。GDP 2830 亿新元（约 2103.8 亿美元），人均 GDP 5.9 万新元（约 4.38 万美元）（2017 年）。主要农作物有小麦、大麦、燕麦、水果等。畜牧业发达，畜牧业生产占地 1352 万 hm²，乳制品与肉类大量出口，粗羊毛出口量居世界第一位，占世界总产量的 25%

生态退化问题：水土流失		
退化问题描述	由于气候变化和水力侵蚀等自然驱动作用，加之过度开垦、过度放牧和水资源不合理利用等问题的存在，该区域水土流失问题出现	
驱动因子	自然：水蚀、气候变化	人为：过度开垦、过度放牧、水资源不合理利用

现有主要技术		
技术名称	1. 保护性耕作	2. 河道清淤
效果评价		
存在问题	土壤改良作用见效较慢	工程实施成本较高

技术需求		
技术需求名称	1. 生物多样性保护	2. 综合流域规划
功能和作用	保护淡水生物多样性	通过流域尺度规划，调节上下游用水和排污，保证生态用水需求

推荐技术		
推荐技术名称	1. 可再生能源开发利用	2. 水文水质监测
主要适用条件	全域	流域湿地

第4章　荒漠化案例区生态技术应用

4.1　案例区介绍

荒漠化案例区总计44个，其中亚洲35个，涉及10个国家（中国、蒙古国、印度、尼泊尔、以色列、约旦、伊朗、阿富汗、哈萨克斯坦、塔吉克斯坦）；非洲6个，涉及6个国家（利比亚、尼日利亚、乍得、埃塞俄比亚、肯尼亚、赞比亚）；欧洲1个，涉及1个国家（俄罗斯）；北美洲1个，涉及1个国家（美国）；大洋洲1个，涉及1个国家（澳大利亚）。

4.1.1　亚洲案例区基本情况

1）宁夏回族自治区中卫市沙坡头荒漠化区：位于宁甘蒙交界、腾格里沙漠的东南缘，104°17′E~106°10′E，36°06′N~37°50′N。主要驱动因素为干旱、风蚀；过度开垦、过度放牧、水资源过度开发。

2）宁夏回族自治区灵武市荒漠化区：地处宁夏中北部，105°35′24″E~106°22′12″E，37°36′N~38°0′36″N。主要驱动因素为干旱、风蚀；工矿开采、水资源过度开采、过度开垦、过度放牧。

3）宁夏回族自治区吴忠市盐池县荒漠化区：位于宁夏回族自治区东部，北接毛乌素沙地，南靠黄土高原，106°33′E~107°47′E，37°4′N~38°10′N。主要驱动因素为干旱、风蚀；过度放牧、过度人类活动。

4）新疆维吾尔自治区石河子市荒漠化区（a）：位于天山北麓中段，准噶尔盆地的南缘，玛纳斯河畔，85°58′E~86°E，44°10′48″N~44°11′06″N。主要驱动因素为风蚀、干旱；过度开垦、过度放牧、水资源过度开采。

5）新疆维吾尔自治区石河子市荒漠化区（b）：地处天山北麓中段，准噶尔盆地南部，东距自治区首府乌鲁木齐150km，84°58′10″E~86°24′E，43°26′10″N~45°20′N。主要驱动因素为干旱、生态脆弱；过度人类活动。

6）新疆维吾尔自治区准噶尔盆地荒漠化区：位于阿尔泰山与天山之间，西侧为准噶尔西部山地，东至北塔山麓，85°E~90°E，45°N~48°N。主要驱动因素为风蚀、干旱；过度开垦、过度放牧、水资源过度开采。

7）新疆维吾尔自治区阿克苏地区荒漠化区：地处新疆中部，天山山脉中段南麓、塔里木盆地北缘，78°3′E~84°7′E，39°30′N~42°41′N。主要驱动因素为生态脆弱、干旱；过度人类活动。

8）甘肃省张掖市临泽县荒漠化区：位于河西走廊中部、张掖盆地，99°51′E ~ 100°30′E，38°57′N ~ 39°42′N。主要驱动因素为干旱、风蚀；过度开垦。

9）甘肃省张掖市荒漠化区：位于甘肃省西北部，地处河西走廊的最西端，92°13′E ~ 95°30′E、39°40′N ~ 41°40′N。主要驱动因素为风蚀；水资源过度利用（抽水灌溉、旅游业发展需求）。

10）甘肃省敦煌市荒漠化区：位于甘肃省西北部，地处河西走廊的最西端，92°13′E ~ 95°30′E，39°40′N ~ 41°40′N。主要驱动因素为风蚀；水资源过度利用（抽水灌溉、旅游业发展需求）。

11）甘肃省武威市民勤县荒漠化区（a）：位于甘肃省中部，地处河西走廊东北部，东西北三面被腾格里、巴丹吉林沙漠包围，101°49′E ~ 104°12′E，38°3′N ~ 39°27′N。主要驱动因素为干旱、鼠害；超载过牧、过度开发活动。

12）甘肃省武威市民勤县荒漠化区（b）：主要驱动因素为干旱、鼠害；超载过牧、过度开发活动。

13）甘肃省黄河流域荒漠化区：位于 104°27′36″ ~ 104°56′02″E，36°29′24″N ~ 36°43′08″N。主要驱动因素为风蚀、干旱；过度开垦、过度放牧、水资源过度开发。

14）陕西省榆林市北部风沙区荒漠化区：位于陕西省北部、毛乌素沙漠南缘，107°14′E ~ 110°36′E，37°57′N ~ 39°35′N。主要驱动因素为干旱、风蚀；过度开垦、过度放牧。

15）内蒙古自治区鄂托克旗荒漠化区：位于鄂尔多斯市西部，107°50′24″E ~ 108°02′37″E，39°10′12″N ~ 39°32′36″N。主要驱动因素为风蚀、干旱；过度开垦、过度放牧。

16）内蒙古自治区克什克腾旗荒漠化区：位于内蒙古东部、赤峰市西北部，116°20′E ~ 118°26′E，42°23′N ~ 44°15′N。主要驱动因素为干旱、风蚀；过度开垦、过度放牧。

17）内蒙古自治区科尔沁/浑善达克/毛乌素/呼伦贝尔沙地荒漠化区：位于我国北部边疆，横跨三北（东北、华北、西北），北部同蒙古国和俄罗斯接壤，97°12′E ~ 126°4′E，37°24′N ~ 53°23′N。主要驱动因素为风蚀、干旱；过度开垦、过度放牧、水资源过度开采。

18）内蒙古自治区奈曼旗科尔沁沙地荒漠化区：位于 120°19′E ~ 120°48′E，42°14′N ~ 43°02′N，主要驱动因素为风蚀、干旱；过度开垦、过度放牧。

19）内蒙古自治区乌审旗荒漠化区：位于鄂尔多斯市西南部，地处毛乌素沙地腹地，北靠伊金霍洛旗、杭锦旗，东、南两面隔长城与陕西省接壤，西与鄂托克旗、鄂托克前旗搭界，108°17′36″E ~ 109°40′22″E，37°38′54″N ~ 39°23′50″N。主要驱动因素为干旱、风蚀；工矿开采、过度开垦放牧、水资源过度开发利用。

20）内蒙古自治区锡林郭勒盟荒漠化区：位于内蒙古自治区中部，115°13′E ~ 117°6′E，43°2′N ~ 44°52′N。主要驱动因素为干旱、大风；过度开垦、过度放牧。

21）西北干旱荒漠化区：位于欧亚大陆腹地，97°12′E ~ 126°4′E，37°24′N ~ 53°23′N。主要驱动因素为风蚀、干旱；过度开垦、过度放牧、水资源过度开采。

22）河北省坝上荒漠化区：位于内蒙古高原 – 燕山山地 – 华北平原的过渡带，

114°35′E ~ 116°45′E，41°N ~ 42°20′N。主要驱动因素为风蚀、水蚀、干旱、洪涝；过度开垦、过度放牧、工矿开采。

23）内蒙古自治区阿拉善盟荒漠化区：地处内蒙古自治区最西部，东、东北与乌海、巴彦淖尔、鄂尔多斯三市相连，南、东南与宁夏回族自治区毗邻，西、西南与甘肃省接壤，北与蒙古国交界，97°12′E ~ 126°4′E、37°24′N ~ 53°23′N。主要驱动因素为风蚀、盐渍化；过度放牧。

24）蒙古国荒漠化区（a）：地处亚洲东部，蒙古高原主体部分，87°9′E ~ 119°9′E，41°7′N ~ 51°6′N。主要驱动因素为风蚀，干旱和暴雪；过度放牧，无序开矿。

25）蒙古国荒漠化区（b）：主要驱动因素为风蚀，干旱和暴雪；过度放牧，无序开矿。

26）印度西部荒漠化区：位于南亚，68°7′E ~ 97°25′E，8°4′N ~ 37°6′N。主要驱动因素为水蚀、风蚀、干旱；森林砍伐、工业和采矿活动。

27）尼泊尔坦湖区荒漠化区：位于喜马拉雅山中段南麓，85°10′E ~ 85°19′E，27°42′N ~ 27°45′N。主要驱动因素为气候干旱，风蚀；过度放牧。

28）以色列荒漠化区（a）：位于亚洲西部，34°27′E ~ 34°28′E，31°18′N ~ 31°20′N。主要驱动因素为干旱；乱砍滥伐、土地过度开发。

29）以色列荒漠化区（b）：主要驱动因素为干旱；过度开垦，过度放牧。

30）约旦荒漠化区：位于亚洲西部，35°54′E ~ 35°55′E，31°56′N ~ 31°57′N。主要驱动因素为气候干旱，风蚀；过度放牧，过度开垦，城镇化。

31）伊朗荒漠化区：伊朗位于亚洲西南部，51°3′E ~ 51°4′E，35°40′N ~ 35°41′N。主要驱动因素为水蚀、风蚀、干旱；过度开发土地，缺乏土地管理与规划。

32）阿富汗喀布尔市荒漠化区：位于阿富汗东部的喀布尔河谷，兴都库什山南麓，69°4′12″E ~ 69°4′26″E，34°39′N ~ 39°58′N。主要驱动因素为干旱；过度砍伐、矿山开采。

33）哈萨克斯坦北部荒漠化区：位于哈萨克斯坦北部阿克莫拉州，50°E ~ 85°E，40°N ~ 50°N。主要驱动因素为干旱；过度开垦。

34）哈萨克斯坦西部荒漠化区：位于哈萨克斯坦西南部、欧洲东部、乌拉尔河下游，51°52′E ~ 52°06′E，47°7′N ~ 47°8′N。主要驱动因素为干旱，风蚀；矿产开采。

35）塔吉克斯坦杜尚别市荒漠化区：位于塔吉克斯坦西部，68°48′5″E ~ 68°48′20″E，38°30′30″N ~ 38°30′52″N。主要驱动因素为气候变化；过度砍伐、过度开垦。

4.1.2　非洲案例区基本情况

1）利比亚荒漠化区：位于非洲北部，10°E ~ 25°E，20°N ~ 37°N。主要驱动因素为干旱；人类活动加剧。

2）尼日利亚索科托州 Gudu LGA 市荒漠化区：位于尼日利亚西北部，北与尼日尔接壤，5°14′23″E ~ 50°14′31″E，13°4′12″N ~ 13°4′15″N。主要驱动因素为干旱、气候变化；过度放牧、过度开垦。

3）乍得中沙里区萨尔市荒漠化区：地处乍得南部，与中非接壤，18°12′10″E ~

18°12′46″E，9°21′20″N～9°22′N。主要驱动因素为干旱；过度耕作、过度开采。

4）埃塞俄比亚金卡市荒漠化区：位于埃塞俄比亚南部，36°45′9″E～36°45′43″E，5°7′58″N～5°8′1″N。主要驱动因素为气候变化；人口增长、过度开垦。

5）肯尼亚内罗毕市荒漠化区：位于肯尼亚南部，36°48′36″E～36°48′51″E，1°18′36″S～1°18′40″S。主要驱动因素为干旱；过度采伐、盗猎。

6）赞比亚荒漠化区：赞比亚是位于非洲中南部的内陆国家，中心位置109°10′30″E～109°10′42″E，48°47′7″N～48°47′9″N。主要驱动因素为季节性降水；森林砍伐。

4.1.3　欧洲案例区基本情况

俄罗斯荒漠化区：位于欧亚大陆北部，30°E～60°E，50°N～55°N。主要驱动因素为干旱；过度开垦。

4.1.4　北美洲案例区基本情况

美国柯林斯堡市荒漠化区：柯林斯堡市位于科罗拉多州北部，落基山脉东侧，105°8′W～105°8′12″W，40°58′N～40°58′02″N。主要驱动因素为干旱、水蚀；土地过度利用、过度放牧。

4.1.5　大洋洲案例区基本情况

澳大利亚荒漠化区：位于南太平洋和印度洋之间，112°E～154°E，10°41′S～43°39′S。主要驱动因素为气候变化；过度开垦、过度放牧。

4.2　生态技术种类及存在问题

从表4-1可以看出，针对荒漠化的44个案例区，总计采用了98项技术进行治理。其中亚洲采用技术数量最多的是中卫市沙坡头（3项）、敦煌市（3项）、武威市民勤县（3项）。非洲的荒漠化区有6个，并且采用的技术数量相同，分别是利比亚（2项）、索科托州Gudu LGA市（2项）、乍得中沙里区萨尔市（2项）、金卡市（2项）、罗毕市（2项）、赞比亚（2项）。欧洲的荒漠化区是俄罗斯（2项）。美洲的荒漠化区是柯林斯堡市（2项）。大洋洲的荒漠化区是澳大利亚（2项）。

表4-1　荒漠化案例区治理技术主要种类及存在问题

编号		案例区名称	技术数量	技术名称	存在问题
亚洲	1	沙坡头	3	草方格/防风固沙林带/生物结皮	劳动力成本高；幼苗存活率低；水温要求高
	2	灵武市	2	补播/禁牧封育	草种较为单一；监管难度大

续表

编号		案例区名称	技术数量	技术名称	存在问题
	3	盐池县	2	封山禁牧/补播改良	监管难度大；配套保护措施不完善
	4	石河子市	2	围栏封育+补饲/适度放牧	饲草成本高；气候变化较为剧烈
	5	石河子市	2	植树种草/保护性耕作	树种较为单一；经济效益未能显著提高
	6	准噶尔盆地	2	草方格/人工造林	投资大、运行成本高、经济效益低
	7	阿克苏地区	2	沙障/植被恢复	原材料获得难度大；植物种类较为单一
	8	临泽县	2	人工建植/农田水利建设/建水库	树种单一，养护难度大；水资源利用不合理
	9	张掖市	2	人工造林/自然封育	缺少连续管理，植被存活率低；群落结构简单
	10	敦煌市	3	农林间作/防风固沙林带/石方格	抚育管理难度高；未能因地选苗；幼苗存活率低；砾石需求大，运输困难
	11	民勤县（a）	3	人工造林/自然封育/草方格	造林树种单一；轻视后期管护；劳动力成本高；麦草获得难且不耐腐蚀
亚洲	12	民勤县（b）	2	营造人工防风固沙林/生态移民	林种适宜性问题、维护成本高；缺少相应配套技术；未解决居民生计问题
	13	黄河流域	2	围栏封育+补饲/适度放牧	饲草成本高；放牧强度的合理控制
	14	榆林市北部风沙区	2	防风固沙林带/飞播造林	树种单一，结构简单；成本较高
	15	鄂托克旗	2	植树造林/禁牧封育	树种适宜性低，幼苗成活率低；监管难度大
	16	克什克腾旗	2	退耕还林还草/禁牧/休牧	后期监管困难、成本高
	17	科尔沁/浑善达克/毛乌素/呼伦贝尔沙地	3	草方格/禁牧/休牧/生态移民	劳动力成本高；麦草获得难且抗腐蚀性差；监管难度大；影响牧民收入
	18	奈曼旗科尔沁沙地	2	人工造林/禁牧围封	幼苗成活率低；监管难度大
	19	乌审旗	2	草方格/围栏封育	成本较高；增大牧民支出
	20	锡林郭勒盟	3	休牧、轮牧/飞播种草/舍饲养殖	动态监测难度大；影响牧民收入；成本较高
	21	西北干旱荒漠化区	3	草方格/休牧、轮牧/生态移民	劳动力成本高；麦草获得难且抗腐蚀性差；监管难度大；影响牧民收入；生计维持
	22	坝上	2	淤地坝/植树造林	淤地坝滞洪能力不足；未能定时维护检修；缺少排水技术；未能匹配物种；耗水多

编号		案例区名称	技术数量	技术名称	存在问题
亚洲	23	阿拉善盟	2	草方格/机械沙障和生物沙障	维护成本高；物种选育难度大
	24	蒙古国（a）	2	禁牧/矿区生态恢复	缺少配套政策支持；成本高
	25	蒙古国（b）	2	社区-牧民管理/季节性休牧、轮牧	缺少利益相关者培训；牧民积极性不高
	26	印度西部	2	防风固沙林带/V形水渠等高保墒	成本较高；推广潜力低
	27	坦湖区	2	人工造林/生物炭施肥	违背农民意愿；生物炭的制备受季节限制
	28	以色列（a）	3	节水灌溉/稀疏草原保护/免耕	—
	29	以色列（b）	3	植物篱/径流集水/沙漠温室	监管困难；工程实施成本高；推广潜力低
	30	约旦	2	人工造林/水循环利用	未兼顾物种多样性；推广应用不足
	31	伊朗	2	放牧管理/雨水收集	技术支持与普及程度低；集水设施维护
	32	喀布尔市	2	地下水资源保护/植树造林	配套措施不完善；树种单一，存活率低
	33	哈萨克斯坦北部	3	植被保护/抗旱品种/灌溉系统	
	34	哈萨克斯坦西部	3	植物改良/围栏封育/草方格	
	35	杜尚别市	2	自然资源管理/可持续农业政策	缺少配套措施；监管难度大
非洲	1	利比亚	2	平原林网方格田/人工种植牧草	成本高，不能满足市场需求
	2	索科托州 Gudu LGA 市	2	植树造林/农田防护林	树种单一；易发病虫害
	3	乍得中沙里区萨尔市	2	辅助自然再生/参与式管理	技术应用难度大；农牧户参与积极性低
	4	金卡市	2	种子银行/人工抚育幼苗	成本过高
	5	罗毕市	2	植树造林/自然恢复	树种单一，成活率低；恢复速度较慢
	6	赞比亚	2	免耕/农林经济种植	难以被农户接受；成本较高
欧洲	1	俄罗斯	2	综合种植土壤改良/菌根接种	技术难度高；推广潜力低
美洲	1	柯林斯堡市	2	轮牧/生态补偿	未提升土壤质量和植被覆盖；管理成本高
大洋洲	1	澳大利亚	2	季节性休牧、轮牧/封山禁牧	减税和补贴成本高；监管难度大
总计	44		98		

4.3　生态技术空间分布

从表 4-2 可以看出，针对荒漠化，总计采用了 108 项技术进行治理。其中，应用最多的是草方格（8 项），主要分布在亚洲（中国、哈萨克斯坦）；其次是人工造林/轮牧（6 项），主要分布在亚洲、美洲和大洋洲（中国、尼泊尔、约旦、蒙古国、美国、澳大利亚）；第三是植树造林/禁牧（5 项），主要分布在亚洲和非洲（中国、蒙古国、阿富汗、肯尼亚）；第四是休牧/防风固沙林带（4 项），主要分布在亚洲（中国、印度）；第五是生态移民（3 项），主要分布在亚洲（中国）；第六是自然封育/围栏封育+补饲/围栏封育/适度放牧/禁牧封育/季节性休牧、轮牧/封山禁牧+补播（2 项），主要分布在亚洲和大洋洲（中国、哈萨克斯坦、蒙古国、印度、澳大利亚）；第七是综合种植土壤改良（1 项），主要分布在欧洲（俄罗斯）；第八是自然资源管理（1 项），主要分布在亚洲（塔吉克斯坦）；第九是自然恢复（1 项），主要分布在非洲（肯尼亚）；第十是种子银行（1 项），主要分布在非洲（埃塞俄比亚）。

表 4-2　荒漠化案例区治理技术分布情况

技术名称	技术数量	分布区域					主要国家
		亚洲	非洲	欧洲	美洲	大洋洲	
人工造林	6	6					中国、尼泊尔、约旦
轮牧	6	4			1	1	中国、蒙古国、美国、澳大利亚
草方格	8	8					中国、哈萨克斯坦
植树造林	5	3	2				中国、阿富汗、肯尼亚
禁牧	5	5					中国、蒙古国
休牧	4	4					中国
防风固沙林带	4	4					中国、印度
生态移民	3	3					中国
自然封育	2	2					中国
围栏封育+补饲	2	2					中国
围栏封育	2	2					中国、哈萨克斯坦
适度放牧	2	2					中国
禁牧封育	2	2					中国
季节性休牧、轮牧	2	1				1	蒙古国、澳大利亚
封山禁牧	2	2					中国、澳大利亚

续表

技术名称	技术数量	分布区域					主要国家
		亚洲	非洲	欧洲	美洲	大洋洲	
补播	2	2					中国
综合种植土壤改良	1			1			俄罗斯
自然资源管理	1	1					塔吉克斯坦
自然恢复	1		1				肯尼亚
种子银行	1		1				埃塞俄比亚
植物篱	1	1					以色列
植物改良	1	1					哈萨克斯坦
植树种草	1	1					中国
植被恢复	1	1					中国
植被保护	1	1					哈萨克斯坦
雨水收集	1	1					伊朗
淤地坝	1	1					中国
营造人工防风固沙林	1	1					中国
修建水库	1	1					中国
稀疏草原植被保护	1	1					以色列
退耕还林/草	1	1					中国
水循环利用	1	1					约旦
石方格	1	1					中国
生物炭施肥	1	1					尼泊尔
生物结皮	1	1					中国
生态补偿	1				1		美国
社区-牧民管理	1	1					蒙古国
舍饲养殖	1	1					中国
沙障	1	1					中国
沙漠温室	1	1					以色列
人工种植牧草	1		1				利比亚
人工建植	1	1					中国

技术名称	技术数量	分布区域					主要国家
		亚洲	非洲	欧洲	美洲	大洋洲	
人工抚育幼苗	1		1				埃塞俄比亚
平原林网方格田	1		1				利比亚
农田水利建设	1	1					中国
农田防护林	1		1				尼日利亚
农林间作	1	1					中国
农林复合种植	1		1				赞比亚
免耕	1		1				赞比亚
少耕	1	1					以色列
矿区生态恢复	1	1					蒙古国
可持续农业政策	1	1					塔吉克斯坦
抗旱品种	1	1					哈萨克斯坦
菌根接种植被建设	1			1			俄罗斯
径流集水	1	1					以色列
禁牧围封	1	1					中国
节水灌溉	1	1					以色列
机械沙障和生物沙障	1	1					中国
灌溉系统	1	1					哈萨克斯坦
辅助自然再生	1		1				乍得
飞播造林	1	1					中国
放牧管理	1	1					伊朗
地下水资源保护	1	1					阿富汗
参与式管理	1		1				乍得
补播改良	1	1					中国
保护性耕作	1	1					中国
V 形水渠等高线修建	1	1					印度
总计	108	90	12	2	2	2	

4.4 生态技术评价

从表4-3可以看出，生物类荒漠化治理技术主要包括物种选育、防护林/缓冲林、防风固沙林带等8项技术；工程类技术主要包括草方格、淤地坝、机械+生物沙障等11项技术；农作类技术主要包括节水灌溉、保护性耕作、农林间作等6项技术；管理类技术主要包括围栏封育、社区-牧民联合管理机制、舍饲/半舍饲养殖等6项技术，共31项。荒漠化治理中工程类技术运用最多，占治理技术数量的35.49%，其次是生物类、管理类和农作类技术，分别占比为25.81%、19.35%和19.35%。综合4类技术类型来看，综合指数>0.9的技术包括草方格（工程类）、围栏封育（管理类）、淤地坝（工程类）、节水灌溉（农作类）以及物种选育（生物类）5项技术，其中工程类2项，说明工程类技术在荒漠化治理中不仅数量多且效果好。

表4-3 荒漠化治理技术评价与综合排序

技术名称		技术评价					
		技术推广潜力	技术应用难度	技术成熟度	技术效益	技术适宜性	综合指数
生物类	物种选育	4.33	4.50	4.67	4.67	4.50	0.91
	防护林/缓冲林	4.00	4.00	4.00	5.00	5.00	0.88
	飞播种林/草	4.00	3.00	4.00	5.00	4.50	0.82
	防风固沙林带	4.83	3.00	4.17	3.83	3.83	0.79
	补播	4.00	4.00	3.00	4.00	4.00	0.76
	人工造林/草	3.52	3.10	3.69	4.00	3.81	0.72
	生物结皮	4.00	3.00	2.00	4.00	3.50	0.66
	植物篱	3.00	4.00	2.00	3.00	4.00	0.64
工程类	草方格	4.50	4.30	4.95	4.65	4.75	0.93
	淤地坝	5.00	4.00	4.00	5.00	5.00	0.92
	机械+生物沙障	5.00	3.00	4.00	5.00	5.00	0.88
	沙漠温室	3.00	5.00	4.00	5.00	5.00	0.88
	鱼鳞坑	4.00	1.00	5.00	5.00	5.00	0.80
	退耕还林/草	4.00	4.00	5.00	3.00	4.00	0.80
	竹节沟	3.00	1.00	5.00	5.00	5.00	0.76
	V形水渠等高线保墒	3.00	3.00	4.00	3.00	4.00	0.68
	石方格	3.00	2.00	3.00	3.00	4.00	0.60

续表

技术名称		技术评价					
		技术推广潜力	技术应用难度	技术成熟度	技术效益	技术适宜性	综合指数
工程类	径流集水	3.00	2.00	3.00	3.00	4.00	0.60
	雨水收集	3.00	2.00	3.00	3.00	3.00	0.56
农作类	节水灌溉	4.00	5.00	5.00	4.00	5.00	0.92
	保护性耕作	4.00	4.00	4.00	5.00	5.00	0.88
	农林间作	4.33	2.67	4.33	4.33	4.00	0.79
	休耕/免耕/少耕	3.50	4.00	5.00	3.00	4.00	0.78
	立体农业	3.00	4.00	4.00	4.00	4.00	0.76
	土壤改良/培肥	3.50	2.50	4.50	4.00	3.50	0.72
管理类	围栏封育	4.72	4.61	4.33	4.78	4.56	0.92
	社区-牧民联合管理机制	5.00	4.50	4.50	3.50	4.00	0.86
	舍饲/半舍饲养殖	5.00	3.00	3.00	5.00	5.00	0.84
	禁牧/休牧/轮牧	4.43	4.17	4.30	3.47	4.23	0.82
	社区参与式管理方式	3.00	4.00	4.00	3.00	4.00	0.72
	自然恢复	3.50	3.50	2.50	3.50	3.50	0.66

本章附录　荒漠化案例区"一区一表"

亚洲:(1)宁夏回族自治区中卫市沙坡头荒漠化区		
地理位置	位于宁甘蒙三省交界、腾格里沙漠的东南缘,104°17′E ~ 106°10′E,36°06′N ~ 37°50′N	
案例区描述	自然条件	属温带大陆性气候,总面积5900km²,海拔1100 ~ 2955m,年平均气温9.6℃,年均降水量186.6mm,年均蒸发量3000mm,年均日照时数2776h,无霜期平均179天。土壤以风沙土为主,沙层厚度一般在20 ~ 30m,最厚达50m。自然景观以沙漠为主,天然植被类型为沙漠草原
	社会经济	2017年,中卫市常住人口41.1万人,其中城镇人口22.9万,农村人口18.2万人,城镇化率55.7%;汉族人口37.2万,占总人口90.5%,回族人口2.7万人,占总人口6.6%;城镇居民人均可支配收入26 488元,农村居民人均可支配收入11 249元

生态退化问题:荒漠化	
退化问题描述	自然景观以沙漠为主,植被稀少,地表裸露,水土流失依然严重,生态环境十分脆弱
驱动因子	自然:干旱、风蚀　　人为:过度开垦、过度放牧、水资源过度开发
治理阶段	治理始于20世纪50年代(1955年沙坡头沙漠研究试验站成立,1958年包兰铁路竣工);80年代形成以麦草方格为核心的"五带一体"治沙体系成熟;1984年成立中国第一个"沙漠自然生态保护区";"十一五"以来开展"三北"防护林4期工程、退耕还林工程、天然林资源保护工程及自治区六个百万亩生态林业建设工程等重点项目。目前着力发展沙产业:沙漠林业、风能发电、光伏发电、沙漠旅游

现有主要技术		
技术名称	1. 草方格	2. 防风固沙林带	3. 生物结皮

效果评价			
存在问题	劳动力成本高;麦草获得难,抗腐蚀性差	未做到因地选苗;幼苗存活率低	尚在研发阶段,成本高、存活率低;对水温要求过高

技术需求	
技术需求名称	1. 新型沙障技术	2. 化学固沙技术
功能和作用	防风固沙(与传统材料相比抗腐蚀性强、运输方便、污染小、成本低等优点)	防风固沙(见效快但成本高)

推荐技术	
推荐技术名称	1. 聚乙烯沙障技术	2. 合成高分子类化学固沙技术
主要适用条件	易受风沙侵害的地区	易受风沙侵害的地区,鉴于其成本高,常用于机场、交通线(铁路和公路)沿线

（2）宁夏回族自治区灵武市荒漠化区

地理位置		地处宁夏中北部，105°35′24″E～106°22′12″E，37°36′00″N～38°0′36″N
案例区描述	自然条件	属典型的大陆性季风气候，总面积4639km²，年均气温8.8℃，年均降水量206.2～255.2mm，年均日照时数3080.2h，无霜期157天。灵武有自流灌溉农田2万多公顷，盛产水稻、小麦、油料、蔬菜、瓜果和淡水鱼，以及滩羊二毛皮、枸杞、甘草
	社会经济	2016年，全市常住总人口29.1万人，其中回族人口15.4万人，占总人口的53%；汉族人口13.7万人，占总人口的47%；城镇人口16.2万人，农村人口12.9万人，城镇化率55.7%。该市全年粮食作物播种面积2.4万hm²，其中小麦面积1096hm²，蔬菜1893hm²，园林水果8585hm²，年末大牲畜存栏22 360头

生态退化问题：荒漠化	
退化问题描述	由于干旱、风蚀及过度人为活动，该区土地荒漠化较为严重
驱动因子	自然：干旱、风蚀　　人为：工矿开采、水资源过度开采、过度开垦、过度放牧
治理阶段	处于生态治理中期阶段，"十三五"以来，全面落实防沙治沙责任，以生物措施、工程措施并举，防沙、治沙、用沙并重，有效遏制了荒漠化趋势。依托三北防护林、退耕还林、天然林保护等国家重点生态林业工程，灵武市作为全国防沙治沙示范区，推动宁夏防沙治沙建设

现有主要技术		
技术名称	1. 补播	2. 禁牧封育
效果评价		
存在问题	草种较为单一，效率较低，存活率低	监管难度大

技术需求		
技术需求名称	1. 高效补播	2. 生物结皮
功能和作用	增加植被覆盖，土壤保持	增加土壤抗蚀性

推荐技术		
推荐技术名称	1. 飞播	2. 生物结皮
主要适用条件	退化草地	荒漠化土地

（3）宁夏回族自治区吴忠市盐池县荒漠化区		
地理位置	位于宁夏回族自治区东部，属鄂尔多斯高原，北接毛乌素沙地，南靠黄土高原，106°33′E～107°47′E，37°4′N～38°10′N	
案例区描述	自然条件	属大陆性季风气候，总面积8522.2km²，年平均气温8.4℃，年均降水量350～250mm，年均蒸发量余额2100mm，年均无霜期160d。土壤以灰钙土、风沙土为主。主要植被类型为荒漠草原
	社会经济	盐池县下辖4乡4镇1个街道办，总人口17.2万人，农村人口14.3万人（占总人口的83%），城镇人口2.9万人（占总人口的17%），回族人口4000余人。城镇、农村居民人均可支配收入分别为24 677元、9549元。该县天然草原5580km²（占土地总面积65.5%），耕地887km²，是宁夏回族自治区旱作节水农业和滩羊、甘草的主产区，2018年退出宁夏回族自治区贫困县
生态退化问题：荒漠化		
退化问题描述	退化草地约5550km²（占草原总面积的99.5%），其中重度退化4570km²（82%），以每年113km²速度增长。优良牧草数量锐减，产草量与20世纪50年代相比普遍下降了30%～50%。1992～2000年，全县年均大风9次，沙尘暴8次，扬沙天气45次	
驱动因子	自然：干旱、风蚀　　人为：过度放牧、过度人类活动	
治理阶段	目前处于生态治理中期阶段。近年来，按照"北治沙，中治水，南治土"的治理思路，坚持"五个结合"：草原禁牧与舍饲养殖、封山育林与退牧还草、生物措施与工程措施、建设保护与开发利用、移民搬迁与迁出地生态恢复	
现有主要技术		
技术名称	1. 封山禁牧	2. 补播改良
效果评价		
存在问题	监管难度大，影响牧民收入	配套保护措施不完善（禁牧围封、灭鼠杀虫）
技术需求		
技术需求名称	1. 草地改良	2. 可持续草地利用
功能和作用	增加植被覆盖，提高存活率	防治草地退化，防风固沙，维持生物多样性
推荐技术		
推荐技术名称	1. 乡土种筛选与繁育	2. 划区轮牧，季节性放牧
主要适用条件	非适地适草建造的人工草地	放牧压力过大的草场

（4）新疆维吾尔自治区石河子市荒漠化区（a）

地理位置		位于天山北麓中段，准噶尔盆地的南缘，玛纳斯河畔，85°58′E～86°E，44°10′48″N～44°11′06″N
案例区描述	自然条件	典型的温带大陆性气候，总面积1 183 000km²，平均海拔450.8m。光热资源充足，夏季短而炎热，冬季长而严寒。降水量少，年均降水量50～450mm；蒸发量大，年均蒸发量高于1200mm，无霜期147～191天，年均气温−3.7～11.2℃，年均日照时数大于2700h。土壤种类多样，如风沙土、栗钙土、灰褐土等。植被类型有疏林草原、典型草原、荒漠草原等
	社会经济	石河子市生产总值537.8亿元，增长4.5%。其中第一产业增加值89.5亿元；第二产业增加值197.7亿元；第三产业增加值250.6亿元。该市人口65.9万人，其中少数民族占5.2%
生态退化问题：荒漠化		
退化问题描述		沙漠化土地面积达674.93万hm²，盐碱化耕地面积达135.56万hm²。生物多样性降低，沙尘暴天气频发
驱动因子		自然：风蚀、干旱　　人为：过度开垦、过度放牧、水资源过度开采
治理阶段		主要采取保护措施、辅助以后期建设，可以采用季节性禁牧、休牧、轮封轮牧等一些依靠自然修复为主、人工治理为辅的方案。充分利用大自然的自我修复功能，不断完善草原的水利建设，同时结合相关的林业、畜牧业等方案，通过"小开发"、完成"大保护"、实现"小绿洲"、达到"大生态"的目的。坚持"以水定地、以地定草、以草定畜"的原则
现有主要技术		
技术名称	1. 围栏封育+补饲	2. 适度放牧
效果评价		
存在问题	饲草成本高	气候变化较为剧烈，影响放牧及养殖
技术需求		
技术需求名称	1. 新型沙障	2. 饲草料种植
功能和作用	防风固沙（与传统材料相比抗腐蚀性强、运输方便、污染小、成本低等优点）	增加植被覆盖，保持土壤，提高产量
推荐技术		
推荐技术名称	1. 低密度覆盖沙障	2. 饲草选育
主要适用条件	铁路公路沿线	适于饲草种植的区域

(5) 新疆维吾尔自治区石河子市荒漠化区 (b)

地理位置	地处天山北麓中段，准噶尔盆地南部，东距自治区首府乌鲁木齐 150km，位于 84°58′10″E ~ 86°24′E，43°26′10″N ~ 45°20′N	
案例区描述	自然条件	温带大陆性气候，面积 6007km²，冬季长而严寒，夏季短而炎热。年均气温 25.1 ~ 26.1℃，最高气温出现在 7 月，无霜期 168 ~ 171 天，年降水量 125.0 ~ 207.7mm、年日照时数 2721 ~ 2818h、风速 1.5m/s。土壤多为灰漠土、潮土、草甸土
	社会经济	2019 年，全市总人口 71.70 万人，户籍人口 58.90 万人。2019 年，该市耕地面积 25.3 万 hm²，园地 1.0 万 hm²，林地 2.4 万 hm²，草地 6.7 万 hm²。垦区生物资源比较丰富，发展农林牧条件较好，棉花、甜菜、瓜果质优产量高；药用野生植物种类多；草场面积大，草质优、产量高，培育有著名的新疆军垦细毛羊

生态退化问题：荒漠化	
退化问题描述	由于干旱、生态环境脆弱以及过度的人类活动，该地荒漠化问题较为严重
驱动因子	自然：干旱、生态脆弱　　人为：过度人类活动
治理阶段	处于生态治理中期阶段，2017 年，该市全面启动实施荒漠生态建设规划，开始用人工干预，包括围栏封育、退牧还林等方式，在城区外围和白碱滩区外围荒漠区域构建"环城市外围生态圈"

现有主要技术		
技术名称	1. 植树种草	2. 保护性耕作
效果评价		
存在问题	树种较为单一	经济效益未能显著提高

技术需求		
技术需求名称	1. 水资源管理	2. 水保林
功能和作用	节约水资源、提高产量	土壤保持、增加生物多样性

推荐技术		
推荐技术名称	1. 膜下节水滴灌	2. 农林间作
主要适用条件	干旱缺水的农区	农区

（6）新疆维吾尔自治区准噶尔盆地荒漠化区		
地理位置	位于中国新疆北部，是中国第二大内陆盆地。位于阿尔泰山与天山之间，西侧为准噶尔西部山地，东至北塔山麓，85°E～90°E，45°N～48°N	
案例区 描述	自然 条件	中温及寒温带大陆性气候，年平均气温 3.4～4.5℃，年最高气温 39.6℃，年最低气温 −46.9℃；年平均降水量 97.6～114.1mm，最大降水量 174.4mm，最小降水量 45.3mm；年平均蒸发量 1933.4mm；年平均风速 3m/s，最大风速 40m/s，最多风向西北，年均大风天气（≥6 级）60 天，≥8 级的风 44.6 天。土壤主要为棕钙土、荒漠灰钙土、砂砾土、灰棕荒漠土和盐碱土。地势向西倾斜，北部略高于南部
	社会 经济	天山北麓平原为新建的重要农业区，种植小麦、玉蜀黍、水稻、棉花、甜菜等
生态退化问题：荒漠化		
退化问题描述	玛纳斯湖周围的沙漠面积从 1958 年的 1600km² 增加至 1990 年的 2400km²	
驱动因子	自然：风蚀、干旱　　　　人为：过度开垦、过度放牧、水资源过度开采	
治理阶段	在所有退化情况恶劣的地域，应该实施季节性禁牧、有效禁牧和围栏封育等方式，杜绝人畜所造成的深层草场破坏；依照灌草和谐共生、快速生长、上繁和下繁性植被相互补充、一年生和多年生植被相互补充、浅根同深根植被相互补充准则，挑选合适在本地种植的优质牧草，在补播、人工播种、模拟飞播等人工手段的改善下，让退化情况十分严峻的地区快速地得到修复，杜绝水土流失程度加深；要保证围封与全面禁牧的效应，就要科学地加以实施人工与半人工草场兴建、畜牧构架改善、创造全新的模式和体制以及探寻新的经济发展点，借以保证退化情况恶劣的草场修复的顺利开展	
现有主要技术		
技术名称	1. 草方格	2. 人工造林
效果评价		
存在问题	成本高，风力较大区域效果不理想	投资大、运行成本高、经济效益低或无
技术需求		
技术需求名称	1. 林带结构优化	2. 引种筛选
功能和作用	增加植被覆盖，维持生物多样性	维持生物多样性
推荐技术		
推荐技术名称	1. 林分改造	2. 农田水利工程
主要适用条件	林种发生退化、长势差的区域	需要灌溉的重要农作物种植区

(7) 新疆维吾尔自治区阿克苏地区荒漠化区			
地理位置	地处新疆中部，天山山脉中段南麓、塔里木盆地北缘，78°3′E ~ 84°7′E，39°30′N ~ 42°41′N		
案例区描述	自然条件	属大陆性气候，总面积 13.13 万 km²，气候干燥，蒸发量大，降水量稀少，且年季变化大；日照时间长，热量资源丰富；气候变化剧烈，寒冬酷暑，昼夜温差大，年均风速小。境内重要的河流有塔里木河、阿克苏河、多浪河	
	社会经济	2018 年，阿克苏地区总人口 2 561 674 人，城镇人口 878 349 人，农村人口 1 683 325 人。该地区主体民族为汉族，其他有维吾尔族、回族、蒙古族、哈萨克族、柯尔克孜族等 35 个民族。2019 年，该地区全年粮食播种面积 22.6 万 hm²，棉花播种面积 51.7 万 hm²，林果业播种面积 30 万 hm²；牲畜出栏数 684.6 万头，年末牲畜存栏数 624.9 万头，全年水产养殖面积 1743hm²	
生态退化问题：荒漠化			
退化问题描述	地处塔克拉玛干沙漠北缘，生态环境脆弱，是新疆重点风沙发源地		
驱动因子	自然：生态脆弱、干旱　　　人为：过度人类活动		
治理阶段	处于生态治理中期阶段，近年来，阿克苏从最初单纯建设防风林，到"以林养林"保证生态效益，再到治理中实现"绿水青山就是金山银山"，使风沙源变成了生态屏障		
现有主要技术			
技术名称	1. 沙障		2. 植被恢复
效果评价			
存在问题	原材料获得难度大		植物种类较为单一
技术需求			
技术需求名称	1. 聚乙烯沙障		2. 维护草地生物多样性
功能和作用	防风固沙		保护生物多样性
推荐技术			
推荐技术名称	1. 低密度覆盖沙障		2. 近自然建植
主要适用条件	铁路公路沿线		需要进行植被恢复的草地林地

（8）甘肃省张掖市临泽县荒漠化区

地理位置	位于河西走廊中部、张掖盆地，99°51′E～100°30′E，38°57′N～39°42′N。东邻张掖市甘州区，西接高台县，南依祁连山与肃南裕固族自治县接壤，北毗内蒙古自治区阿拉善右旗	
案例区描述	自然条件	属大陆性荒漠草原气候，面积 2729km²。年均日照时数 3052.9h，年均日较差 14℃，年均气温 7.7℃，年均无霜期 176 天。年均降水量 118.4mm，年均蒸发量 1830.4mm。气候干燥、多风，风向以西北风和东风为主
	社会经济	临泽县总人口 15 万人，其中农业人口 9.7 万人，包括汉族、回族、藏族、蒙古族、裕固族等 11 个民族，其中汉族占总人口的 99%。2019 年，该县 GDP 54.59 亿元，年均增长 6.1%，旅游业综合收入较高，达 59.21 亿元

生态退化问题：荒漠化		
退化问题描述	全县沙漠戈壁面积占总面积的 2/3 以上，高于 27.3% 的全国均值。生态环境极为脆弱，盐渍化土地面积 1.64 万 hm²（6.05%），风蚀土地面积 20.89 万 hm²（76.60%），其中沙化土地面积为 17.57 万 hm²（64.43%），荒漠化治理难度大	
驱动因子	**自然：干旱、风蚀　　人为：过度开垦**	
治理阶段	目前处于治理中期阶段，大力实施"山水林田湖草"生态建设、三北防护林、防沙治沙等生态工程，以及城乡环境综合整治和大规模植树造林，绿洲生态环境不断优化，人工林保存面积达 366.85km²，封禁保护沙化土地 316.83km²，城区绿化率达到 47%，全县森林覆盖率达到 17.35%，荒漠化治理成效显著	

现有主要技术		
技术名称	1. 人工建植	2. 农田水利建设/修建水库
效果评价		
存在问题	树种单一，以梭梭树和肉苁蓉等种苗为主，养护难度大	水资源利用不合理导致浪费严重

技术需求		
技术需求名称	1. 防护带	2. 水资源高效利用
功能和作用	防风固沙、固土	缓解水资源匮乏状况，提高水资源利用率

推荐技术		
推荐技术名称	1. 防风固沙林带	2. 节水灌溉/滴灌
主要适用条件	荒漠化区	水资源匮乏的荒漠化农作区

(9) 甘肃省张掖市荒漠化区		
地理位置	位于甘肃省西北部，地处河西走廊的最西端，92°13′E～95°30′E、39°40′N～41°40′N	

案例区描述	自然条件	属暖温带干旱性气候，总面积31 200km²，平均海拔1139m，年均气温4.1～8.3℃，年均降水量112.3～354mm，年均蒸发量1648～2154mm，年均日照时间3200h，年均无霜期约152天。土壤类型以灌淤土为主。天然植被以旱生灌木、草本植物为主
	社会经济	张掖市下辖1区5县，土地面积3.86万km²。2020年，该市常住人口113万人，地区生产总值467.05亿元，同比增长3.6%。2019年，全市粮食种植面积303.98万亩。2018年，全市乡村消费市场实现零售总额47.36亿元，高于全市平均增速3.2%，旅游人次收入同步增长

生态退化问题：荒漠化		
退化问题描述	沙漠化土地总面积7551km²，占全市总面积的28.5%，其中，中度和重度荒漠化土地占沙漠化土地总面积的65%。原有湖体的80%已消失，天然植被大片死亡	
驱动因子	自然：风蚀	人为：水资源过度利用（抽水灌溉、旅游业发展需求）
治理阶段	按照治标与治本并重、开源与节流并举、开发与保护兼顾的原则，大力实施退耕还林、"三北"防护林、防沙治沙等重点生态工程建设，采取封育、防虫、播种等管护措施，着力增加植被覆盖率	

现有主要技术		
技术名称	1. 人工造林	2. 自然封育
效果评价		
存在问题	缺少连续管理，植被存活率低	封育后群落结构简单、组成单一

技术需求		
技术需求名称	1. 水资源高效利用	2. 新型沙障
功能和作用	蓄水保水，增加产量	防风固沙（耐腐蚀、成本低、无污染）

推荐技术		
推荐技术名称	1. 集雨滴灌	2. 聚乙烯沙障
主要适用条件	降水量小且地下水资源缺乏的地区	易受风沙侵害的地区

(10) 甘肃省敦煌市荒漠化区		
地理位置	位于甘肃省西北部，地处河西走廊的最西端，92°13′E ~ 95°30′E，39°40′N ~ 41°40′N	

案例区描述	自然条件	属暖温带干旱性气候，总面积 31 200km²，平均海拔 1139m，年均气温 9.9℃，年均降水量 42mm，年均蒸发量 2500mm，年均日照时间 3200h，年均无霜期约 152 天。土壤类型以灌淤土为主。天然植被以旱生灌木、草本植物为主
	社会经济	敦煌市下辖 9 个镇，常住人口 19.0 万人，其中城镇人口 12.8 万人（占总人口的 67.4%），农村人口 6.2 万人。该市绿洲面积仅 1400km²（占总面积的 4.5%），农作物播种面积 116km²。城镇、农村居民人均可支配收入分别为 31 332 元、16 583 元

生态退化问题：荒漠化		
退化问题描述	沙漠化土地总面积 7551km²，占全市总面积的 28.5%，其中，中度和重度荒漠化土地占沙漠化土地总面积的 65%。原有湖体的 80% 已消失，天然植被大片死亡	
驱动因子	自然：风蚀　　人为：水资源过度利用（抽水灌溉、旅游业发展需求）	
治理阶段	目前处于荒漠化治理中期阶段，遵循南护水源、中建绿洲、西拒风沙、北通疏勒的总体规划；紧抓流域水量合理分配、农业高效节水灌溉、节水型社会建设、"引哈济党"工程、水生态治理和修复、流域综合管理调度六方面工作	

现有主要技术		
技术名称	1. 农林间作	2. 防风固沙林带	3. 石方格
效果评价			
存在问题	抚育管理难度高	未能因地选苗；幼苗存活率低	砾石需求大，运输困难，必须就地取材

技术需求		
技术需求名称	1. 土壤防蚀	2. 水资源高效利用
功能和作用	土壤保持，增加土壤抗蚀性，保护农田	蓄水保水，增加产量

推荐技术		
推荐技术名称	1. 绿洲区秸秆覆盖防蚀	2. 绿洲区农作留茬防蚀技术
主要适用条件	蒸发量过高或易受风沙危害的农田	蒸发量过高或易受到风沙危害的农田

(11) 甘肃省武威市民勤县荒漠化区（a）			
地理位置	位于甘肃省中部，地处河西走廊东北部，东西北三面被腾格里、巴丹吉林沙漠包围，101°49′E ~ 104°12′E，38°3′N ~ 39°27′N		
案例区描述	自然条件	属温带大陆性气候，总面积 15 900km²，平均海拔 1400m，年均气温 8.3℃，年均降水量 127.7mm，年均蒸发量 2623mm，年均日照时数为 3073h，无霜期约 162 天。自然土壤以灰棕漠土、风沙土为主。土地类型为荒漠戈壁、沙质草地以及少量的绿洲（约 1800km²，占总面积的 11.3%）	
	社会经济	民勤县下辖 18 个镇，常住人口 24.1 万人，其中城镇人口 7.3 万人（占总人口 30.3%），农村人口 16.8 万人。该县城镇、农村居民人均可支配收入分别为 22 044 元、12 177 元，2018 年退出甘肃省贫困县	
生态退化问题：荒漠化			
退化问题描述	荒漠化面积已达 15 200km²，占土地总面积的 95.6%，极重度 5760km²（占总面积的 37.9%），重度 2650km²（17.4%），中度 4414km²（20.9%）。其中风蚀荒漠化面积 13 200km²（占荒漠化土地总面积 86.8%），盐渍化面积 1260km²（8.3%）		
驱动因子	自然：干旱、鼠害 人为：超载过牧、过度开发活动		
治理阶段	先后实施了国家重点公益林、"三北"防护林、退耕还林、封沙育草等生态工程。目前处于治理中期阶段，着力点在节水，主要工作包括灌区节水改造并严格落实水资源管理制度；调整农业结构，以水定产业、以水定规模、以水布局；加大生态配水比例		
现有主要技术			
技术名称	1. 人工造林	2. 自然封育	3. 草方格
效果评价			
存在问题	造林树种单一，未能因地选种；轻视后期管护	封育后群落结构简单、组成单一	劳动力成本高；麦草获得难且不耐腐蚀
技术需求			
技术需求名称	1. 新型沙障		2. 水资源高效利用技术
功能和作用	防风固沙（耐腐蚀、成本低、无污染）		蓄水保水，增加产量
推荐技术			
推荐技术名称	1. 聚乙烯沙障		2. 集雨滴灌
主要适用条件	易受风沙侵害的地区		降水量小且地下水资源缺乏的地区

（12）甘肃省武威市民勤县荒漠化区（b）

地理位置		位于甘肃省中部，地处河西走廊东北部，东西北三面被腾格里、巴丹吉林沙漠包围，101°49′E ~ 104°12′E，38°3′N ~ 39°27′N
案例区描述	自然条件	属温带大陆性气候，总面积 15 900km²，平均海拔 1400m，年均气温 8.3℃，年均降水量 127.7mm，年均蒸发量 2623mm，年均日照时数为 3073h，无霜期约 162 天。自然土壤以灰棕漠土、风沙土为主。土地类型为荒漠戈壁、沙质草地以及少量的绿洲（约 1800km²，占总面积 11.3%）
	社会经济	民勤县下辖 18 个镇，常住人口 24.1 万，其中城镇人口 7.3 万（占总人口 30.3%），农村人口 16.8 万。该县城镇、农村居民人均可支配收入分别为 22 044 元、12 177 元，2018 年退出甘肃省贫困县

生态退化问题：荒漠化	
退化问题描述	荒漠化面积已达 15 200km²，占土地总面积的 94.9%，极重度 5760km²（占总面积的 39.9%），重度 2650km²（17.4%），中度 4414km²（30.5%）。其中风蚀荒漠化面积 13 200km²（占荒漠化土地总面积 91.3%），盐渍化面积 1260km²（8.7%）
驱动因子	**自然**：干旱、鼠害　　**人为**：超载过牧、过度开发活动
治理阶段	先后实施了国家重点公益林、"三北"防护林、退耕还林、封沙育草等生态工程。目前处于治理中期阶段，着力点在节水，主要工作包括灌区节水改造并严格落实水资源管理制度；调整农业结构，以水定产业、以水定规模、以水布局；加大生态配水比例

现有主要技术	
技术名称	1. 营造人工防风固沙林	2. 生态移民
效果评价		
存在问题	林种适宜性问题、维护成本高	维护成本高；缺少相应配套技术；未解决居民生计问题

技术需求	
技术需求名称	1. 新型工程治沙材料	2. 新型沙化工程治理机械
功能和作用	土壤保持、防风固沙、防灾减灾	防风固沙

推荐技术	
推荐技术名称	1. 低密度覆盖沙障	2. 立体固沙车
主要适用条件	风蚀沙地	风蚀沙地

（13）甘肃省黄河流域荒漠化区

地理位置	位于甘肃省中东部，104°27′36″E～104°56′02″E，36°29′24″N～36°43′08″N	
案例区描述	自然条件	属温带干旱半干旱气候，年均气温 8.9℃，年极端最高气温 35.1℃，年均降水量 240mm，年均日照时数 2696h，无霜期 165 天。该地属黄土高原沟壑区，地势西高东低，南北长 125km，东西宽 106km，总面积 5809.4km²，海拔 1300～3017m
	社会经济	靖远县总人口为 50.16 万人（2017 年），城镇化率达到 35.87%。2017 年，城镇居民人均可支配收入 23 484 元，农村居民人均可支配收入 8782 元

生态退化问题：荒漠化		
退化问题描述	人口集聚，大肆开垦农田，超载放牧，过度抽取地下水，使土地严重退化；气候干旱，风蚀严重，土地荒漠化加剧	
驱动因子	自然：风蚀、干旱　　人为：过度开垦、过度放牧、水资源过度开发	
治理阶段	2017 年，以"大地增绿、农民增收"为目标，按照"北御风沙、南保水土、中建黄河绿洲"的总体布局，完成造林面积 1.85 万 hm²，新增造林面积 1.06 万 hm²。目前，三北防护林、天然林保护和重点公益林等生态工程建设稳步推进	

现有主要技术		
技术名称	1. 围栏封育+补饲	2. 适度放牧
效果评价		
存在问题	饲草成本高，收益受影响	放牧强度的合理控制

技术需求		
技术需求名称	1. 聚乙烯沙障	2. 饲草料种植
功能和作用	防风固沙（抗腐蚀性强、运输方便、污染小、成本低）	增加植被覆盖，保持土壤，提高产量

推荐技术		
推荐技术名称	1. 低密度覆盖沙障	2. 设施养殖
主要适用条件	铁路公路沿线	草地生长条件差的区域

（14）陕西省榆林市北部风沙区荒漠化区		
地理位置	位于陕西省北部、毛乌素沙漠南缘，107°14′E～110°36′E，37°57′N～39°35′N	
案例区描述	自然条件	属温带半干旱和亚湿润干旱气候，年均气温 7.9～11.3℃，无霜期 134～169 天，年日照时数 2593.5～2914.2h，年均降水量 405mm，且集中在 7～9 月（占比≥65%），由东向西递减，年蒸发量 1508～2502mm。土壤为栗钙土和黑垆土，植被为温带干旱草原和温带森林草原
	社会经济	榆林市总人口 385.03 万人，GDP 4136.28 亿元，人均 GDP 120 908 元，农林牧渔业总产值 439.73 亿元，居民人均可支配收入 24 213 元，城镇、农村分别为 33 904 元和 13 226 元。2019 年，该市粮食播种面积 72.73 万 hm²
生态退化问题：荒漠化		
退化问题描述	由于人为破坏和自然环境的演替，生态环境逐步恶化。1948 年全市林木覆盖率不到 2%，流沙吞没农田牧场 8 万 hm²，沙区仅存的 11 万 hm² 农田也处于沙丘包围之中，26 万 hm² 牧场沙化、盐渍化、退化严重，沙区 6 个城镇 421 个村庄被风沙侵袭掩埋，形成了沙进人退的被动局面	
驱动因子	自然：干旱、风蚀　　人为：过度开垦、过度放牧	
治理阶段	目前处于中期治理阶段，通过"引水拉沙修渠堤，造林种草锁风沙"的大规模封沙造林工程，乔灌草带片网结合、多林种合理配置、农林牧协调发展的防护林体系基本形成。后期以现有科技进步为依托、科技人才为基础，提高综合治理质量	
现有主要技术		
技术名称	1. 防风固沙林带	2. 飞播造林
效果评价		
存在问题	树种单一，结构简单	成本较高，成活率不理想
技术需求		
技术需求名称	1. 植物选育	2. 垂直造林
功能和作用	提高植物存活率，防止荒漠化	提高成活率，增加植被密度和郁闭度
推荐技术		
推荐技术名称	1. 选种地方物种	2. 乔灌草空间配置
主要适用条件	非适地适树形成的荒漠化区	层次单一的荒漠化区

(15) 内蒙古自治区鄂托克旗荒漠化区		
地理位置	位于内蒙古自治区鄂尔多斯市西部，107°50′24″E～108°02′37″E，39°10′12″N～39°32′36″N	
案例区描述	自然条件	以波状高原为主，呈西北高、东南低，平均海拔1800m。地处中温带温暖型干旱、半干旱大陆性气候区，冬季漫长而寒冷，夏季短促而炎热，寒暑变化大，风多雨少，相对湿度多年平均为48%，年平均降雪10.9天，年均气温7.0℃。土壤分布由东南部栗钙土，向西北部过渡到棕钙土、灰漠土。全旗东西宽188km，南北长209km，土地总面积20 367.18km²
	社会经济	鄂托克旗辖6个镇，总人口16万人，以蒙古族为主体、汉族占多数。该旗属于畜牧业为基础、工业占主导的多元产业集中区。城乡常住居民人均可支配收入分别达到46 140元和18 313元（2018年）
生态退化问题：荒漠化		
退化问题描述	由于人口压力，超载放牧，草场以每年2%的速度退化，次生裸地数量不断增加；风蚀、干旱等自然因素进一步加剧环境恶化	
驱动因子	自然：风蚀、干旱 人为：过度开垦、过度放牧	
治理阶段	1996～2006年，是植被整体恢复期，依托"三北"防护林、退耕还林、公益林保护等国家重点生态工程项目，持续组织实施"5820"工程、"双百万亩"工程、城郊百万亩森林工程等	
现有主要技术		
技术名称	1. 植树造林	2. 禁牧封育
效果评价		
存在问题	树种适宜性低，幼苗成活率低	面积广、监管难度大
技术需求		
技术需求名称	1. 改善人工林的种植方式	2. 饲草料储存技术
功能和作用	增加植被覆盖，维持生物多样性	提高冬季草饲料供应量
推荐技术		
推荐技术名称	1. 草地群落近自然配置	2. 草方格
主要适用条件	非适地适树区的人工草地	沙化、干旱地区

（16）内蒙古自治区克什克腾旗荒漠化区

地理位置		位于内蒙古东部、赤峰市西北部，116°20′E ~ 118°26′E，42°23′N ~ 44°15′N。内蒙古高原与大兴安岭南端山地和燕山余脉七老图山的交汇地带
案例区描述	自然条件	属中温带大陆性季风气候，海拔 1200 ~ 1700m。年均气温−2 ~ 5℃、年均降水量 250 ~ 540mm、年均蒸发量 1300 ~ 1900mm、风速 2.8 ~ 3.0m/s，春季 8 级以上大风 30 ~ 40 天，无霜期 60 ~ 130d。土壤以栗钙土和风沙土为主。植被以草原植被为主，针阔叶乔木地带性明显
	社会经济	克什克腾旗总人口 24.76 万人（2020 年），是一个以蒙古族为主体，蒙古族、满族、汉族、回族等 10 个民族聚居的地区。2020 年该旗 GDP 为 124.06 亿元，人均 GDP 为 5.9 万元。2012 年，该旗农作物总播种面积 7.47 万 hm²，其中粮食作物 5.78 万 hm²

生态退化问题：荒漠化	
退化问题描述	全旗境内浑善达克沙地面积 104.5 万 hm²，占 50.6%，沙源面积庞大，治理任务艰巨。由于大面积耕作和过度放牧，部分固定沙地和退化沙化草地转化为半固定沙地或流动沙地，导致草场萎缩，产草量锐减、草质下降。仅二级以上土壤侵蚀面积约 60 万 hm²，约占境内浑善达克沙地面积的 57.4%
驱动因子	自然：干旱、风蚀　　人为：过度开垦、过度放牧
治理阶段	目前处于生态中期治理阶段，在京津风沙源治理工程、浑善达克沙地规模化林场建设项目等支持下，沙化土地得到有效改善。后期通过健全监督检查奖罚激励机制，确保治理工程的顺利实施

现有主要技术	
技术名称	1. 退耕还林还草	2. 禁牧/休牧
效果评价		
存在问题	后期监管困难、成本高	影响牧户收入，后期监管成本高

技术需求		
技术需求名称	1. 保护性耕作	2. 自然修复
功能和作用	缓解耕作压力，防止荒漠化	促进生态系统自我修复能力，防止荒漠化

推荐技术		
推荐技术名称	1. 轮作/留茬耕作	2. 禁牧封育
主要适用条件	因过度耕作形成的退化农地	因过度放牧形成的退化草地区

(17) 内蒙古自治区科尔沁/浑善达克/毛乌素/呼伦贝尔沙地荒漠化区

地理位置	位于我国北部边疆，横跨三北（东北、华北、西北），靠近京津，北部同蒙古国和俄罗斯接壤，97°12′E ~ 126°4′E，37°24′N ~ 53°23′N	
案例区描述	自然条件	以温带大陆性气候为主，总面积 1 183 000km²，平均海拔 1000m，年均气温−3.7 ~ 11.2℃，年均降水量 50 ~ 450mm，年均蒸发量高于 1200mm，年日照时数大于 2700h。土壤种类多样，如风沙土、栗钙土、灰褐土等。植被类型有疏林草原、典型草原、荒漠草原等
	社会经济	内蒙古自治区共辖 12 个地级行政区划单位（9 市 3 盟），总人口 2534 万人，其中城镇人口 1589 万人（占总人口的 62.7%），农村人口 945 万人。该地区人均可支配收入 28 376 元，其中城镇、农村居民人均可支配收入分别为 38 305 元、13 803 元

生态退化问题：荒漠化	
退化问题描述	风蚀荒漠化面积约为 610 000km²，主要集中在呼伦贝尔沙地（内蒙古东北部）、科尔沁沙地（东南部）、浑善达克沙地（南部）、毛乌素沙地（西南部）。植被退化严重，胡杨、梭梭等天然林木急剧减少；生物多样性锐减，原有 130 多种可食牧草，目前已减少到 20 多种；频繁的沙尘暴灾害
驱动因子	自然：风蚀、干旱　　人为：过度开垦、过度放牧、水资源过度开采
治理阶段	"十二五"期间实施京津风沙源治理、"三北"防护林体系建设、天然林保护、退耕还林、野生动植物保护及自然保护区建设、水土保持重点防治、退牧还草和天然草原保护以及六大重点区域绿化等生态建设重点工程

现有主要技术			
技术名称	1. 草方格	2. 禁牧、休牧、轮牧	3. 生态移民
效果评价			
存在问题	劳动力成本高；麦草获得难且抗腐蚀性差	监管难度大；影响牧民收入	成本过高

技术需求		
技术需求名称	1. 新型沙障	2. 人工建植
功能和作用	防风固沙（与传统材料相比抗腐蚀性强、运输方便、污染小、成本低等优点）	增加植被覆盖，保持土壤，增加土壤抗蚀性，涵养水源

推荐技术		
推荐技术名称	1. 聚乙烯沙障技术	2. 饲草料种植
主要适用条件	易受风沙侵害的地区	草场压力较大的牧区、半农半牧区

(18) 内蒙古自治区奈曼旗科尔沁沙地荒漠化区

地理位置	位于我国北部边疆，横跨三北（东北、华北、西北），靠近京津，北部同蒙古国和俄罗斯接壤，97°12′E ~ 126°4′E，37°24′N ~ 53°23′N	
案例区描述	自然条件	以温带大陆性气候为主，总面积 1 183 000km²，平均海拔 1000m，年均气温 –3.7 ~ 11.2℃，年均降水量 50 ~ 450mm，年均蒸发量高于 1200mm，年日照时数大于 2700h。土壤种类多样，如风沙土、栗钙土、灰褐土等。植被类型有疏林草原、典型草原、荒漠草原等
	社会经济	内蒙古自治区共辖 12 个地级行政区划单位（9 市 3 盟），总人口 2534 万人，其中城镇人口 1589 万人（占总人口的 62.7%），农村人口 945 万人。该地区人均可支配收入 28 376 元，其中城镇、农村居民人均可支配收入分别为 38 305 元、13 803 元

生态退化问题：荒漠化		
退化问题描述	内蒙古科尔沁沙地由于人口压力，超载放牧，导致草场以每年 2% 的速度退化，生态环境急剧恶化	
驱动因子	自然：风蚀、干旱　　人为：过度开垦、过度放牧	
治理阶段	依托"三北"防护林、退耕还林、公益林保护等国家重点生态工程项目，持续组织实施"5820"工程、"双百万亩"工程、城郊百万亩森林工程和科尔沁沙地"双千万亩"综合治理工程	

现有主要技术		
技术名称	1. 人工造林	2. 禁牧围封
效果评价		
存在问题	幼苗成活率低	监管难度大

技术需求		
技术需求名称	1. 改善人工林的种植方式	2. 饲草料储存技术
功能和作用	增加植被覆盖，维持生物多样性	提高冬季草饲料供应量

推荐技术		
推荐技术名称	1. 草地群落近自然配置	2. 草饼干
主要适用条件	非适地适树造成的人工草地	春夏草饲料充足的草场

(19) 内蒙古自治区乌审旗荒漠化区

地理位置	位于鄂尔多斯市西南部,地处毛乌素沙地腹地,北靠伊金霍洛旗、杭锦旗,东、南两面隔长城与陕西省接壤,西与鄂托克旗、鄂托克前旗搭界,108°17′36″E ~ 109°40′22″E,37°38′54″N ~ 39°23′50″N

案例区描述	自然条件	属温带大陆性季风气候,全旗总面积 11 645km²,年平均气温 6.8℃,全年日照 2800 ~ 3000h,有效积温 2800 ~ 3000℃,年降水量 350 ~ 400mm,年蒸发量 2200 ~ 2800mm,年平均风速 3.4m/s,无霜期 113 ~ 156 天。海拔在 1300 ~ 1400m,沙漠、滩地、梁地呈西北—东南条带状分布
	社会经济	乌审旗下辖 6 个苏木镇,2019 年户籍总人口为 116 962 人,其中少数民族 34 035 人,占全旗总人口的 29.1%,常住人口达 13.57 万人,城镇化率 61.2%。2019 年全旗农作物播种面积达 5.1 万 hm²,其中粮食 3.4 万 hm²,经济作物 1.7 万 hm²;畜禽存栏达 1 166 520 头只(猪牛羊),其中猪存栏 67 781 头,牛存栏 69 714 头,羊存栏 1 029 025 只

生态退化问题:荒漠化

退化问题描述	人口、耕地扩增、牲畜数量增加和经济快速发展加剧乌审旗荒漠化问题,但人口素质的提高、生产结构的调整以及治理措施对沙地逆向演替起到了积极的作用
驱动因子	**自然:** 干旱、风蚀　　**人为:** 工矿开采、过度开垦放牧、水资源过度开发利用
治理阶段	处于荒漠化治理中期阶段,近 20 年来荒漠化面积逐渐减少,荒漠化程度也逐渐缓解,极重度、重度荒漠化面积呈下降趋势,而中度、轻度荒漠化总体呈上升趋势

现有主要技术

技术名称	1. 草方格	2. 围栏封育
效果评价		
存在问题	成本较高	增大牧民支出

技术需求

技术需求名称	1. 土壤修复	2. 乔灌草结合
功能和作用	蓄水保水、快速提高土壤肥力	维持生物多样性、防风固沙

推荐技术

推荐技术名称	1. 微生物富集技术	2. 乔灌草立体种植
主要适用条件	退化土地	沙化土地

（20）内蒙古自治区锡林郭勒盟荒漠化区		
地理位置	位于内蒙古自治区中部，$115°13'E \sim 117°6'E$，$43°2'N \sim 44°52'N$	
案例区描述	自然条件	属温带大陆性气候，总面积 203 000km²，草地面积 179 000km²，海拔 800～1800m，年均气温 0～3℃，年均降水量 295mm，年均蒸发量 1500～2700mm，年日照时数 2800～3200h，无霜期 110～130 天。土壤有黑土、黑钙土等多种类型。植被类型为草甸草原、典型草原、荒漠草原
	社会经济	锡林郭勒盟常住人口 105.5 万人（2019 年），其中城镇人口 69.3 万人（占总人口的 65.7%），农村人口 36.2 万人，汉族人口 66.5 万（63.0%），蒙古族人口 32.8 万人（31.1%）。该盟人均可支配收入 30 082 元，城镇、农村居民人均可支配收入分别为 38 299 元、15 706 元

生态退化问题：荒漠化		
退化问题描述	2009 年，全盟沙化草地面积 1.94 万 km²（占草地总面积的 10.8%），其中重度沙化 3.2×10³ km²（占草地总面积的 1.79%），中度沙化草地面积 8.3×10³ km²（4.64%），轻度退化草地面积 7.9×10³ km²（4.41%）	
驱动因子	自然：干旱、大风　　人为：过度开垦、过度放牧	
治理阶段	2000～2018 年，依托京津风沙源治理、退耕还林等重点生态工程，累计完成防沙治沙林业生态建设任务 1954 万亩。目前处于治理中期阶段，强化科技，注重成效，不断加大防沙治沙适用技术的推广应用和科技支撑力度，重点推广抗旱造林、雨季容器苗造林、飞播造林、工程固沙等先进适用技术，聘请科研院所为科技支撑单位，把科研、推广与生产有机结合，提高防沙治沙的质量和成效	

现有主要技术		
技术名称	1. 禁牧、休牧、轮牧	2. 飞播种草	3. 舍饲养殖
效果评价			
存在问题	监管难度高；动态监测难度大；影响牧民收入	成本较高；管护跟不上	成本高，对牧民养殖技能有较高要求

技术需求		
技术需求名称	1. 近自然人工建植	2. 人工养殖
功能和作用	提高植被覆盖，维护生物多样性	减轻草场放牧压力

推荐技术		
推荐技术名称	1. 草地群落近自然配置	2. 高产饲草料种植技术
主要适用条件	非适地适树造成的人工草地	草场资源有限的牧区

(21) 西北干旱荒漠化区

地理位置		位于欧亚大陆腹地，包括内蒙古自治区、宁夏回族自治区、新疆维吾尔自治区以及甘肃省在内的区域，$97°12'E \sim 126°4'E$，$37°24'N \sim 53°23'N$
案例区描述	自然条件	温带大陆性气候为主，总面积 1 183 000km²，平均海拔 1000m，年均气温 $-3.7 \sim 11.2℃$，降水只有 $50 \sim 400$mm，强潜在蒸发量可达 $2000 \sim 3000$mm，年日照时数大于 2700h。土壤种类多样，如风沙土、栗钙土、灰褐土等。植被类型有疏林草原、典型草原、荒漠草原等。土壤有机质含量较低，可溶性盐分含量较高。地形以高原盆地为主，山脉与盆地相间分布
	社会经济	内蒙古自治区共辖 12 个地级行政区划单位（9 市 3 盟），总人口 2534 万人，其中城镇人口 1589 万人，农村人口 945 万人；人均可支配收入 28 376 元。宁夏常住人口 694.66 万人，GDP 3705.18 亿元，人均 GDP 54 094 元。新疆 GDP 13 597.11 亿元，常住人口 2523.22 万人，其中城镇常住人口 1308.79 万人。甘肃常住人口 2647.43 万人，GDP 8718.3 亿元，人均 GDP 32 995 元

生态退化问题：荒漠化

退化问题描述	我国西北干旱区土地总面积约占国土总面积的 25%，大部分被戈壁、沙漠所覆盖；近几十年来沙漠化扩大的速度愈来愈快，形势严峻
驱动因子	自然：风蚀、干旱　　人为：过度开垦、过度放牧、水资源过度开采
治理阶段	"十二五"期间实施京津风沙源治理、"三北"防护林体系建设、天然林保护、退耕还林、水土保持重点防治、退牧还草和天然草原保护以及六大重点区域绿化等生态建设重点工程

现有主要技术

技术名称	1. 草方格	2. 禁牧、休牧、轮牧	3. 生态移民
效果评价			
存在问题	劳动力成本高；麦草获得难且抗腐蚀性差	监管难度大；影响牧民收入	成本过高；生计维持

技术需求

技术需求名称	1. 新型沙障	2. 人工建植
功能和作用	防风固沙（与传统材料相比抗腐蚀性强、运输方便、污染小、成本低等优点）	增加植被覆盖，保持土壤，增加土壤抗蚀性，涵养水源

推荐技术

推荐技术名称	1. 滴灌造林技术	2. 无灌溉造林技术
主要适用条件	有滴灌条件的造林区	其他造林区

(22) 河北省坝上荒漠化区		
地理位置	地处河北省北部，位于内蒙古高原-燕山山地-华北平原的过渡带，114°35′E~116°45′E，41°N~42°20′N	

| 案例区描述 | 自然条件 | 属季风气候与大陆气候、干旱与半干旱区的过渡带，海拔 1350~1600m，年均气温-0.3~3.5℃，年均降水量约 400mm，年均蒸发量 1735mm，年均无霜期 80~11 天。主要土壤类型为暗栗钙土。地带性植被为草原，分为草甸草原和干草原 2 个植物亚系 |
| | 社会经济 | 坝上地区包括承德市丰宁满族自治县、围场满族蒙古族自治县，张家口市张北县、尚义县、沽源县、崇礼区、康保县。承德市常住人口 381.6 万人（2018 年），其中城镇人口 132.7 万人，农村人口 248.9 万人，粮食播种面积 29 万 hm²（2016 年），蔬菜播种面积 7.8 万 hm²，中药材种植面积 1.3 万 hm²。张家口市户籍总人口 443.4 万人（2018 年），其中城镇人口 253.78 万人，常住人口城镇化率 57.24% |

生态退化问题：荒漠化

退化问题描述	土地沙化面积达 121.41 万 hm²（2000 年），占面积的 44.6%，其中沙化耕地 50.4 万 hm²，沙化草地 48.5 万 hm²，风蚀模数达 3000t/km，平均每年刮蚀表土 5cm，风口处多达 15cm，沙尘暴平均每年发生 8~12 天，以丰宁和康保两县最为严重地区	
驱动因子	自然：风蚀、水蚀、干旱、洪涝　　人为：过度开垦、过度放牧、工矿开采	
治理阶段	处于生态治理中期阶段，形成了七种治理模式，即沿边沙区的灌草结合治沙模式、农牧防护林网建设模式、沿坝头山地防护林建设模式、坝上蔓甸林草结合模式、围栏封育治理模式、退耕还林（草）模式和高效林业生态建设模式	

现有主要技术

技术名称	1. 淤地坝	2. 植树造林
效果评价		
存在问题	部分淤地坝滞洪能力不足；未定时维护检修；缺少配套的排水技术	未能针对不同环境匹配物种，耗水过多，未解决居民生计问题

技术需求

技术需求名称	1. 近自然造林	2. 技术配置优化
功能和作用	增加土壤抗蚀性，维持生物多样性，形成稳定的生态结构，具有可持续性	提高流域生态修复的整体效益最大化

推荐技术

推荐技术名称	1. 人工林近自然经营	2. 流域生态修复措施优化配置
主要适用条件	需要造林的退化地区	发生退化且有恢复技术应用的小流域

(23) 内蒙古自治区阿拉善盟荒漠化区		
地理位置	地处内蒙古自治区最西部，东、东北与乌海、巴彦淖尔、鄂尔多斯三市相连，南、东南与宁夏回族自治区毗邻，西、西南与甘肃省接壤，北与蒙古国交界，97°12′E ~ 126°4′E、37°24′N ~ 53°23′N	
案例区描述	自然条件	以温带大陆性气候为主，平均海拔 1000m，年均气温–3.7 ~ 11.2℃，年均降水量 50 ~ 450mm，年均蒸发量高于 1200mm，年日照时数大于 2700h。土壤种类多样，如风沙土、栗钙土、灰褐土等。植被类型有疏林草原、典型草原、荒漠草原等
	社会经济	2019 年阿拉善盟常住人口 25.07 万人，其中城镇人口 19.84 万人，农村人口 5.23 万人。2019 年阿拉善盟农作物总播种面积 8.2 万 hm²，全年粮食总产量 13.3 万 t。2020 年阿拉善盟完成 GDP 304.8 亿元，居民人均可支配收入 38 483 元
生态退化问题：荒漠化和草地退化		
退化问题描述	阿拉善自然环境恶劣，是内蒙古自治区沙漠最多、土地沙化最严重的地区	
驱动因子	自然：风蚀、盐渍化　　　人为：过度放牧	
治理阶段	1992 年起，林业部门在广袤的腾格里沙漠边缘实施飞播造林（花棒、白刺等沙生植物）	
现有主要技术		
技术名称	1. 草方格	2. 机械沙障和生物沙障结合固沙
效果评价		
存在问题	维护成本高	物种选育难度大
技术需求		
技术需求名称	1. 防沙新材料	2. 防止人工草地退化技术
功能和作用	防风固沙、土壤保持	提高人工草地植被覆盖率及其持久性
推荐技术		
推荐技术名称	1. 化学固沙材料	2. 草地群落近自然配置
主要适用条件	水分需求量少	容易退化的人工草地

(24) 蒙古国荒漠化区（a）		
地理位置	地处亚洲东部，蒙古高原主体部分，87°9′E～119°9′E，41°7′N～51°6′N	
案例区描述	自然条件	属大陆性温带草原气候；平均海拔超过1500m，地形以山丘和高原为主；冬季寒冷漫长，平均气温-24～-4℃，大风雪频发；年均降水量120～250mm；土壤以栗钙土和盐碱土为主；植被类型以草原为主，南部为戈壁荒漠
	社会经济	该国国土面积156.65万km²，人口323.8万人，其中农村人口占总人口的32.4%。人均GDP 4104美元（2018年）
生态退化问题：荒漠化和草地退化		
退化问题描述	全国76.8%的土地已遭受不同程度荒漠化（2017年），其中乌布苏、中戈壁、东戈壁等已完全成为干旱荒漠区；东方省、肯特省等优良草原荒漠化加剧。1.5%的农村人口生活在退化农用地上，其中偏远地区农村人口占1.0%；每年退化土地的损失占GDP的43%（2010年）	
驱动因子	自然：风蚀，干旱和暴雪　　人为：过度放牧，无序开矿	
现有主要技术		
技术名称	1. 禁牧	2. 矿区生态恢复
效果评价		
存在问题	缺少配套政策支持	成本高
技术需求		
技术需求名称	禁牧、轮牧、休牧	
功能和作用	解除放牧压力，促进草地自然恢复，维持生物多样性	
推荐技术		
推荐技术名称	多利益相关者管理	
主要适用条件	退化草地	

(25) 蒙古国荒漠化区（b）		
地理位置	位于亚洲东部，蒙古高原主体部分，87°9′E～119°9′E，41°7′N～51°6′N。东、南、西与中国接壤，北与俄罗斯相邻	
案例区描述	自然条件	大陆性温带草原气候。冬季漫长寒冷，冬季平均气温–24～–4℃。年均降水量120～250mm；土壤以栗钙土和盐碱土为主，植被类型以草原为主。地形以山丘和高原为主，戈壁和沙漠面积占1/4
	社会经济	该国国土面积156.65万km²，人口323.8万人，其中农村人口占总人口的32.4%。人均GDP 4104美元（2018年）。畜牧业是传统产业和国民经济的基础，以自然放牧（游牧）为主，现阶段难以实现大规模、现代化生产

生态退化问题：荒漠化	
退化问题描述	全国76.8%的土地已遭受不同程度荒漠化（2017年），其中乌布苏、中戈壁、东戈壁等已完全成为干旱荒漠区；东方省、肯特省等优良草原荒漠化加剧。每年退化土地的损失占GDP的43%（2010年）
驱动因子	自然：风蚀，干旱和暴雪　　人为：过度放牧，无序开矿

现有主要技术		
技术名称	1. 社区–牧民联合管理	2. 季节性休牧、轮牧
效果评价		
存在问题	缺少利益相关者培训，效益不明显	实施效果不明显，牧民积极性有待提高

技术需求		
技术需求名称	1. 人工草地	2. 牧草青贮
功能和作用	草地恢复、提高植被覆盖度和牧草供给	增加冬季和返青季饲料来源，提高适口性

推荐技术		
推荐技术	1. 豆科牧草种植	2. "面包草"青贮加工
主要适用条件	退化草地	干旱、半干旱地区和高寒草地

(26) 印度西部荒漠化区

案例区描述	地理位置	位于南亚，68°7′E～97°25′E，8°4′N～37°6′N。东北部同中国、尼泊尔、不丹接壤，孟加拉国夹在东北国土之间，东部与缅甸为邻，东南部与斯里兰卡隔海相望，西北部与巴基斯坦交界。东临孟加拉湾，西濒阿拉伯海
	自然条件	大部分属于热带季风气候，降水少且分配不均，干旱频发，土壤条件不利于集约化作物生产。高密度的人口和牲畜给区域自然资源带来压力。游牧民族广泛分布，耕地扩张也威胁着脆弱的生态系统
	社会经济	印度国土面积298万km²，拥有世界10%的可耕地，面积约1.6亿hm²，经济以耕种、现代农业、手工业、现代工业及其支撑产业为主，是世界粮食主产国之一。农村人口占总人口的72%

生态退化问题：荒漠化	
退化问题描述	土壤侵蚀导致71%以上的土地发生荒漠化，其中水蚀占61.7%，风蚀占10.24%。同时存在涝渍、盐碱化等土地退化问题。印度西部干旱严重的拉贾斯坦邦58%的土地均为流沙地和沙丘，严重威胁农田、灌渠和公路
驱动因子	自然：水蚀、风蚀、干旱 人为：森林砍伐、工业和采矿活动

现有主要技术		
技术名称	1. 防风固沙林带	2. V形水渠等高线保墒
效果评价		
存在问题	成本较高	居民接受意愿低、推广潜力低

技术需求		
技术需求名称	1. 保水集水	2. 控制沙化区域
功能和作用	缓解干旱、控制侵蚀	防止退化范围扩张

推荐技术		
推荐技术名称	1. 水坝引水	2. 种植防护林带或人工草地
主要适用条件	坡面	发生退化的林地和草地

（27）尼泊尔坦湖区荒漠化区

地理位置	位于喜马拉雅山中段南麓，85°10′E～85°19′E，27°42′N～27°45′N。北与中国西藏接壤，东、西、南三面被印度包围，国境线长2400km	
案例区描述	自然条件	地区气候差异明显，分北部高山、中部温带和南部亚热带三个气候区。北部为高寒山区，终年积雪，最低气温可达−41℃；中部河谷地区气候温和，四季如春；南部平原常年炎热，夏季最高气温45℃
	社会经济	该国国土面积147 181km²，人口2898万人（2016年），GDP 288.12亿美元，人均GDP 1026美元（2018年）。该国耕地面积325.1万hm²，农业人口占总人口的80%，主要种植大米、甘蔗、茶叶和烟草等农作物，粮食自给率达97%

生态退化问题：荒漠化	
退化问题描述	由于区域气候干燥及风力侵蚀等自然驱动作用，加之过度放牧、过度开垦等问题的存在，该区域荒漠化问题出现
驱动因子	自然：气候干旱，风蚀　　　人为：过度放牧

现有主要技术		
技术名称	1. 人工造林	2. 生物炭施肥
效果评价		
存在问题	节水植树不符合农民意愿	生物炭的制备受季节限制，雨季生物炭原料的收集和干燥比较困难

技术需求		
技术需求名称	1. 雨水收集	2. 水窖
功能和作用	集水蓄水，增加可利于水资源	蓄水保水

推荐技术		
推荐技术名称	1. 雨水收集	2. 小水窖建设
主要适用条件	山地斜坡、谷地	山地斜坡、谷地

(28) 以色列荒漠化区 (a)			
地理位置	位于亚洲西部，34°27′E～37°28′E，31°18′N～31°20′N		
案例区描述	自然条件	海岸线长198km，地中海气候，夏季炎热干燥，最高气温39℃；冬季温和湿润，最低气温4℃左右。冬季时间短（11月至次年的4月），多雨；夏季时间长（4～10月），无雨、炎热、干旱。年降水从北部700mm递减到南部30mm。全国年均降水量200mm。潜在土壤水蒸发量从北部的1200mm递增到南部的2800mm。地势从东北部最高点海拔1200m到西南部死海地区海平面下400m。降水量多变和不稳定，常使旱情加剧	
	社会经济	该国人口909.2万人（2019年）。农业发达，科技含量较高，其滴灌设备、新品种开发举世闻名。主要农作物有小麦、棉花、蔬菜、柑橘等。粮食接近自给，水果、蔬菜生产自给有余并大量出口	
生态退化问题：荒漠化			
退化问题描述	该国南部处于撒哈拉沙漠向东的延伸部，基本上是地中海丛林地、亚洲干旷草原和非洲沙漠。自1948年建国，该地荒漠化处于发展中。北部半湿润干旱地区和半干旱地区，土壤盐碱化，自然植被减少，生态环境恶化，一些地方出现荒漠化现象。南部干旱区，生态和水文作用受到破坏，生态系统服务作用被削弱，造成土地生产能力逐渐地全面衰退。人们未认识到荒漠化影响，仍过度使用土地，使旱情增加，荒漠化扩大		
驱动因子	自然：干旱　　　人为：乱砍滥伐、土地过度开发		
治理阶段	通过制止乱砍滥伐及过载放牧、大规模植树造林、排水等措施，许多荒漠化地区得到治理，生态系统逐渐恢复。依靠农业研究开发和技术成果推广服务，农业体制创新，避免了半干旱地区的盐碱化，加上"北水南调"工程，对以色列中部和南部半干旱地区和大部分干旱地区，甚至超干旱地区进行了大规模的防治荒漠化工作		
现有主要技术			
技术名称	1. 节水灌溉	2. 稀疏草原植被保护	3. 免耕
效果评价			
技术需求			
技术需求名称	人工造林种草		
功能和作用	防风固沙，增加植被覆盖		
推荐技术			
推荐技术名称	保护性耕作		
主要适用条件	土壤发生退化的农田		

(29) 以色列荒漠化区 (b)

地理位置	位于亚洲西部, 34°27′E, 31°18′N。东接约旦, 东北部与叙利亚为邻, 南连亚喀巴湾, 西南部与埃及为邻, 西濒地中海, 北与黎巴嫩接壤		
案例区描述	自然条件	地中海型气候, 夏季炎热干燥, 最高气温39℃; 冬季温和湿润, 最低气温4℃左右。年均降水量为200mm。潜在的土壤水蒸发量从北部的1200mm递增到南部的2800mm, 干旱频发。地势从东北部高西南低	
	社会经济	该国人口909.2万人 (2019年)。农业发达, 科技含量较高, 其滴灌设备、新品种开发举世闻名。主要农作物有小麦、棉花、蔬菜、柑橘等。粮食接近自给, 水果、蔬菜生产自给有余并大量出口	

生态退化问题: 荒漠化			
退化问题描述	由于生态和水文作用受到破坏, 生态系统服务作用削弱, 土地生产能力逐渐全面衰退。当时人们没有认识到荒漠化的影响, 仍然过度地使用土地, 使得旱情增加, 荒漠化扩大		
驱动因子	自然: 干旱　　人为: 过度开垦, 过度放牧		

现有主要技术			
技术名称	1. 植物篱	2. 径流集水	3. 沙漠温室
效果评价			
存在问题	后期监管困难, 成熟度较低	工程实施成本较高	技术含量高, 推广潜力低

技术需求	
技术需求名称	草畜平衡
功能和作用	防风固沙

推荐技术	
推荐技术名称	以草定畜
主要适用条件	因过度放牧形成的荒漠化区

(30) 约旦荒漠化区		
地理位置	约旦位于亚洲西部,阿拉伯半岛西北,35°54′E~35°55′E,31°56′N~31°57′N	

案例区描述	自然条件	西部高地属亚热带地中海型气候,气候温和,平均气温 1 月为 7~14℃,7 月为 26~33℃,东部和东南部为沙漠。约旦西部山区和约旦河谷地区年降水量在 380~630mm,而东部沙漠地区气候恶劣,日夜温差大,干燥,风沙大,年降水量少于 50mm
	社会经济	国土面积 89 342km²,其中陆地面积 88 802km²,海洋面积 540km²。2016 年 GDP 约为 387 亿美元,人均 GDP 为 4088 美元。人口约为 945.6 万人,人口密度为 105.84 人/km²

生态退化问题:荒漠化	
退化问题描述	由于区域气候干燥及风力侵蚀等自然驱动作用,加之城镇化发展进程的推进,过度放牧、过度开垦等问题的存在,该区域荒漠化、生态系统退化和土壤侵蚀等退化问题出现
驱动因子	自然:气候干旱,风蚀　　人为:过度放牧,过度开垦,城镇化

现有主要技术		
技术名称	1. 人工造林	2. 水循环利用技术
效果评价		
存在问题	未兼顾物种多样性	推广应用不足

技术需求		
技术需求名称	1. 防风固沙技术	2. 抗旱品种选育
功能和作用	土壤保持/蓄水保水/增强抗风沙和侵蚀能力	土壤保持/蓄水保水

推荐技术		
推荐技术名称	1. 用芦苇覆盖,辅以瓦砾和黏土进行机械保护	2. 土壤秸秆覆盖轮作
主要适用条件	荒漠化地区	耕地、绿洲地区

(31) 伊朗荒漠化区			
地理位置	位于亚洲西南部，51°3′E ~51°4′E，35°40′N ~35°41′N。同土库曼斯坦、阿塞拜疆、亚美尼亚、土耳其、伊拉克、巴基斯坦和阿富汗相邻，南濒波斯湾和阿曼湾，北隔里海与俄罗斯和哈萨克斯坦相望		
案例区描述	自然条件	属大陆性气候，冬冷夏热，大部分地区干燥少雨。境内多高原，东部为盆地和沙漠。森林、牧场和沙漠分别占 18.2%、54.6% 和 19.7%，其余 7% 的土地被划分为盐碱地、建筑用地和基础设施用地等	
	社会经济	国土面积为 164.5 万 km²，人口约为 8165 万人，农业人口占总人口的 43%。近 11.2% 的土地是农业用地，农民人均耕地为 0.05hm²。GDP 约为 4300 亿美元，人均 GDP 为 5220 美元（2018 年）。农耕资源丰富，全国可耕地面积超过 5200 万 hm²，占其国土面积的 30% 以上。农业机械化程度较低，但粮食生产已实现 90% 自给自足	

生态退化问题：荒漠化			
退化问题描述	土壤侵蚀（风蚀和水蚀）是伊朗土地退化的最重要因素之一。在全国土地总面积中，约有 75 万 km² 受到水蚀、20 万 km² 受到风蚀影响，从而加速了荒漠化的发生，其余 5 万 km² 受到过度放牧等其他因素的影响发生退化，约有 2 万 km² 土地发生盐碱化		
驱动因子	自然：水蚀、风蚀、干旱		人为：过度开发土地，缺乏土地管理与规划

现有主要技术		
技术名称	1. 放牧管理	2. 雨水收集
效果评价		
存在问题	技术支持、认知与普及程度低	集水设施的修建与维护

技术需求		
技术需求名称	1. 保水措施	2. 草地可持续管理
功能和作用	高效利用有限水资源	避免过度利用

推荐技术		
推荐技术名称	1. 人工草地	2. 季节性轮牧
主要适用条件	严重退化的草地	放牧压力较大的草地

		(32) 阿富汗喀布尔市荒漠化区	
地理位置		喀布尔市位于阿富汗东部的喀布尔河谷，兴都库什山南麓，69°4′12″E ~ 69°4′26″E，34°39′N ~ 39°58′N	
案例区描述	自然条件	属大陆性气候，干燥少雨，无霜期为 6 ~ 8 月。喀布尔面积 1023km²，海拔 1898m，气候温和四季分明，全年平均气温 11.4℃，年均降水 362mm	
	社会经济	阿富汗可耕地面积约为 780 万 hm²，人均可耕地面积约为 0.2hm²，人均 GDP 为 507.1 美元。喀布尔市总人口约为 437.3 万，人口密度为 4500 人/km²，以哈扎拉人、塔吉克人、普什图人、库奇人和齐兹尔巴什人为主。该区适宜种植多种农作物和葡萄、杏、枣等水果，四周郊区是全国最主要的园艺和蔬菜种植基地	
生态退化问题：荒漠化			
退化问题描述		由于干旱及过度砍伐，该区荒漠化严重，同时矿山开采也给当地带来土地污染问题	
驱动因子		自然：干旱 人为：过度砍伐、矿山开采	
现有主要技术			
技术名称		1. 地下水资源保护	2. 植树造林
效果评价			
存在问题		配套措施不完善	树种单一，存活率低
技术需求			
技术需求名称		1. 可持续农业	2. 多样化种植
功能和作用		土壤保持、提高土地生产力及可持续性	保护生物多样性、土壤保持
推荐技术			
推荐技术名称		1. 保护性耕作	2. 近自然造林
主要适用条件		土地发生退化的农区	退化的林地草地

(33) 哈萨克斯坦北部荒漠化区 (a)

地理位置		位于哈萨克斯坦北部阿克莫拉州，50°E～85°E，40°N～50°N。北与北哈萨克斯坦州相邻，南与卡拉干达州相邻，东与巴甫洛达尔州相邻，在西方和西北方与科斯塔奈州相连
案例区描述	自然条件	属大陆性气候，北部自然环境较为湿润，北部可接受来自海洋的水汽
	社会经济	阿克莫拉州面积 14.62 万 km²，人口 74.76 万人，哈萨克族人口占 53.4%，俄罗斯人口占 33.7%（2017 年）。第一产业以农业为主

生态退化问题：荒漠化		
退化问题描述	哈萨克斯坦北部存在着由干旱引起的沙漠化问题	
驱动因子	自然：干旱　　　人为：过度开垦	

现有主要技术		
技术名称	1. 植被保护	2. 抗旱品种	3. 灌溉系统
效果评价			

技术需求		
技术需求名称	1. 生物多样化培育	2. 轮作
功能和作用	提高水资源利用效率	蓄水保水

推荐技术		
推荐技术名称	1. 建立种子库	2. 生态垫结合植物措施治理流动沙地
主要适用条件	退化草地	城市、农田周围缓冲地带

(34) 哈萨克斯坦西部荒漠化区 (b)

地理位置	位于哈萨克斯坦西南部、欧洲东部、乌拉尔河下游，51°52′E ~ 52°06′E，47°7′N ~ 47°8′N。西与俄罗斯阿斯特拉罕州相邻	
案例区描述	自然条件	面积 11.86 万 km²，属于大陆性气候，冬季寒冷，夏季温和。1 月均温为 -3℃，7 月均温为 26℃。年均降水量为 150mm
	社会经济	哈萨克斯坦西部人口 48 万人，哈萨克族人口占总人口的 80% 以上。石油、天然气、硼酸盐、钾资源丰富，在全国占据重要地位。畜牧业发达，种植业以饲料为主

生态退化问题：荒漠化		
退化问题描述	哈萨克斯坦西部存在着由干旱和风蚀等因素引起的荒漠化问题。采用草方格等措施开展初步的治理，具有一定的效果	
驱动因子	自然：干旱，风蚀　　　人为：矿产开采	

现有主要技术		
技术名称	1. 植物改良	2. 围栏封育	3. 草方格
效果评价			

技术需求	
技术需求名称	1. 可持续养殖管理	2. 建立生物保护带
功能和作用	防止过度放牧带来荒漠化	防风固沙

推荐技术	
推荐技术名称	1. 划区禁牧/轮牧/休牧	2. 生态垫+植物种植
主要适用条件	荒漠化退化草地	城市、农田周围缓冲地带

（35） 塔吉克斯坦杜尚别市荒漠化区			
地理位置	杜尚别市位于塔吉克斯坦西部，68°48′5″E ~ 68°48′20″E，38°30′30″N ~ 38°30′52″N		
案例区描述	自然条件	属高山气候，总面积125km²，平均海拔750m，年均气温14.9℃，年均降水量592mm，无霜期7 ~ 8月	
	社会经济	2021 年，塔吉克斯坦可耕地面积约420 万 hm²，人均可耕地面积约0.16hm²，人均 GDP 870.8 美元。杜尚别市总人口91.6 万人，主要为塔吉克人、塔塔尔人和乌克兰人，人口密度7328 人/km²	
生态退化问题：荒漠化			
退化问题描述	由于气候变化、过度砍伐及过度开垦等原因，该区荒漠化问题日趋严重		
驱动因子	自然：气候变化		人为：过度砍伐、过度开垦
现有主要技术			
技术名称	1. 自然资源管理		2. 可持续农业政策
效果评价			
存在问题	缺少配套措施		监管难度大
技术需求			
技术需求名称	1. 植被恢复		2. 保护性耕作
功能和作用	土壤保持、保护生物多样性		土壤保持
推荐技术			
推荐技术名称	1. 农林复合		2. 少耕浅耕
主要适用条件	土地退化的农区		退化农区

非洲：（1）利比亚荒漠化区		
地理位置	位于非洲北部，10°E~25°E，20°N~37°N。北濒地中海，与埃及、苏丹、突尼斯、阿尔及利亚、尼日尔、乍得接壤	

案例区描述	自然条件	沿海地区属地中海型气候，内陆广大地区属热带沙漠气候。夏季平均气温35℃，冬季平均气温15℃。年均降水量从北往南由500~600mm递减到30mm以下。境内多沙丘、砾质沙漠
	社会经济	该国国土面积176万km²，人口687万人（2020年），其中农业人口占17%。GDP 411亿美元，人均GDP 6153美元（2019年）。以石油和天然气资源为主，石油是重要经济支柱。畜牧业发达，农业落后，主要农作物有小麦、大麦、玉米、花生等

生态退化问题：荒漠化		
退化问题描述	沙漠面积占总面积的95%以上。轻度荒漠化占总荒漠化面积的0.5%，一般荒漠面积约占28.3%，中度及重度荒漠化面积占71.2%	
驱动因子	自然：干旱　　　　　　　　人为：人类活动加剧	

现有主要技术		
技术名称	1. 平原林网方格田	2. 人工种植牧草
效果评价		
存在问题	成本高	多以个体农户种植为主，不能满足市场需求

技术需求	
技术需求名称	沙障
功能和作用	防风固沙

推荐技术	
推荐技术名称	草方格
主要适用条件	草地退化、发生沙化的区域

（2）尼日利亚索科托州 Gudu LGA 市荒漠化区			
地理位置	位于尼日利亚西北部，北与尼日尔接壤，5°14′23″E~5°14′31″E，13°4′12″N~13°4′15″N		
案例区描述	**自然条件**	属热带草原气候，年均气温35.3℃，年均降水量647mm。Gudu LGA 市总面积3478km²，平均海拔238m，植被类型主要为热带稀树草原	
	社会经济	索科托州可耕地面积约161万 hm²，人均GDP 1274美元，2011年人均购买力低于3.1美元/天。Gudu LGA 市总人口13.9万人（2019年），人口密度43.1人/km²（2016年）	
生态退化问题：荒漠化			
退化问题描述	由于干旱、气候变化以及过度开垦、过度放牧等因素，索克托州荒漠化问题日趋严重		
驱动因子	自然：干旱、气候变化　　人为：过度放牧、过度开垦		
现有主要技术			
技术名称	1. 植树造林		2. 农田防护林
效果评价			
存在问题	树种单一，后期维护不足		易发病虫害，经济收益低
技术需求			
技术需求名称	1. 土壤恢复		2. 水资源管理
功能和作用	保持水土，增加作物产量		节水，增加作物产量
推荐技术			
推荐技术名称	1. 保护性耕作技术		2. 滴灌
主要适用条件	退化农田		干旱区农田

(3) 乍得中沙里区萨尔市荒漠化区

地理位置	地处乍得南部，与中非接壤，位于 18°12′10″E ~ 18°12′46″E, 9°21′20″N ~ 9°22′N	
案例区描述	自然条件	热带草原气候，总面积 40 300km²。年均气温 38.1℃, 年均降水量 939mm, 年均日照时数 2737h。东北部地势偏高，平均海拔 365m
	社会经济	乍得可耕地面积约 490 万 hm², 人均可耕地面积约 0.336hm²/人（2016 年），人均 GDP 1855.7 美元。沙里区总人口约 818 259 人，人口密度 20.3 人/km², 以萨拉人、卡南布人、阿拉伯人、瓦代人为主

生态退化问题：荒漠化		
退化问题描述	由于干旱、过度耕作和过度开采，该地区荒漠化日趋严重	
驱动因子	自然：干旱　　人为：过度耕作、过度开采	

现有主要技术		
技术名称	1. 辅助自然再生	2. 参与式管理
效果评价		
存在问题	技术应用难度大，对从业人员技能要求高	农牧户参与积极性低

技术需求		
技术需求名称	1. 沙障	2. 水资源高效利用
功能和作用	防风固沙	蓄水保水，增加产量

推荐技术		
推荐技术名称	1. 聚乙烯沙障	2. 绿洲区农作留茬防蚀技术
主要适用条件	易受风沙侵害的地区	蒸发量过高或易受到风沙危害的农田

(4) 埃塞俄比亚金卡市荒漠化区		
地理位置	位于埃塞俄比亚南部，36°45′9″E ~ 36°45′43″E，5°7′58″N ~ 5°8′1″N	
案例区描述	自然条件	属热带气候，埃塞俄比亚总面积 112.7 万 km²。年均气温 21.1℃，年均降水量 1274.7mm，日均日照时数 7h，无霜期 3 ~ 5 月
	社会经济	埃塞俄比亚可耕地面积约 3630 万 hm²，人均可耕地面积约 0.96hm²（2012 年），人均 GDP 855.8 美元（2019 年），以奥罗莫人、阿姆哈拉人、索马里人、提格雷人、锡达莫人为主。金卡市总人口 25 804 人（2008 年）
生态退化问题：荒漠化		
退化问题描述	由于气候变化、人口增长及过度开垦，该区荒漠化问题日益严重	
驱动因子	自然：气候变化　　人为：人口增长、过度开垦	
现有主要技术		
技术名称	1. 种子银行	2. 人工抚育幼苗
效果评价		
存在问题	成本过高	成本过高
技术需求		
技术需求名称	1. 水资源循环利用	2. 土壤改良
功能和作用	高效利用水资源、增产	提高土壤保持性能、增产
推荐技术		
推荐技术名称	1. 滴灌	2. 添加腐殖质
主要适用条件	干旱农田	土质退化的农田

（5）肯尼亚内罗毕市荒漠化区				
地理位置	位于肯尼亚南部，$36°48'36''E \sim 36°48'51''E$，$1°18'36''S \sim 1°18'40''S$			
案例区描述	自然条件	热带草原气候，总面积 $703.9km^2$，最高海拔 $1669m$。年均气温 $19℃$，年均降水量 $1025mm$。土壤类型主要是铁铝土、黑土和硝土		
	社会经济	肯尼亚可耕地面积约 5.8 亿 hm^2（2016 年），人均 GDP 1237.5 美元（2019 年），年人均可支配收入 4600 美元（2016 年）。内罗毕市人口 433.7 万人（2019 年），人口密度 6247 人 $/km^2$，人均可耕地面积 $0.118hm^2$（2016 年）		
生态退化问题：荒漠化				
退化问题描述	由于干旱和过度采伐，内罗毕面临严重的土地荒漠化问题			
驱动因子	自然：干旱　　人为：过度采伐、盗猎			
现有主要技术				
技术名称	1. 植树造林		2. 自然恢复	
效果评价				
存在问题	树种单一，成活率低		恢复速度较慢	
技术需求				
技术需求名称	1. 幼苗抚育		2. 树种选育	
功能和作用	提高成活率、改善群落结构		提高成活率，保护生物多样性	
推荐技术				
推荐技术名称	1. 容器苗造林和补植		2. 抗旱植物育种	
主要适用条件	幼苗存活率较低的造林区		干旱引起的退化林地和草地	

(6) 赞比亚荒漠化区		
地理位置	位于非洲中南部，中心位置 109°10′30″E ~ 109°10′42″N，48°47′7″N ~ 48°49′9″N	
案例区描述	自然条件	热带气候，湿度低，海拔 1000 ~ 1500m，地势大致从东北向西南倾斜。境内河流众多，水网稠密，水力资源非常丰富，主要河流有赞比西河。这是非洲第四大河，长 2660km。57% 的土地适宜从事农业生产，其中 3900 万 hm² 为中高产地，年均降水量 800 ~ 1000mm
	社会经济	赞比亚经济主要包括农业、矿业和服务业，其中采矿业是国民经济主要支柱之一。农业是赞国民经济的重要部门，产值约占 GDP 的 18%。全国约 2/3 人口从事农业。目前开发的可耕地面积 620 万 hm²，只占全部可耕地的 14%。主要农作物是玉米、小麦、大豆、水稻等。耕地普遍缺乏灌溉系统，农作物抗灾能力较弱
生态退化问题：荒漠化		
退化问题描述	土地退化造成土地低生产率，作物产量下降，动物生产力下降等，对于主要依赖农业发展的区域，土地退化破坏了社会经济发展，加剧了农村地区的贫困	
驱动因子	自然：季节性降水　　人为：森林砍伐	
现有主要技术		
技术名称	1. 免耕技术	2. 农林复合经济种植技术
效果评价		
存在问题	难以被农户接受	成本较高
技术需求		
技术需求名称	牧场经营	
功能和作用	缓解土地退化，提高动物生产力	
推荐技术		
推荐技术名称	轮牧	
主要适用条件	退化草场、过牧草场	

欧洲：俄罗斯荒漠化区		
地理位置	位于欧亚大陆北部，30°E ~ 180°，50°N ~ 80°N。邻国西北面有挪威、芬兰，西面有爱沙尼亚、拉脱维亚、立陶宛、波兰、白俄罗斯，西南面是乌克兰，南面有格鲁吉亚、阿塞拜疆、哈萨克斯坦，东南面有中国、蒙古国和朝鲜，东面与日本和美国隔海相望	

案例区描述	自然条件	北冰洋沿岸属苔原气候，太平洋沿岸属温带季风气候。年均降水量 150 ~ 1000mm。地形以平原和高原为主。地势南高北低，西低东高。从北到南依次为极地荒漠、苔原、森林苔原、森林、森林草原、草原带和半荒漠带
	社会经济	该国土面积 1709.8 万 km²，农业人口 668.4 万人，仅占总人口的 5%。农牧业并重，主要农作物有小麦、大麦、燕麦、玉米、水稻和豆类。经济作物以亚麻、向日葵和甜菜为主。畜牧业以牛、羊、猪为主

生态退化问题：荒漠化		
退化问题描述	受沙漠侵害的面积以 40 万 ~ 50 万 hm²/a 的速度增长，且约有 77 万 hm²/a 的水浇地出现盐碱化，且植被遭到破坏的面积达到 7000 万 hm²。卡尔梅克共和国、达吉斯坦共和国和罗斯托夫州位于高加索及邻近地区，三地已出现土地沙化和退化的趋势	
驱动因子	自然：干旱　　人为：过度开垦	

现有主要技术		
技术名称	1. 综合种植土壤改良	2. 菌根接种植被建设
效果评价		
存在问题	技术难度高，应用难度大	需要专业人员培训，推广潜力低

技术需求		
技术需求名称	1. 集约用水	2. 饲草种植
功能和作用	保水，改善土壤	减少牧场放牧压力

推荐技术		
推荐技术名称	1. 人工草地	2. 青贮种植
主要适用条件	严重退化草地	放牧压力较大的草场

北美洲：美国柯林斯堡市荒漠化区		
地理位置	位于科罗拉多州北部，落基山脉东侧，105°8′W ~ 105°8′12″W，40°58′N ~ 40°58′02″N	
案例区描述	自然条件	属大陆性气候，7月均温23℃，1月均温−2℃。年均降雨量406mm，年均日照时数3552h，年均降雪量146mm。平均海拔1525m，属高平原地区
	社会经济	柯林斯堡市面积122.1km²，人口16.42万人（2016年）。科罗拉多州森林、煤、原油、天然气、金、银、各种石料等资源丰富。该州传统经济以矿产开发和农业为主，农产品主要有玉米、水果、牛肉、各类蔬菜
生态退化问题：荒漠化		
退化问题描述	由于雨季集中且干旱以及过度的人为活动等，出现土地荒漠化、水资源浪费等问题，此外由于粉尘增加，加快了落基山积雪的融化速度，水资源管理面临挑战	
驱动因子	自然：干旱、水蚀　　人为：土地过度利用、过度放牧	
现有主要技术		
技术名称	1. 轮牧	2. 生态补偿
效果评价		
存在问题	未显著提升土壤质量和植被覆盖	管理成本较高
技术需求		
技术需求名称	1. 生态养殖	2. 雨水收集
功能和作用	施用家畜粪肥改善土壤质量	缓解水资源不足
推荐技术		
推荐技术名称	1. 舍饲养殖	2. 雨水收集
主要适用条件	超载的牧草区	水资源匮乏的地区

大洋洲：澳大利亚荒漠化区			
地理位置	位于南太平洋和印度洋之间，112°E～154°E，10°41′S～43°39′S。东濒太平洋珊瑚海和塔斯曼海，西北南三面临印度洋及其边缘海		
案例区描述	自然条件	北部属于热带，南部属于温带；北部年均温 27℃，南部 14℃。中西部以沙漠为主，干旱少雨，气温高，温差大；沿海地带，雨量充沛，气候湿润	
	社会经济	该国国土面积 769.2 万 km²，人口 2544 万人（2019 年），人均 GDP 为 67 742 美元（2013年）。农牧业用地 4.4 亿 hm²，占全国土地面积的 57%。农作物以小麦、大麦、棉花、高粱等为主，畜牧产品以牛肉、牛奶、羊肉、羊毛、家禽等为主，是世界上最大的羊毛和牛肉出口国	
生态退化问题：荒漠化			
退化问题描述	沙漠面积 269 万 km²，占国土面积的 35%。到 2006 年，共有 570 万 hm² 的土地盐渍化，主要分布在东南和西南角。目前约 500 万 km² 的土地属干旱和半干旱地区，68% 的地区存在荒漠化，其中 26%属严重荒漠化，16% 属极严重荒漠化		
驱动因子	自然：气候变化　　　人为：过度开垦、过度放牧		
现有主要技术			
技术名称	1. 季节性休牧、轮牧		2. 封山禁牧
效果评价			
存在问题	减税和补贴成本高		监管难度大，影响牧民收入
技术需求			
技术需求名称	1. 人工草地		2. 草地改良
功能和作用	改善草地群落结构和覆盖度及牧草供给		增加植被覆盖，提高存活率
推荐技术			
推荐技术名称	1. 土壤改良		2. 乡土种筛选与繁育
主要适用条件	严重退化、生产力下降的草地		非适地适草建造的人工草地

第5章　石漠化案例区生态技术评价

5.1　案例区介绍

石漠化案例区总计9个，其中亚洲8个，涉及1个国家（中国）；欧洲1个，涉及1个国家（斯洛文尼亚）。

5.1.1　亚洲案例区基本情况

1）广西壮族自治区百色市平果市果化镇石漠化区：位于广西壮族自治区西南部，以百色平果市果化镇龙河屯为中心，107°25′48″E～107°25′50″E，23°25′10″N～23°25′12″N。主要驱动因素为基岩裸露，土层贫瘠；过度开垦。

2）广西壮族自治区环江县峰丛洼地石漠化区：位于广西壮族自治区西北部，地处云贵高原东南缘，107°51′E～108°43′E，24°44′N～25°33′N。主要驱动因素为基岩裸露、干旱和内涝、侵蚀；过度开垦、过度樵采。

3）广西壮族自治区田阳区石漠化区：位于广西壮族自治区西部，右江河谷中部，106°52′48″E～106°52′51″E，23°49′12″N～23°49′13″N。主要驱动因素为水蚀，基岩裸露；过度开垦，水资源过度开发。

4）云南省楚雄彝族自治州元谋县石漠化区：地处滇中高原北部，101°35′E～102°6′E，5°23′N～26°6′N。主要驱动因素为水蚀；过度放牧、过度樵采。

5）云南省文山壮族苗族自治州西畴县石漠化区：位于云南省东南部，地处云贵高原逐渐向越南过渡地带，104°22′E～104°58′E，23°5′N～23°37′N。主要驱动因素为水蚀，基岩裸露；过度开垦，水资源过度开发。

6）云南省红河哈尼族彝族自治州泸西县三塘乡石漠化区：地处云南省东南部，红河州泸西县东南部，103°46′13″E～103°57′20″E，24°21′3″N～24°31′N。主要驱动因素为基岩裸露、地形陡峭；过度开垦，过度樵采。

7）贵州省毕节市鸭池镇石桥小流域石漠化区：地处川、滇、黔三省接合部，105°21′33″E～105°21′36″E，27°14′38″N～27°14′43″N。主要驱动因素为基岩裸露、地形陡峭、强降水；过度开垦。

8）贵州省关岭—贞丰花江石漠化区：地处贵州省西南部贞丰县北盘江镇顶坛片区，105°33′E～105°33′56″E，26°15′N～26°15′18″N。主要驱动因素为基岩裸露；过度开垦、过度樵采。

5.1.2　欧洲案例区基本情况

斯洛文尼亚石漠化区：位于欧洲中南部，巴尔干半岛西北端，14°31′E～14°48′E，46°3′N～46°14′N。主要驱动因素为流水溶蚀，外力作用；过度开垦、过度放牧。

5.2　生态技术种类及存在问题

从表 5-1 可以看出，针对石漠化的 9 个案例区，总计采用了 23 项技术进行治理。其中亚洲采用技术数量最多的是平果市果化镇（3 项），其次是环江县峰丛洼地（3 项），再次是泸西县三塘乡（3 项）。欧洲的石漠化区在斯洛文尼亚，采用了 1 项技术。

表 5-1　石漠化案例区治理技术主要种类及存在问题

	编号	案例区名称	技术数量	技术名称	存在问题
亚洲	1	平果市果化镇	3	土壤改良/表层岩溶水资源开发利用/经果林	成本高，推广限制条件多；地质环境脆弱；缺少产业链
	2	环江县峰丛洼地	3	封育/梯田/炸石造地	农民生计问题有待解决；管护成本高；施工成本高；增加地表扰动，施肥污染环境，新造地植被恢复缓慢
	3	田阳区	2	炸石造地/坡改梯	新造地植被恢复缓慢；维护成本高、收效慢
	4	元谋县	2	平台造林雨养植被/保水剂	未解决居民生计问题；后期病虫害严重，林分退化明显；维护成本高；缺少相应的配套措施
	5	西畴县	2	炸石造地/坡耕地改梯田	成本高，植被恢复难度大；维护成本高
	6	泸西县三塘乡	3	封育/经果林/坡改梯	核桃产量不稳定；成本较高
	7	鸭池镇石桥小流域	3	生物坡改梯/人工种草/封育	成本较高；可能存在物种适应性、物种入侵问题
	8	关岭—贞丰花江	3	封育/经果林/坡改梯	补贴成本高；花椒品种老化；配套设施成本高
欧洲	1	斯洛文尼亚	2	人工造林/建立自然保护区	幼苗存活率低、后期管护成本高；建设成本高
	总计		23		

5.3　生态技术空间分布

从表 5-2 可以看出，针对石漠化治理应用最多的技术是封育（4 项），主要分布在亚洲（中国）；其次是炸石造地（3 项），主要分布在亚洲（中国）；第三是坡改梯（3 项），主要分布在亚洲（中国）；第四是经果林（3 项），主要分布在亚洲（中国）；第五是土壤改良（1 项），主要分布在亚洲（中国）；第六是梯田（1 项），主要分布在亚洲（中国）；第七是生物坡改梯（1 项），主要分布在亚洲（中国）；第八是人工种草（粮草间作）（1 项），主要分布在亚洲（中国）；第九是人工造林（1 项），主要分布在欧洲（斯洛文尼亚）；第十是坡耕地改梯田（1 项），主要分布在亚洲（中国）。

表5-2　石漠化案例区治理技术分布情况

技术名称	技术数量	分布区域					主要国家
		亚洲	非洲	欧洲	美洲	大洋洲	
封育	4	4					中国
炸石造地	3	3					中国
坡改梯	3	3					中国
经果林	3	3					中国
土壤改良	1	1					中国
梯田	1	1					中国
生物坡改梯	1	1					中国
人工种草	1	1					中国
人工造林	1			1			斯洛文尼亚
坡耕地改梯田	1	1					中国
平台造林雨养植被	1	1					中国
建立自然保护区	1			1			斯洛文尼亚
表层岩溶水资源开发利用	1	1					中国
保水剂	1	1					中国
总计	23	21		2			

5.4　生态技术评价

生物类石漠化治理技术主要包括人工造林/草、经果林、平台造林 3 项技术；工程类技术主要包括梯田、炸石造地、草方格等 6 项技术；农作类技术包括土壤改良/保护 1 项技术；管理类技术包括围栏封育、建立自然保护区 2 项技术，共 12 项。石漠化治理中工程类技术运用最多，占治理技术数量的 53.85%，其次是生物类、管理类和农作类技术，分别占比为 23.08%、15.38% 和 7.69%。综合 4 类技术类型来看，综合指数≥0.8 的技术包括围栏封育（管理类）、炸石造地（工程类）、草方格（工程）技术 3 项技术，其中工程类 2 项，说明工程类技术在石漠化治理中不仅数量多且效果好。

表 5-3　石漠化治理技术评价与综合排序

技术名称		技术评价					
		技术推广潜力	技术应用难度	技术成熟度	技术效益	技术适宜性	综合指数
生物类	人工造林/草	3.33	3.50	4.33	3.83	4.00	0.76
	经果林	4	3	2	4	3.5	0.66
	平台造林	3.5	3	3	3	3.5	0.64
工程类	炸石造地	4.33	3.00	4.33	5.00	4.67	0.85
	草方格	5	1	5	5	4	0.80
	坡改梯	3.93	3.29	3.71	4.29	4.29	0.78
	梯田	4	2	4.5	3.5	4	0.72
	保水剂	3	4.5	4	3	3	0.70
	水资源利用/保护	5	2	3	3	4	0.68
农作类	土壤改良/培肥	3.5	3	3	4	3.5	0.68
管理类	围栏封育	4.50	3.83	4.15	4.67	4.72	0.87
	建立自然保护区	5	3	3	4	4	0.76

本章附录　石漠化案例区"一区一表"

亚洲：(1)　广西壮族自治区百色市平果市果化镇石漠化区	
地理位置	位于广西壮族自治区西南部，以百色市平果市果化镇龙河屯为中心，107°25′48″E～107°25′50″E，23°25′10″N～23°25′12″N

案例区 描述	自然 条件	属亚热带季风性湿润气候，年均降水量约1500mm，5～8月降水占全年的65%；总面积2000hm²，海拔110～570m；典型的喀斯特峰丛洼地，纯灰岩和硅质灰岩，土层贫瘠，水土流失严重；治理前植被覆盖率不足10%，乔木树种单一
	社会 经济	2000年，果化镇人均耕地面积不足0.06hm²，粮食作物以玉米、黄豆为主，绝大部分耕地没有基本的灌溉条件或设施，田间管理粗放，作物产量低（玉米不足3000kg/hm²），种养和劳务输出是主要来源，人均年收入658元

生态退化问题：石漠化	
退化问题描述	2004～2005年，重度石漠化占61.5%，中度石漠化占16.5%
驱动因子	自然：基岩裸露，土层贫瘠　　　人为：过度开垦
治理阶段	示范区植被覆盖率由2000年的10%提高到70%，土壤侵蚀模数由1550t/(km²·a)下降到511t/(km²·a)

现有主要技术		
技术名称	1. 土壤改良	2. 表层岩溶水资源开发利用	3. 经果林
效果评价			
存在问题	成本高，推广限制条件多	成本高，地质环境脆弱	适宜性问题，缺少产业链

技术需求		
技术需求名称	1. 岩溶地下水资源开发	2. 绿色种植土壤改良
功能和作用	解决地表水快速流失和干旱问题	改善土壤肥力

推荐技术		
推荐技术名称	1. 表层岩溶泉蓄引取水	2. 土壤改良益生菌
主要适用条件	开采深部岩溶水困难的山区	计划土壤改良的区域

(2)　广西壮族自治区环江县峰丛洼地石漠化区			
地理位置	地处广西壮族自治区西北部，地处云贵高原东南缘，107°51′E ~ 108°43′E，24°44′N ~ 25°33′N		
案例区 描述	自然 条件	亚热带季风性湿润气候，平均海拔 300 ~ 800m，年均气温 20℃，1 月平均气温 10.1℃，7 月平均气温 28℃；无霜期 290 天，年均日照时数 145.1h；年均降水量 1580mm，年均蒸发量 1510mm；成土母岩为白云岩、石灰岩和砂页岩，土壤多为黑色石灰土和红壤	
	社会 经济	2017 年末全县户籍总人口 37.69 万人，常住人口 28.21 万人，其中农村人口 19.55 万人，占常住人口的 69.30%；2017 年全县人均 GDP 18316 元，农村居民人均可支配收入 8122 元	

生态退化问题：石漠化			
退化问题描述	石漠化土地面积大、分布广、程度重。森林覆盖率不足 6%，村屯附近石漠化现象严重。全县有岩溶土地 328 697.7hm²，占全县面积的 72.2%，占广西岩溶土地面积的 3.9%，其中石漠化面积 29 176.6hm²，潜在石漠化土地 124 483.6hm²。岩溶区耕地面积约 5800hm²，占全县耕地面积的 5%，人均耕地面积不足 0.1hm²。土地石漠化每年造成大量水土流失和耕地破坏，洪涝、山体滑坡等次生灾害频发。因灾损失 1000 余万元，超 10 万人基本生存条件受到威胁		
驱动因子	自然：基岩裸露、干旱和内涝、侵蚀　　　人为：过度开垦、过度樵采		
治理阶段	1996 年，迁出约 40% 村民，共计 75 户 220 人，在生态移民、石山生态恢复的基础上，发展果树和种草养殖业，但尚未形成稳定产业		

现有主要技术			
技术名称	1. 封育	2. 梯田	3. 炸石造地
效果评价			
存在问题	农民生计问题有待解决；管护成本高	施工成本高；增加地表扰动；施肥污染环境	成本高，新造地植被恢复缓慢

技术需求		
技术需求名称	1. 水土漏失阻控技术	2. 土壤保水技术
功能和作用	土壤保持/蓄水保水/增加土壤抗蚀性/拦截径流	蓄水保水

推荐技术		
推荐技术名称	1. 保水剂	2. 岩溶洼地工程排水技术
主要适用条件	年降水量 200mm 以上（400mm 以上效果更佳）	岩溶洼地落水洞

(3) 广西壮族自治区田阳区石漠化区		
地理位置	位于广西壮族自治区西部，右江河谷中部，106°52′48″E ~ 106°52′51″E，23°49′12″N ~ 23°49′13″N	
案例区描述	自然条件	属南亚热带季风气候，光照充足，热量丰富，年均气温 18 ~ 22℃，无霜期 307 ~ 352 天，年均降水量 1100 ~ 1350mm，是全区降水量最少的地方。田阳有平原台地、丘陵、山地三种地形，海拔最高 1250.8m、最低 250m。南部石山区为喀斯特岩溶地貌，北部土山区为砂页岩地貌
	社会经济	2018 年末，田阳区常住人口 32.8 万人，其中壮族占 90%。2018 年，GDP 158 亿元。2020 年，居民人均可支配收入 23 532 元，城镇和农村人均可支配收入分别为 35 106 元和 15 710 元
生态退化问题：石漠化		
退化问题描述	田阳区南部岩溶区石漠化土地 101.1 万亩，占岩溶区总面积的 51.7%。其中，极强度石漠化 29.3 万亩，强度石漠化 52.4 万亩，中度石漠化 17.2 万亩，轻度石漠化 2.2 万亩。暴雨或干旱季节，因受石漠化严重影响，当地居民的生产生活极为困难	
驱动因子	自然：水蚀，基岩裸露　　　人为：过度开垦，水资源过度开发	
治理阶段	2001 年，当地开始治理石漠化；2014 年，已完成治理面积 36 200hm²，封山育林 3000hm²；处于治理中期，治理虽有成效，但仍面临任务重、投入不足等挑战	
现有主要技术		
技术名称	1. 炸石造地	2. 坡改梯
效果评价		
存在问题	成本高，新造地植被恢复缓慢	维护成本高、收效慢
技术需求		
技术需求名称	1. 水土流失阻控技术	2. 土壤保水技术
功能和作用	农田保护、蓄水保水	蓄水保水
推荐技术		
推荐技术名称	1. 新材料保水剂	2. 种植适宜的经果林
主要适用条件	水资源缺乏区	缓坡地、梯田

（4）云南省楚雄彝族自治州元谋县石漠化区			
地理位置	位于云南省楚雄彝族自治州境内，地处滇中高原北部，101°35′E～102°6′E，5°23′N～26°6′N，东倚武定，南接禄丰，西邻大姚，北接四川会理，西南与牟定接壤，西北与永仁毗连		
案例区描述	自然条件	南亚热带干热季风气候，年均气温 21.9℃，年均日照时数 2670.4h，年均降水量 613.8mm，年蒸发量为年降水量的 6.4 倍。年均相对湿度 53%。多东南风，年均风速 2.5m/s。海拔 2300～2400m 的阳坡为紫色土，冲积土分布在河流两岸，水稻土多分布于低海拔地带	
	社会经济	2004 年，元谋县总人口 206 528 人，农业人口 185 884 人，占 90%，GDP 达到 26.3 亿元，城镇居民人均可支配收入和农村居民人均可支配收入分别为 21 560 元、7092 元	
生态退化问题：石漠化和水土流失			
退化问题描述	植被类型、结构退化；土壤生物性、营养性退化		
驱动因子	自然：水蚀　　　人为：过度放牧、过度樵采		
治理阶段	地处高原腹地，光照强烈，气候干旱，土壤稀少，水土流失严重。以耐旱耐贫瘠的芦荟、仙人掌等沙生植物为主，辅以甘草、沙棘等抗旱型低草灌木进行带土栽培，实现保壤蓄水。在此基础上，在人口密集区开展保土整改，最后，加大投入，大力兴建引水管道和分散式封闭式蓄水池，以及推广节水式农业技术		
现有主要技术			
技术名称	1. 平台造林雨养植被恢复		2. 保水剂
效果评价			
存在问题	未解决居民生计问题；初期成活率高，但后期病虫害严重，林分退化明显		维护成本高；缺少相应的配套措施；未解决居民生计问题
技术需求			
技术需求名称	1. 提质增效林分改造		2. 土壤改良
功能和作用	蓄水保水，维持生物多样性，防灾减灾，调整与优化树种组成，增强林分抗性，提升林分质量与生态功能		蓄水保水；改良土壤性质，提高土壤蓄水保水能力，提高造林保存率，促进林木生长发育
推荐技术			
推荐技术名称	1. 脆弱区森林可持续经营与管理		2. 间种木豆等豆科植物土壤改良
主要适用条件	针对低价值林分形成机理选择适宜的林分改造技术；根据坡度、林下植被状况选择主伐更新方式		主要在地势平坦之地使用，同时控制植被覆盖度，实现水量平衡

（5）云南省文山壮族苗族自治州西畴县石漠化区

地理位置	位于云南省东南部，隶属文山壮族苗族自治州，地处云贵高原逐渐向越南过渡地带，104°22′E ~ 104°58′E，23°05′N ~ 23°37′N，北回归线横贯县境	
案例区描述	自然条件	云贵高原南部边缘山地季风气候，气候特点是"冬无严寒，夏无酷暑，温湿多雨，干湿季分明，立体气候明显"，年均气温 15.9℃，年均霜日 9.5 天，年均冰雹 2.1 次。年均降水量为 1294mm，相对湿度 82%，年日照时数 1500 ~ 1600h。林业用地面积 88 101.5hm^2，占全县土地总面积的 58.5%
	社会经济	2017 年，西畴县常住人口 26.30 万人，城镇化率 32.40%，GDP 达 37.68 亿元，人均 GDP 达到 14 356 元，城镇常住居民人均可支配收入 25 307 元，农村常住居民人均可支配收入 8715 元

生态退化问题：石漠化	
退化问题描述	石漠化、半石漠化、潜在石漠化总面积 78 900hm^2，占岩溶总面积的 73.2%
驱动因子	自然：水蚀，基岩裸露　　　人为：过度开垦，水资源过度开发
治理阶段	持续对"山、水、林、田、路、村"实施石漠化综合治理，以兴街镇江龙村为试点，总结出了"六子登科"模式（山顶戴帽子、山腰系带子、山脚搭台子、平地铺毯子、入户建池子、村庄移位子）

现有主要技术		
技术名称	1. 炸石造地	2. 坡耕地改梯田
效果评价		
存在问题	成本高，植被恢复难度大	维护成本高

技术需求		
技术需求名称	1. 提高蓄水保水能力	2. 控制漏蚀
功能和作用	农田保护、蓄水保水	蓄水保水

推荐技术		
推荐技术名称	1. 新材料保水剂	2. 炸石造地，高标准农田建设
主要适用条件	水资源缺乏区	有耕作条件的区域

（6）云南省红河哈尼族彝族自治州泸西县三塘乡石漠化区

地理位置	地处云南省东南部，红河哈尼族彝族自治州泸西县东南部，103°46′13″E~103°57′20″E，24°21′3″N~24°31′N		
案例区描述	自然条件	境内山高坡陡，属典型的高寒、干热、河谷、岩溶地带。最高海拔2459m，最低海拔820m，位于南盘江小河口，气候差别较大。年平均气温13~14℃，年降水量1000mm左右，气温较低，影响农作物的生长发育；水资源匮乏，有效浇灌面积较少，大部分耕地属雨养农业，农作物产量低而不稳；以石灰岩红壤、砂页岩黄红壤为主	
	社会经济	三塘乡总面积216km²，其中林地9487.73hm²，占42.21%；耕地面积6506.93hm²，占28.7%。三塘乡农作物主产玉米、马铃薯、小麦、荞子，经济作物以烤烟、油料、除虫菊、杜仲为主。该乡荒山荒坡较多，发展牧业潜力大，家庭主要饲养牛、马、骡、山（绵）羊、猪等牲畜	

生态退化问题：石漠化			
退化问题描述	泸西县土地面积1674km²，其中石漠化总面积746.61km²，占全县面积的44.6%。特点为"壮年小树被盗伐，砍倒林木就开荒，耕地多林地少，只见红土不见树"		
驱动因子	自然：基岩裸露、地形陡峭		人为：过度开垦，过度樵采
治理阶段	2010年开始综合治理，水资源开发利用；项目区修建田间生产道路、排灌沟渠、水池水窖		

现有主要技术			
技术名称	1. 封育	2. 经果林	3. 坡改梯
效果评价			
存在问题	暂无	核桃产量不稳定	成本较高

技术需求			
技术需求名称	1. 耐干旱贫瘠、抗逆性强树种		2. 水资源开发利用
功能和作用	土壤保持/蓄水保水/增加土壤抗蚀性		蓄水保水/社会效益

推荐技术		
推荐技术名称	1. 欧李（钙果）种植	2. 地下河提水
主要适用条件	阳坡砂地、山地灌丛，海拔100~1800m	岩溶地下水富集处

(7) 贵州省毕节市鸭池镇石桥小流域石漠化区

地理位置	位于贵州省西北部，地处川、滇、黔三省接合部，105°21′33″E～105°21′36″E，27°14′38″N～27°14′43″N	
案例区描述	自然条件	流域面积854.10hm²，喀斯特面积占90.9%。属喀斯特高原峰丛山地地貌区，气候温凉，年均气温14.03℃，水源点大多出露低洼地带；现存植被为次生林，大部分分布在山坡中上部
	社会经济	该流域农地多分布在山坡上，水资源利用困难，灌溉用水和人畜饮水较为困难。坡耕地占比大于90%，综合生产力低且产量不稳定，人口密度大（374人/km²），99.8%为农业人口

生态退化问题：石漠化	
退化问题描述	陡坡开垦，植被破坏。流域面积中52.8%发生轻度及以上等级石漠化，耕地的60%发生石漠化
驱动因子	自然：基岩裸露、地形陡峭、强降水　　　人为：过度开垦
治理阶段	2006～2010年进行封山育林、人工造林、农田水利建设等试验示范，并在石桥小流域工程空间上优化组合配套

现有主要技术			
技术名称	1. 生物坡改梯	2. 人工种草（粮草间作）	3. 封育
效果评价			
存在问题	成本较高	物种适应性、物种入侵	暂无

技术需求		
技术需求名称	1. 坡改梯高效生物配套	2. 本土草种筛选
功能和作用	土壤保持/蓄水保水/增加植被覆盖	增加植被覆盖

推荐技术		
推荐技术名称	1. 经济型生物地埂	2. 筛选本地野生优良草种
主要适用条件	耗水小的作物	植被退化区域

（8）贵州省关岭—贞丰花江石漠化区

地理位置	地处贵州省西南部贞丰县北盘江镇顶坛片区，105°33′E ~ 105°33′56″E，26°15′N ~ 26°15′28″N

案例区描述	自然条件	北盘江镇南岸的高温石灰岩河谷地带，海拔 565 ~ 1432m，地形自西南向东北倾斜，切割较强，耕地零星破碎，碳酸盐岩广泛分布，水源奇缺；气温时空分布不均，5 ~ 10 月降水量占全年总降水量的 83%，海拔 850m 以下为南亚热带干热河谷气候，900m 以上为中亚热带河谷气候，95% 的面积为石旮旯地
	社会经济	1990 年以前，顶坛片区人均粮食不足 100kg/a，人均纯收入不足 200 元，是全县最贫困的地区。治理前，片区内 95% 的人长期靠吃救济粮；治理后，片区 95% 以上农户都种花椒，2008 年底，人均纯收入达到 5000 多元

生态退化问题：石漠化

退化问题描述	土壤肥力低，荒山荒坡及石质坡地占用比例过高，原生植被破坏严重，村民放火烧山、毁林毁草种地开垦，加剧水土流失，导致石漠化严重。2006 年以前，各类土地 67.9% 发生轻度及以上石漠化，中度石漠化比例达 37.8%
驱动因子	**自然**：基岩裸露　　**人为**：过度开垦、过度樵采
治理阶段	1992 年开始，以 "因时因地制宜，改善生态环境，依靠中粮稳农，种植花椒致富" 的治理思路，在顶坛片区发展花椒生产

现有主要技术			
技术名称	1. 封育	2. 经果林	3. 坡改梯
效果评价			
存在问题	封育补贴成本高	产量不稳定，花椒品种老化	机整梯田和配套设施成本高

技术需求		
技术需求名称	1. 花椒高产技术	2. 稳定的替代性生活用新能源
功能和作用	提高经济效益，保持水土	维持植被覆盖/提高社会效益

推荐技术		
推荐技术名称	1. 花椒高产种植和管理技术+林下种养	2. 小型沼气工程联户供气+生物质能源利用
主要适用条件	缓坡地、梯田	有畜禽粪便来源的养殖户

欧洲：斯洛文尼亚石漠化区		
地理位置	位于欧洲中南部，巴尔干半岛西北端，14°31′E～14°48′E，46°3′N～46°14′N。西接意大利，北邻奥地利和匈牙利，东部和南部与克罗地亚接壤，西南濒亚得里亚海	

案例区描述	自然条件	气候分山地气候、大陆性气候和地中海气候。夏季平均气温21.3℃，冬季平均气温-0.6℃，年均气温10.7℃。森林和水资源丰富，森林覆盖率66%。特里格拉夫峰为境内最高山峰，海拔2864m
	社会经济	该国国土面积20 273km²，人口209万人（2019年）。农业在国民经济中的占比逐年下降。农业用地48万hm²（2018年），农业人口8万人。2019年人均GDP 2.2万欧元（约合2.6万美元），人均月收入215欧元（约合254.15美元）

生态退化问题：石漠化		
退化问题描述	近9000km²为喀斯特石漠化地貌，主要分布在第纳尔山地和北部的东阿尔卑斯山区	
驱动因子	自然：流水溶蚀，外力作用　　人为：过度开垦、过度放牧	

现有主要技术		
技术名称	1. 人工造林	2. 建立自然保护区
效果评价		
存在问题	幼苗存活率低、后期管护成本高	建设成本较高、后期管护投入高

技术需求		
技术需求名称	1. 水资源高效利用	2. 农林复合经营
功能和作用	蓄水保水、增加产量	提高产品多样性、充分发挥土地潜力

推荐技术		
推荐技术名称	1. 集雨滴灌	2. 地埂灌木+台地经济林
主要适用条件	降水量小且地下水资源缺乏的地区	立地条件较好的宜林山地

第6章 退化生态系统案例区生态技术应用

6.1 案例区介绍

退化生态系统案例区总计 76 个, 其中亚洲 58 个, 涉及 10 个国家 (中国、巴基斯坦、尼泊尔、斯里兰卡、塔吉克斯坦、老挝、孟加拉国、蒙古国、乌兹别克斯坦、叙利亚); 非洲 4 个, 涉及 4 个国家 (马拉维、肯尼亚、埃及、尼日尔); 欧洲 10 个, 涉及 5 个国家 (英国、荷兰、德国、挪威、希腊); 美洲 3 个, 涉及 3 个国家 (加拿大、秘鲁、美国); 大洋洲 1 个, 涉及 1 个国家 (澳大利亚)。

6.1.1 亚洲案例区基本情况

1) 上海市生态系统退化区: 位于长江三角洲地区、长江入海口, 120°52′E ~ 122°12′E, 30°40′N ~ 31.53′N。东临中国东海, 北、西与江苏、浙江两省相接。主要驱动因素为水力侵蚀; 土地过度利用、城镇化。

2) 吉林省松原市农田退化区: 地处吉林省中西部, 哈尔滨、长春、大庆三角地带, 123°6′E ~ 123°6′37″E, 43°42′56″N ~ 43°59′N。主要驱动因素为干旱、风蚀; 过度开垦、石油开采。

3) 河南省邓州市农田退化区: 位于河南省西南部, 111°37′12″E ~ 111°19′48″E, 32°22′12″N ~ 32°58′48″N。主要驱动因素为干旱; 过度开垦。

4) 宁夏回族自治区中卫市草地退化区: 位于宁甘蒙三省交界、腾格里沙漠东南缘, 104°17′E ~ 106°10′E, 36°6′N ~ 37°50′N。主要驱动因素为干旱、风蚀; 过度开垦、过度放牧、水资源过度开发。

5) 宁夏回族自治区吴忠市草地退化区: 地处宁夏回族自治区东部, 属鄂尔多斯高原, 北接毛乌素沙地, 南靠黄土高原, 106°33′E ~ 107°47′E, 37°4′N ~ 38°10′N。主要驱动因素为干旱、风蚀; 过度放牧、过度人类活动。

6) 宁夏回族自治区吴忠市盐池县草地退化区: 位于宁夏回族自治区东部, 属鄂尔多斯高原, 北接毛乌素沙地, 南靠黄土高原, 106°33′E ~ 107°47′E, 37°4′N ~ 38°10′N。主要驱动因素为干旱、风蚀; 过度放牧、过度人类活动。

7) 内蒙古自治区太仆寺旗贡宝拉格苏木盐碱化草地: 位处太仆寺旗南端, 南面与河北省沽源交界, 西面和河北省康保相邻, 119°14′E ~ 125°57′E, 43°50′N ~ 45°50′N。主要驱动因素为干旱; 过度利用。

8) 内蒙古自治区锡林郭勒盟多伦县草地退化区: 处于锡林郭勒盟南端、阴山北麓东端，115°30′E～116°55′E，41°45′N～42°39′N。主要驱动因素为风蚀、水蚀；过度开垦、过度放牧。

9）内蒙古自治区锡林郭勒盟锡林浩特市草地退化区：地处内蒙古自治区中部，是锡林郭勒盟盟府所在地，115°18′10″E～117°6′10″E，43°2′5″N～44°52′5″N。主要驱动因素为干旱；水资源过度开采、过度开垦、过度放牧。

10）内蒙古自治区锡林郭勒盟草地退化区（a）：地处内蒙古自治区中部，115°13′10″E～117°6′20″E，43°2′10″N～44°52′20″N。主要驱动因素为干旱、风蚀；基础设施建设、过度放牧。

11）内蒙古自治区锡林郭勒盟草地退化区（b）：位于内蒙古自治区中部，115°13′E～117°6′E，43°2′N～44°52′N。主要驱动因素为干旱；过度开垦、过度放牧。

12）内蒙古自治区锡林郭勒盟正蓝旗草地退化区：地处内蒙古自治区中部，锡林郭勒盟草原东南边缘，115°E～116°42′10″E，41°56′N～43°11′20″N。主要驱动因素为风蚀、干旱；过度放牧。

13）内蒙古自治区阿拉善左旗草地退化区：位于内蒙古自治区西部，亚洲荒漠区东部，105°42′E～105°42′48″E，38°50′N～38°50′01″N。主要驱动因素为干旱、风蚀；过度开垦、过度放牧。

14）内蒙古自治区阿拉善盟荒漠化区：地处内蒙古自治区最西部，东、东北与乌海、巴彦淖尔、鄂尔多斯三市相连，南、东南与宁夏回族自治区毗邻，西、西南与甘肃省接壤，北与蒙古国交界，97°12′E～126°4′E、37°24′N～53°23′N。主要驱动因素为风蚀、盐渍化；过度放牧。

15）内蒙古自治区赤峰市阿鲁科尔沁旗草地退化区：地处内蒙古自治区东部、赤峰市东北部，与通辽市、锡林郭勒盟接壤，119°2′15″E～121°1′E，43°21′43″N～45°24′20″N。主要驱动因素为干旱、风蚀；过度放牧。

16）内蒙古自治区鄂尔多斯市草地退化区：位于内蒙古自治区西南部，地处鄂尔多斯高原腹地，106°42′40″E～111°27′20″E，37°35′24″N～40°51′40″N。主要驱动因素为风蚀、干旱、气候变化；过度开垦、过度放牧、水资源过度开采、工矿开采。

17）内蒙古自治区鄂托克旗草地退化区：位于鄂尔多斯市西部，106°41′E～108°54′E，38°18′N～40°11′N。主要驱动因素为风蚀、干旱、气候变化；过度开垦、过度放牧、水资源过度开采、工矿开采。

18）内蒙古自治区四子王旗草地退化区：位于内蒙古自治区中部，110°20′E～113°30′E、41°10′N～43°22′N。主要驱动因素为风蚀、干旱；过度开垦、过度放牧。

19）内蒙古自治区浑善达克草地沙化区：位于内蒙古自治区中部锡林郭勒草地南部，115°16′12″E～115°21′06″E，42°49′48″N～42°54′09″N。主要驱动因素为干旱、大风；过度开垦、过度放牧。

20）三江源高寒草地退化区（a）：青藏高原腹地，青海省南部，西南与西藏自治区相邻，东部与四川省毗邻，89°24′E～102°41′E，31°39′N～36°16′N，为长江、黄河、澜沧江三条大河的发源地。主要驱动因素为气候暖干化、鼠害；超载过牧。

21）三江源高寒草地退化区（b）：主要驱动因素为气候暖干化、鼠害；超载过牧。

22）青海省三江源黑土滩草地退化区：处于青海省南部，89°24′E ~ 102°15′E，31°32′N ~ 36°16′N，主要驱动因素为干旱、风蚀；过度开垦、过度放牧。

23）青海省果洛藏族自治州草地退化区：地处青海省东南部，青藏高原腹地，96°54′E ~ 101°51′E，32°31′N ~ 35°37′N。主要驱动因素为干旱、水蚀、风蚀；过度放牧。

24）青海省海南藏族自治州草地退化区：地处青海省东部，青海湖之南，98°55′E ~ 105°50′E，34°38′N ~ 37°10′N。主要驱动因素为生态环境脆弱、风蚀、水蚀；过度人类活动、过度采药。

25）西藏自治区拉萨市林周县高寒草地退化区（a）：处于西藏自治区中部、拉萨河上游，90°51′E ~ 91°28′E，29°45′N ~ 30°8′N。主要驱动因素为冻融、鼠兔灾害；过度放牧。

26）西藏自治区拉萨市林周县高寒草地退化区（b）：主要驱动因素为冻融、鼠兔灾害；过度放牧。

27）甘肃省张掖市肃南裕固族自治县草地退化区：位于张掖市南部，河西走廊中段，祁连山北麓，整个区域横跨河西五市，97°20′E ~ 102°12′E，37°28′N ~ 39°4′N。主要驱动因素为干旱；过度放牧。

28）吉林省松原市长岭县草地退化区：位于吉林省西部、松嫩平原东南部，123°6′E ~ 124°45′E，43°59′N ~ 44°42′N。主要驱动因素为干旱、风蚀；过度开垦、过度放牧。

29）黑龙江省东北三江平原湿地退化区（a）：位于黑龙江省东北部，西起小兴安岭东南端，东至乌苏里江，北自黑龙江畔，南抵兴凯湖，127°30′E ~ 128°05′E，46°52′48″N ~ 47°03′18″N。主要驱动因素为干旱；过度开垦。

30）黑龙江省东北三江平原湿地退化区（b）：主要驱动因素为气候变化；过度开垦。

31）辽宁省盘锦市辽河三角洲湿地退化区（a）：地处辽河、大辽河入海口交汇处，辽东湾顶部，位于盘锦市境内，121°35′20″E ~ 122°40′03″E，40°52′10″N ~ 41°59′01″N。主要驱动因素为干旱；过度开垦、油田开采。

32）辽宁省盘锦市辽河三角洲湿地退化区（b）：主要驱动因素为干旱；过度开垦、过度开采。

33）河北省白洋淀湿地退化区：位于河北省中部，地处京津冀腹地，115°45′E ~ 116°7′E，38°44′N ~ 38°59′N。主要驱动因素为干旱；过度人类活动。

34）湖北省恩施土家族苗族自治州利川市湿地退化区：湿地退化区范围涉及利川市柏杨坝镇红岩、偏岩、罗圈、幺棚、龙塘等9个村，108°21′E ~ 109°18′E，29°42′N ~ 30°39′N。主要驱动因素为气候变化；过度采伐，过度开垦。

35）江西省九江市都昌县鄱阳湖湿地退化区（a）：116°15′36″E ~ 116°45′E，29°8′24″N ~ 29°45′N。主要驱动因素为气候变化；过度开垦。

36）江西省九江市都昌县鄱阳湖湿地退化区（b）：主要驱动因素为干旱、气候变暖；过度开垦。

37）河北省保定市水体污染区：位于河北省中部，116°3′E ~ 116°4′E，38°46′12″N ~ 38°47′N。主要驱动因素为干旱；工业排放、底泥淤积。

38）巴基斯坦旁遮普省生态系统退化区：位于巴基斯坦北部，东邻印度的东旁遮普省和查谟和克什米尔省，南接巴哈瓦尔布尔土邦，西南方为俾路支省和信德省，72°42′E ~ 72°42′06″E，31°10′N ~ 31°10′02″N。主要驱动因素为干旱；土地过度利用、过度放牧耕作。

39）尼泊尔加德满都生态系统退化区：位于尼泊尔中南部，加德满都谷地的西北部，巴格马提河和比兴马提河交汇处，85°20′E ~ 85°20′40″E，27°42′N ~ 27°43′01″N。主要驱动因素为气候干旱、水蚀；土地过度利用、过度放牧。

40）斯里兰卡生态系统退化区：处于亚洲南部，79°42′E ~ 81°53′E，5°55′N ~ 9°50′N。属于南亚次大陆以南印度洋上的岛国，西北隔保克海峡与印度相望。主要驱动因素为水蚀；水体污染。

41）塔吉克斯坦耕地退化区：位于中亚东南部，68°51′E ~ 68°51′56″E，38°38′N ~ 38°39′10″N。北邻吉尔吉斯斯坦，西邻乌兹别克斯坦，南与阿富汗接壤，东接中国。主要驱动因素为风蚀、气候变化；过度放牧、过度采伐。

42）老挝森林退化区：位于中南半岛北部，102°48′E ~ 102°48′51″E，18°1′N ~ 19°20′N。北邻中国，南接柬埔寨，东临越南，西北达缅甸，西南毗连泰国。主要驱动因素为气候变化、旱涝灾害；过度采伐。

43）孟加拉国迪纳杰布尔县森林退化区：位于孟加拉国西北部，89°3′E ~ 89°43′E，25°25′12″N ~ 25°25′49″N。主要驱动因素为干旱；土地过度开垦和侵蚀。

44）孟加拉国达卡专区加济布尔县森林退化区：地处孟加拉国中部偏东，83°34′48″E ~ 83°34′51″E，25°35′24″N ~ 25°35′31″N。主要驱动因素为季节性干旱；过度开垦农田、砍伐森林，工业化。

45）孟加拉国盖尔县马杜布尔萨尔森林退化区：位于孟加拉国中部，89°57′E ~ 90°10′12″E，24°31′12″N ~ 24°46′48″N。主要驱动因素为暴雨；过度开垦农田和砍伐森林。

46）孟加拉国坚德布尔县红树林退化区：位于孟加拉国中部吉大港区，西界梅克纳河，地处梅克纳河河口，90°30′E ~ 91°30′E，21°45′N ~ 23°30′N。主要驱动因素为河岸侵蚀；过度放牧与开垦。

47）蒙古国巴彦洪果尔省草地退化区：位于蒙古国西南部，南与中国接壤，99°24′25″E ~ 99°30′03″E，45°29′28″N ~ 45°30′01″N。主要驱动因素为干旱、风蚀；过度放牧、采矿。

48）尼泊尔草地退化区：位于喜马拉雅山中段南麓，北与中国西藏接壤，东、西、南三面被印度包围，85°19′E ~ 85°20′E，27°42′N ~ 27°42′10″N。主要驱动因素为气候干旱、水蚀；过度放牧。

49）塔吉克斯坦草地退化区：位于中亚东南部，68°51′E ~ 68°52′E，38°38′N ~ 38°38′54″N。主要驱动因素为风蚀、气候变化；过度放牧、过度采伐。

50）孟加拉国加济布尔县湿地退化区：地处孟加拉国中部偏东，83°35′24″E ~ 83°35′53″E，25°35′24″N ~ 25°35′28″N。主要驱动因素为干旱；化学污染。

51）乌兹别克斯坦咸海湿地退化区：位于中亚腹地，60°E ~ 60°10′E，45°N ~ 45°23′N。主要驱动因素为气候变化；引水灌溉工程、过度开垦。

52）孟加拉国班多尔班县农田和森林退化区：位于孟加拉国东南部吉大港区，92°22′12″E ~ 92°27′01″E，22°19′12″N ~ 22°21′03″N。主要驱动因素为暴雨；化学污染、农田过度开发和森林过度采伐。

53）孟加拉国苏纳姆甘杰县农田和湿地退化区：位于孟加拉国东北部锡尔赫特区，91°48′E~91°50′E，25°8′24″N~25°8′30″N。主要驱动因素为水侵蚀；化学污染和土地过度开垦。

54）孟加拉国科克斯巴扎尔县森林和农田退化区：位于孟加拉国东南部吉大港区，东接缅甸，西临孟加拉湾，92°36′E~92°39′E，21°26′24″N~21°26′50″N。主要驱动因素为干旱；土地过度开垦。

55）孟加拉国杰索尔县草地、农田和湿地退化区：位于89°9′E~89°9′27″E，23°18′N~23°18′41″N。主要驱动因素为干旱；土地过度开垦、化学污染。

56）叙利亚贾巴勒萨曼县农田和草地退化区：位于叙利亚北部，37°41′2″E~37°41′9″E，35°57′N~35°57′58″N。主要驱动因素为干旱；过度开垦和放牧。

57）塔吉克斯坦阿姆河流域草地和湿地退化区：位于塔吉克斯坦中西部，68°45′E~68°45′12″E，39°3′N~39°3′18″N。主要驱动因素为干旱；水资源过度开发和过度放牧。

58）孟加拉国拉杰沙希县土壤退化区：南面恒河，与印度相邻，88°36′E~88°36′08″E，24°22′12″N~24°22′15″N。主要驱动因素为季节性干旱；化学污染和农田过度开垦。

6.1.2　非洲案例区基本情况

1）马拉维布兰太尔市森林退化区：位于该国南部，34°59′24″E~34°59′58″E，15°47′24″N~15°47′30″N。主要驱动因素为气候变化；过度采伐。

2）肯尼亚马萨比特市草地退化区：位于肯尼亚北部，由火山活动形成的小范围熔岩高原，7°57′40″E~7°58′E，2°18′43″N~2°18′56″N。主要驱动因素为干旱；过度放牧。

3）埃及尼罗河流域农田和湿地退化区：位于埃及北部，31°13′12″E~31°13′14″E，29°16′48″N~29°16′57″N。主要驱动因素为干旱；土地过度开垦、水资源过度开发。

4）尼日尔蒂拉贝里省农田和草地退化区：位于尼日尔西南部，1°23′4″E~1°23′12″E，14°12′36″N~14°12′44″N。主要驱动因素为干旱；过度开垦和放牧。

6.1.3　欧洲案例区基本情况

1）英国爱丁堡市生态系统退化区：位于苏格兰中部，地处福斯湾南岸，3°13′W~3°13′03″W，55°57′N~55°57′14″N。主要驱动因素为水蚀；土地过度利用、化工污染。

2）英国牛津郡生态系统退化区：位于英国英格兰南部，1°15′W~1°25′09″W，51°45′N~51°45′08″N。主要驱动因素为干旱、风力侵蚀；土地过度利用。

3）荷兰埃因霍温市生态系统退化区：位于荷兰南部布拉邦省，5°29′4″W~5°29′10″W，51°26′27″N~51°26′30″N。主要驱动因素为干旱、水蚀；土地过度利用、化学污染。

4）德国费尔贝林生态系统退化区：位于德国东北部的勃兰登堡州，12°34′W~12°34′29″W，52°49′N~52°49′21″N。主要驱动因素为干旱、风蚀；土地过度利用、密集耕作。

5）德国不来梅市湿地退化区：位于德国西北部，8°42′6″W~8°42′16″W，53°4′2″N~

53°4′6″N。主要驱动因素为干旱、风蚀、气候变化；土地过度利用。

6）荷兰乌得勒支市农田和湿地退化区：位于荷兰中部，5°8′24″E ~ 5°8′27″E，52°5′24″N ~ 52°5′29″N。主要驱动因素为洪涝、极端天气；基础设施建设。

7）挪威阿克什胡斯郡土地盐碱化区：位于北欧斯堪的纳维亚半岛西部，10°45′E ~ 10°45′13″E，59°54′N ~ 59°54′07″N。主要驱动因素为水蚀；过度开垦。

8）荷兰林堡省盐碱化区：位于荷兰南部，东邻德国，南毗比利时，5°56′24″E ~ 5°56′55″E，51°12′10″N ~ 51°12′16″N。主要驱动因素为海水渗漏；过度开垦。

9）希腊土地盐碱化及草地退化区：位于巴尔干半岛最南端，23°44′E ~ 23°47′E，38°2′N ~ 38°4′N。主要驱动因素为气候变化；过度放牧。

10）德国亚琛工业区工业污染区：位于德国北莱茵-威斯特法伦州，6°12′E ~ 6°12′02″E，50°52′48″N ~ 50°52′56″N。主要驱动因素为水蚀；工矿开采、基础设施建设。

6.1.4　美洲案例区基本情况

1）加拿大密西沙加市生态系统退化区：位于安大略湖的北岸，79°38′4″W ~ 79°38′9″W，43°35′4″N ~ 43°35′5″N。主要驱动因素为风蚀；气候变化。

2）秘鲁森林退化区：位于南美洲西部，76°55′W ~ 76°55′38″W，12°6′S ~ 12°6′4″S。主要驱动因素为气候变化；过度采伐、非法采矿。

3）美国柯林斯堡市草地退化区：位于科罗拉多州北部，落基山脉东侧，105°8′W ~ 105°8′3″W，40°58′N ~ 40°58′2″N。主要驱动因素为水蚀、风蚀；土地过度利用、过度放牧。

6.1.5　大洋洲案例区基本情况

澳大利亚堪培拉市特宾比拉自然保护区森林和草地退化区：位于堪培拉东北80km处，与Namadgi、科西阿斯科（Kosciusko）国家公园相连，49°7′10″E ~ 49°7′13″E，35°17′5″S ~ 35°17′8″S。主要驱动因素为气候变化；人类活动频繁。

6.2　生态技术种类及存在问题

从表6-1可以看出，针对生态退化的76个案例区，总计采用了152项技术进行治理。其中亚洲采用技术数量最多的是中卫市（3项），其次是吴忠市盐池县（3项），再次是锡林郭勒盟（b）（3项）。非洲采用技术数量最多的是马萨比特市（2项），其次是尼罗河流域（2项），再次是蒂拉贝里省（2项）。欧洲采用技术数量最多的是爱丁堡市（2项），其次是牛津郡（2项），再次是埃因霍温市（2项）。美洲采用技术数量最多的是密西沙加市（2项），其次是柯林斯堡市（2项），再次是秘鲁（1项）。大洋洲只选取1个生态退化的案例区，即堪培拉市特宾比拉自然保护区，采用的技术数量是2项。

表 6-1　退化生态系统案例区治理技术主要种类及存在问题

编号		案例区名称	技术数量	技术名称	存在问题
亚洲	1	上海市	2	生境生物多样性恢复/水稻田生物多样性恢复	无法用于处理水和土地化学污染等问题；仅适用于农林湿生态系统结合的区域
	2	松原市	2	植树造林/保护性耕作	树种单一，后期管护不足；农户收入受到影响
	3	邓州市	2	增施化肥/机械化耕作	对土壤带来污染；地形限制规模化机械作业
亚洲	4	中卫市	3	补播改良/虫害综合防治/封山禁牧	易受气候变化和人类活动影响；可持续性差；受降水不均影响，耗费人力和财力
	5	吴忠市	2	封山禁牧/补播改良	监管难度大，影响牧民收入；短期经济效益不明显
	6	吴忠市盐池县	3	封山禁牧/补播改良/乔灌草空间配置	监管难度大，影响牧民收入；配套保护措施不完善；未能针对不同环境匹配物种
	7	贡宝拉格苏木	3	轮作抗盐碱作物/排碱沟/退耕还林	成活率不理想；管护成本高；耗水量大，劳动强度大；树木管护及灌溉成本高，效益较低
	8	锡林郭勒盟多伦县	2	植物沙障/机械沙障	选适宜性强的植物品种较难；成本高；后期管护困难
	9	锡林浩特市	2	轮牧休牧/种草	监管难度大，牧户收入受限；种类单一，易受病虫害
	10	锡林郭勒盟（a）	2	防护林/休牧轮牧	树种单一，后期管护不够；监管难度大
	11	锡林郭勒盟（b）	3	围栏封育/禁牧、休牧、轮牧/以草定畜	影响野生动物跨区域觅食；监管难度高；影响牧民收入；缺乏对草地状况的动态监测
	12	锡林郭勒盟正蓝旗	2	草方格/围栏封育	易腐烂；监管难度大
	13	阿拉善左旗	2	人工建植/以草定畜	树种单一，管护难度大；缺乏分区评估，定量化较难
	14	阿拉善盟	2	草方格/机械+生物沙障	维护成本高物种选育难度大
	15	赤峰市阿鲁科尔沁旗	2	划区放牧/人工草地	监管难度大，牧户收入受限；耗水量大、成本高
	16	鄂尔多斯市	2	"政府+企业"治沙/禁牧、休牧、轮牧	干旱加剧；过度开发利用；极端天气；维护成本高；缺少相应配套技术；未解决居民生计问题
	17	鄂托克旗	2	退耕还林还草物种选择与群落结构配置/棉花高产与有害生物防治	物种选育有难度；维护成本高；缺少相应配套技术；未解决居民生计问题
	18	四子王旗	2	围栏封育/休牧、轮牧	补贴支出高、维护成本高；监管难度大，影响生计

续表

编号	案例区名称	技术数量	技术名称	存在问题
19	浑善达克	2	禁牧、休牧、轮牧/飞播种草	监管难度高；动态监测难度大；牧民收入下降；成本较高；成活率不理想
20	三江源（a）	3	围栏封育/生态补偿（草原奖补）/生态移民	围栏破坏游牧过程；加剧围栏内过牧；生态补偿的标准确定存在争议；需解决移民生计问题
21	三江源（b）	2	围栏封育/高寒沙化草地综合治理	围栏破坏游牧过程；围栏使过牧变为分布型过牧，加剧围栏内过牧；恢复植被的管理没有跟进
22	三江源黑土滩	2	人工种草/物种选育	适宜草种选择，成本较高；早熟禾仅适于高寒草甸
23	果洛藏族自治州	2	植被恢复/人工灭鼠	后期管护跟进不够；成本高、效率低
24	海南藏族自治州	2	补播/围栏封育	成活率低；围栏破坏游牧过程、加剧围栏内过牧
25	拉萨市林周县（a）	3	人工种草/禁牧/半舍饲	缺少配套设施；影响野生动物跨区域觅食；影响牧民收入；缺少冬春饲草料；缺少放牧管理优化技术
26	拉萨市林周县（b）	2	草种撒播/禁牧、休牧	植被种类单一；缺少配套设施；影响野生动物跨区域觅食；影响牧民收入
27	张掖市肃南裕固族自治县	2	围栏封育/"灭狼毒""灭棘豆"药物灭毒草	实施难度大；施药不连续
28	松原市长岭县	2	退耕还林还草/轮牧	影响牧民收入，成本较高；后期监管困难
29	东北三江平原（a）	2	退田还湖/退耕还林	存在湿地复耕现象；水资源消耗大，经济效益低
30	东北三江平原（b）	2	建湿地保护区/退耕还湿	许多湿地保护区仍存在耕地，管理难度大、成本高；当地居民无有效的替代生计，退耕还湿推行难度大
31	辽河三角洲（a）	2	植树种草/保护区建设	树种较为单一；配套设施不足、违法开垦湿地
32	辽河三角洲（b）	2	退耕还苇/封育	影响居民收入，居民积极性不高；后期监管困难
33	白洋淀	2	水污染治理/人工补给	治理成本高、污染易反复；水资源生态补偿难度大
34	利川市	2	移栽乡土树种/建立自然保护区	需定期养护幼苗，成本高；居民无有效的替代生计
35	九江市都昌县鄱阳湖（a）	2	退田还湖/退耕还林与植被恢复	存在一定程度复耕现象；退田户生计问题；水资源消耗大，经济效益低
36	九江市都昌县鄱阳湖（b）	2	封山育林/节水灌溉	见效慢，需加强树种选育；技术要求高，成本高
37	保定市	2	化学法净化水质/机械清理底泥	易对水质产生二次污染；成本高；机械适宜性较低、影响工作效率

（亚洲）

编号		案例区名称	技术数量	技术名称	存在问题
	38	旁遮普省	2	人工建植/等高耕作	森林砍伐仍有发生；土地修复效果不明显
	39	加德满都	2	人工建植/围栏封育	建植树种单一，未做到因地选种；管理困难，影响居民收入，成本较高
	40	斯里兰卡	1	污水处理	缺少政策支持，应用难度大；直排现象普遍成熟度
	41	塔吉克斯坦	1	重力灌溉	易受气候影响，推广潜力低
	42	老挝	2	规划采伐计划/北部森林可持续管理	缺少专业技术人员；推广潜力小
	43	迪纳杰布尔县	2	树种多样化种植/种植矮树	耗水量大，成活率低；难监测和管理树木生长状况
	44	达卡专区加济布尔县	2	减少无计划砍伐/完善土地管理法规	利益相关者意识淡薄和政府腐败阻碍了该技术的应用；政府腐败阻碍了土地立法的推行和实施
	45	坦盖尔县马杜布尔萨尔	1	实施社会植树项目	当地人森林保护意识薄弱和相关知识缺乏
亚洲	46	坚德布尔县	2	沿海造林/修建防护堤	选择适宜的地域和红树林品种有难度；路堤建设缺乏基于河道动态的科学严密的设计和实施机制
	47	巴彦洪果尔省	2	围栏/种草	面积和范围大、监管难度大；种类单一、成本高
	48	尼泊尔	2	种植增值潜力大的树种/植物围栏	幼苗购买难度高；易遭受动物啃食；围墙建设难度大
	49	塔吉克斯坦	2	草地牧场监测/季节休牧	缺乏科学研究支持，推广潜力小；易受气候影响
	50	加济布尔县	2	使用真菌悬液降低废水毒性/生物法降解固废	二次污染；降解效率低
	51	乌兹别克斯坦咸海	2	水资源利用/流域保护	成本高
	52	班多尔班县	2	种植多树种和果树/实施社会森林项目	当地人环境安全意识和知识缺乏，阻碍森林保护措施推进；森林保护意识淡薄阻碍森林项目推广
	53	苏纳姆甘杰县	2	筛选多种植被/建立伐木缓冲带	耗水量大，树木存活率低；缓冲带设计标准不规范，防暴洪效果较差
	54	科克斯巴扎尔县	2	种植经济林/庭院种植	树种适宜性低，水资源短缺导致的长势差；作物和树种品种适宜性差，缺乏有效管理
	55	杰索尔县	2	改变种植模式/地下水灌溉	农民缺乏相关知识，改变种植模式难度大；地下水中铁和锰含量高，影响灌溉后的农田肥力

	编号	案例区名称	技术数量	技术名称	存在问题
亚洲	56	贾巴勒萨曼县	2	轮牧/植树造林	饲料成本高，影响收益；耗水量大，缺少配套技术
	57	阿姆河流域	2	修建大坝/修建缓冲水库	维护成本较高；缺少相应配套技术
	58	拉杰沙希县	2	植树造林/管道防渗灌溉	树种适应性低，土壤肥力低、侵蚀严重，水和空气污染影响树木生长；建设周期长，成本高
非洲	1	布兰太尔市	1	植树造林	幼苗存活率低
	2	马萨比特市	2	种子球/围栏	降水量不足时种子不易萌发；易被破坏
	3	尼罗河流域	2	修建大型农场/实施大型引水开发工程	耗水多，维护成本高；管理不当易引发环境污染
	4	蒂拉贝里省	2	农田防护林/石堰梯田	缺少相应配套技术；维护成本高
欧洲	1	爱丁堡市	2	自然封育/人工建植	植物群落的自然更替较为缓慢；植被种类不适宜
	2	牛津郡	2	人工建植/垃圾堆填	减少本地生物多样性，引入非本地和潜在入侵物种；能源消耗，空气污染加剧
	3	埃因霍温市	2	生态补偿/物种保护	缺乏针对性和稳定的生态补偿机制；缺乏成效评估
	4	费尔贝林	2	农林间作/退耕还草	泥炭地上农林间作技术应用成本高；影响居民收入
	5	不来梅市	2	人工建植/淤地坝	树种单一，人工林易受侵害；后期维护管理难度较高，成本较高
	6	乌得勒支市	1	雨水泄洪措施	维护成本较高
	7	阿克什胡斯郡	2	缓冲林/种植耐水作物	后续补植成本高，效益较低；作物培育难度较高
	8	林堡省	2	有机农业/玉米草地间作	有机肥成本较高；农民收益未能得到有效提高
	9	希腊	2	滴灌/建立集约放牧区	成本高；集约化管理难度高
	10	亚琛工业区	2	修建地下管道/建监测站	成本较高；技术水平要求高
美洲	1	密西沙加市	2	人工建植/雨水管理	大气中二氧化碳含量仍较高；地表水升温等问题突出
	2	秘鲁	1	《生态系统服务付费》法案	法案推行难度大
	3	柯林斯堡市	2	围栏封育/植被重建	未显著提升土壤质量和植被覆盖；部分树种适宜性低
大洋洲	1	堪培拉市特宾比拉自然保护区	2	围栏/人工种植	对入侵物种作用较小；后期管护难度较大
	总计		152		

6.3 生态技术空间分布

从表6-2可以看出，针对生态退化治理应用最多的技术是围栏封育（9项），主要分布在亚洲、美洲（中国、尼泊尔、美国），其次是人工建植（7项），主要分布在亚洲、欧洲和美洲（中国、巴基斯坦、尼泊尔、英国、德国、加拿大），第三是植树造林（4项），主要分布在亚洲和非洲（中国、叙利亚、孟加拉国、马拉维），第四是禁牧/休牧/轮牧（4项），主要分布在亚洲（中国），第五是围栏（3项），主要分布在亚洲、非洲和大洋洲（蒙古国、肯尼亚、澳大利亚），第六是补播改良（3项），主要分布在亚洲（中国），第七是封山禁牧（3项），主要分布在亚洲（中国），第八是退耕还林（2项），主要分布在亚洲（中国），第九是以草定畜（2项），第十是草方格（2项），主要分布在亚洲（中国）。

表6-2 退化生态系统案例区治理技术分布情况

技术名称	技术数量	分布区域					主要国家
		亚洲	非洲	欧洲	美洲	大洋洲	
围栏封育	9	8			1		中国、尼泊尔、美国
人工建植	7	3		3	1		中国、巴基斯坦、尼泊尔、英国、德国、加拿大
植树造林	4	3	1				中国、叙利亚、孟加拉国、马拉维
禁牧/休牧/轮牧	4	4					中国
围栏	3	1	1			1	蒙古国、肯尼亚、澳大利亚
补播改良	3	3					中国
封山禁牧	3	3					中国
退耕还林	2	2					中国
以草定畜	2	2					中国
草方格	2	2					中国
生态补偿	2	1		1			中国、荷兰
轮牧	2	2					中国、叙利亚
轮牧休牧	2	2					中国
种草	2	2					中国、蒙古国
人工种草	2	2					中国
退田还湖	2	2					中国

技术名称	技术数量	分布区域					主要国家
		亚洲	非洲	欧洲	美洲	大洋洲	
水稻田生物多样性恢复	1	1					中国
保护性耕作	1	1					中国
增施化肥	1	1					中国
机械化耕作	1	1					中国
补播	1	1					中国
虫害综合防治	1	1					中国
乔灌草空间配置	1	1					中国
轮作抗盐碱作物	1	1					中国
排碱沟	1	1					中国
退耕还林与植被恢复	1	1					中国
植被恢复	1	1					中国
退耕还林还草物种选择与群落结构配置	1	1					中国
植物沙障	1	1					中国
机械沙障	1	1					中国
机械沙障/生物沙障	1	1					中国
划区放牧	1	1					中国
人工草地	1	1					中国
"政府+企业"治沙	1	1					中国
禁牧、休牧	1	1					中国
飞播种草	1	1					中国
防护林	1	1					中国
封育	1	1					中国
棉花高产与有害生物防治	1	1					中国
生态移民	1	1					中国
生境生物多样性恢复	1	1					中国
高寒沙化草地综合治理	1	1					中国
物种选育	1	1					中国
人工灭鼠	1	1					中国
围栏禁牧	1	1					中国

续表

技术名称	技术数量	分布区域					主要国家
		亚洲	非洲	欧洲	美洲	大洋洲	
半舍饲	1	1					中国
草种撒播	1	1					中国
药物灭毒草	1	1					中国
退耕还林还草	1	1					中国
退耕还草	1			1			德国
建湿地保护区	1	1					中国
退耕还湿	1	1					中国
植树种草	1	1					中国
保护区建设	1	1					中国
建立自然保护区	1	1					中国
退耕还苇	1	1					中国
水污染治理	1	1					中国
人工补给湿地	1	1					中国
移栽乡土树种	1	1					中国
封山育林	1	1					中国
节水灌溉	1	1					中国
化学法净化水质	1	1					中国
机械清理底泥	1	1					中国
等高耕作	1	1					巴基斯坦
污水处理	1	1					斯里兰卡
重力灌溉	1	1					塔吉克斯坦
规划采伐计划	1	1					老挝
森林可持续管理	1	1					老挝
树种多样化种植	1	1					孟加拉国
种植矮树	1	1					孟加拉国
减少无计划砍伐	1	1					孟加拉国
完善土地管理法规	1	1					孟加拉国
实施社会植树项目	1	1					孟加拉国
沿海造林	1	1					孟加拉国
修建防护堤	1	1					孟加拉国

续表

技术名称	技术数量	分布区域					主要国家
		亚洲	非洲	欧洲	美洲	大洋洲	
种植高增值树种	1	1					尼泊尔
植物围栏	1	1					尼泊尔
草地牧场监测	1	1					塔吉克斯坦
季节休牧	1	1					塔吉克斯坦
使用真菌悬液降低废水毒性	1	1					孟加拉国
生物法降解固废	1	1					孟加拉国
水资源利用	1	1					乌兹别克斯坦
流域保护	1	1					乌兹别克斯坦
种植多树种和果树	1	1					孟加拉国
实施社会森林项目	1	1					孟加拉国
筛选多种植被	1	1					孟加拉国
建立伐木缓冲带	1	1					孟加拉国
种植经济林	1	1					孟加拉国
庭院种植	1	1					孟加拉国
改变种植模式	1	1					孟加拉国
地下水灌溉	1	1					孟加拉国
修建大坝	1	1					塔吉克斯坦
修建缓冲水库	1	1					塔吉克斯坦
管道防渗灌溉	1	1					孟加拉国
种子球	1		1				肯尼亚
修建大型农场	1		1				埃及
实施大型引水开发工程	1		1				埃及
农田防护林	1		1				尼日尔
石堰梯田	1		1				尼日尔
自然封育	1			1			英国
垃圾堆填	1			1			英国
物种保护	1			1			荷兰
农林间作	1			1			德国
淤地坝	1			1			德国
雨水泄洪措施	1			1			荷兰

续表

技术名称	技术数量	分布区域					主要国家
		亚洲	非洲	欧洲	美洲	大洋洲	
草地缓冲林种植	1			1			挪威
种植耐水作物	1			1			挪威
有机农业	1			1			荷兰
玉米–牧草间作	1			1			荷兰
滴灌	1			1			希腊
建立集约放牧区	1			1			希腊
修建地下管道	1			1			德国
建设监测站	1			1			德国
雨水管理	1				1		加拿大
《生态系统服务付费》法案	1				1		秘鲁
植被重建	1				1		美国
人工种植	1					1	澳大利亚
总计	152	119	7	19	5	2	

6.4　生态技术评价

生物类退化林/草地治理技术主要包括经果林种植、飞播种林/草、防护林/缓冲林等 5 项技术；工程类技术主要包括机械+生物沙障、草方格、蓄水库等 9 项技术；农作类技术主要包括等高带状耕作、农草间作、立体农业等 5 项技术；管理类技术主要包括以草定畜、社会森林等 7 项技术（表 6-3），共 26 项。退化林/草地治理中工程类技术运用最多，占治理技术数量的 34.62%，其次是管理类、生物类和农作类技术，分别占比为 26.92%、19.23% 和 19.23%。综合 4 类技术类型来看，综合指数>0.9 的技术包括废物回填（工程类）、河道清淤（工程类）和立体农业（农作类）3 项技术，其中 2 项为工程类技术，由于其数量多且质量高，在退化林/草地治理中效果较好。立体农业在埃及尼罗河流域和荷兰林堡省退化草地治理中应用广泛，在两地的技术适宜性均较高，区别在于由于荷兰利用高新科技弥补不足，形成了高度发达的农业产业，技术效益和技术成熟度较高，技术应用难度较低。尼罗河流域的立体农业主要解决农业用水的循环使用问题，以确保水资源的可持续发展，培肥制度以农家肥为主，土壤有机质含量比较高，小麦单产可达 $9 \sim 12t/hm^2$（冯永忠等，2013），技术推广潜力和技术成熟度较高，但农产品价格很低，农民从事农业生产的积极性不高，效益较低。

表 6-3 退化林/草地治理技术评价与综合排序

技术名称		技术评价					
		技术推广潜力	技术应用难度	技术成熟度	技术效益	技术适宜性	综合指数
生物类	飞播种林/草	3.00	4.00	4.00	5.00	4.00	0.80
	防护林/缓冲林	3.17	3.67	4.33	3.83	4.33	0.77
	人工造林/草	3.94	3.68	3.67	4.05	3.98	0.77
	物种选育	3.00	2.89	4.33	4.11	4.78	0.76
	经果林种植	3.33	2.67	3.67	4.33	3.00	0.68
工程类	废物回填	5.00	5.00	5.00	5.00	4.00	0.96
	河道清淤	4.00	5.00	5.00	4.00	5.00	0.92
	机械+生物沙障	4.00	4.00	3.00	5.00	5.00	0.84
	草方格	4.00	4.00	4.50	4.00	4.50	0.84
	退耕还林/草	4.50	4.00	5.00	2.50	5.00	0.84
	淤地坝	5.00	5.00	3.50	4.00	3.50	0.84
	梯田	2.00	4.00	5.00	4.00	5.00	0.80
	雨水收集	4.00	4.00	3.00	5.00	4.00	0.80
	蓄水库	3.00	3.00	2.00	4.00	3.00	0.60
农作类	立体农业	4.50	4.50	4.50	4.50	5.00	0.92
	农草间作	4.25	3.50	3.25	3.75	3.75	0.74
	等高带状耕作	4.00	2.00	1.00	4.00	4.00	0.60
	地下水灌溉	4.00	2.50	2.00	2.00	1.50	0.48
	休耕/免耕/少耕	1.00	2.00	1.00	3.00	2.00	0.36
管理类	禁牧/休牧/轮牧	3.60	4.70	4.10	4.90	4.10	0.86
	生态补偿	4.00	5.00	2.00	5.00	4.00	0.80
	围栏封育	3.70	4.20	3.70	3.50	3.90	0.76
	以草定畜	2.00	3.00	4.00	4.00	5.00	0.72
	自然恢复	3.50	3.00	4.00	2.50	4.00	0.68
	社会森林	3.00	3.00	4.00	3.00	3.00	0.64
	完善土地管理法规	1.00	2.00	1.00	2.00	2.00	0.32

本章附录　退化生态系统案例区"一区一表"

亚洲：（1）上海市生态系统退化区		
地理位置	位于长江三角洲地区、长江入海口，120°52′E ~ 122°12′E，30°40′N ~ 31.53′N。东临中国东海，北、西与江苏、浙江两省相接	
案例区描述	**自然条件** 属亚热带季风气候，年平均气温 17.6℃、日照 1885.9h、年平均降水量 1173.4mm，相对湿度 82%。全年 60% 以上的雨量集中在 5 ~ 9 月	
	社会经济 2020 年，上海市总面积 6340.5km²，GDP 38 700.58 亿元，总人口 2487.09 万人	

生态退化问题：生态系统退化		
退化问题描述	农药和化肥的大量使用造成土壤污染和水质恶化，有机、绿色和无公害农产品种植面积和单位面积产量偏低。崇明东滩海岸带城镇面积从 2000 年的 1.96km²（占总面积的 0.3%）增加到了 2008 年的 4.62km²（占总面积的 0.7%）	
驱动因子	自然：水力侵蚀　　人为：土地过度利用、城镇化	
治理阶段	目前正处于生态治理全面发展阶段。近年来致力于湿地的保护和修复以及城市绿色空间的规划和实施，提高人均绿地面积，健全湿地用途监管机制、退化湿地修复制度、湿地监测评价体系、湿地保护修复保障机制等	

现有主要技术		
技术名称	1. 生境生物多样性恢复	2. 水稻田生物多样性恢复
效果评价		
存在问题	无法用于处理水和土地化学污染等问题	仅适用于农林湿生态系统结合的区域

技术需求		
技术需求名称	1. 自然恢复	2. 农林湿复合恢复
功能和作用	用自然演替的乡土植物群落替代单种人工林，提升其生物多样性	缓解农业面源污染

推荐技术		
推荐技术名称	1. 生态农业	2. 水资源循环利用
主要适用条件	退化农作区	水资源匮乏的退化生态系统

（2） 吉林省松原市农田退化区		
地理位置	地处吉林省中西部，哈尔滨、长春、大庆三角地带，123°6′E～123°6′37″E，43°42′56″N～43°59′N	

案例区描述	自然条件	属中温带大陆性季风气候区，年平均气温约 5.6℃、日照 2900h、无霜期 135～140 天。年降水量约 432mm，多集中在 7～8 月。境内有嫩江、松花江、西流松花江、拉林河四条主要河流，大中型湖泊 26 处，万亩以上沼泽 14 处。野生动植物种类繁多
	社会经济	2016 年，全市总人口 278.37 万人；全市有耕地 120 万 hm²，粮食作物播种面积 99.65 万 hm²，粮食年产量达到 75 万 t，是国家大型商品粮基地和油料基地；畜牧业和渔业十分兴旺，全市生猪、肉牛、肉羊、禽饲养量分别发展到 460 万头、54 万头、425 万只、3070 万只，年产水产品 4.8 万 t

生态退化问题：农田退化		
退化问题描述	由于石油开采和过度耕作，土地退化、沙化、碱化、污染等生态问题不同程度存在	
驱动因子	自然：干旱、风蚀　　　人为：过度开垦、石油开采	
治理阶段	处于生态治理中期阶段，目前全市正紧紧围绕打造绿色产业城市和绿色农业城市，加快建设水稻、花生、马铃薯等 94 个绿色农业示范基地	

现有主要技术		
技术名称	1. 植树造林	2. 保护性耕作
效果评价		
存在问题	树种单一，后期管护不足	农户收入受到影响

技术需求		
技术需求名称	1. 水土保持耕作	2. 坡面治理
功能和作用	保土保水	土壤保持

推荐技术		
推荐技术名称	1. 保护性耕作	2. 乔灌草植被缓冲带
主要适用条件	退化农区	坡面

（3）河南省邓州市农田退化区

地理位置	位于河南省西南部，111°37′12″E ~ 111°19′48″E，32°22′12″N ~ 32°58′48″N	
案例区描述	自然条件	属亚热带季风型大陆性气候，年均降水量 723mm、气温 15.1℃、日照 1935h，无霜期 229 天。土层深厚，土质为保水保肥性能强的潮土、黄老土和黑老土
	社会经济	2018 年，邓州市 GDP 429.92 亿元，总人口 175 万人，城镇化率达到 42.08%。该市下辖 28 个乡镇（街、区）626 个行政村（社区）

生态退化问题：农田退化	
退化问题描述	农田过度开垦，缺少适度修复和有效管理；土壤肥力下降；季节性干旱
驱动因子	自然：干旱　　人为：过度开垦
治理阶段	实施了高标准农田建设项目，新增耕地 4.8hm²，培肥地力 2666.7hm²。高标准农田建设项目区实现了田成方、林成网、渠相通、路相连、旱能浇、涝能排、机械化、科技新的综合标准

现有主要技术	
技术名称	1. 增施化肥	2. 机械化耕作
效果评价		
存在问题	对土壤带来污染	地形限制规模化机械作业

技术需求	
技术需求名称	1. 增施有机肥	2. 少耕、休耕
功能和作用	减少对土壤的污染	提升土壤肥力，提高产量

推荐技术	
推荐技术名称	轮耕
主要适用条件	肥力低的农耕区

（4）宁夏回族自治区中卫市草地退化区

案例区描述	地理位置	位于宁甘蒙三省交界、腾格里沙漠的东南缘，104°17′E ~ 106°10′E，36°6′N ~ 37°50′N	
	自然条件	属温带大陆性季风气候，总面积6877km²，日照充足，昼夜温差大，平均气温在7.3 ~ 9.5℃，年平均相对湿度57%，无霜期158 ~ 169 天，年均降水量180 ~ 367mm，海拔1100 ~ 2955m。土壤以风沙土为主，沙层厚度一般在20 ~ 30m，最厚达50m。自然景观以沙漠为主，天然植被类型为沙漠草原	
	社会经济	2017 年，中卫市少数民族常住人口41.1 万人，其中城镇人口22.9 万人，农村人口18.2 万人，城镇化率55.7%。汉族人口37.2 万，占总人口的90.5%，回族人口2.7 万人，占总人口的6.6%。该市城镇居民人均可支配收入26 488 元，农村居民人均可支配收入11 249 元	

生态退化问题：草地退化			
退化问题描述	自然景观以沙漠为主，植被稀少，地表裸露，水土流失依然严重，生态环境十分脆弱		
驱动因子	自然：干旱、风蚀	人为：过度开垦、过度放牧、水资源过度开发	
治理阶段	治理始于20 世纪50 年代（1955 年沙坡头沙漠研究试验站成立，1958 年包兰铁路竣工）；80 年代形成以麦草方格为核心的"五带一体"治沙体系成熟；1984 成立中国第一个"沙漠自然生态保护区"；"十一五"以来开展"三北"防护林4 期工程、退耕还林工程、天然林资源保护工程及自治区六个百万亩生态林业建设工程等重点项目。目前着力于发展沙产业：沙漠林业、风能发电、光伏发电、沙漠旅游		

现有主要技术			
技术名称	1. 补播改良	2. 虫害综合防治	3. 封山禁牧
效果评价			
存在问题	易受气候变化和人类活动影响，如旱季太长	可持续性差	受降水不均影响，耗费人力和财力

技术需求		
技术需求名称	1. 乡土草种的筛选与繁育	2. 新型沙障
功能和作用	防风固沙、维持生物多样性	防风固沙

推荐技术		
推荐技术名称	1. 生物结皮	2. 种质库
主要适用条件	沙面需要固结稳定的重点区域	物种退化、需要多样化植被恢复的区域

(5) 宁夏回族自治区吴忠市草地退化区

地理位置		位于宁夏回族自治区东部,属鄂尔多斯高原,北接毛乌素沙地,南靠黄土高原,106°33′E～107°47′E,37°4′N～38°10′N	
案例区 描述	自然 条件	属中温带干旱、半干旱气候,总面积8522.2km²,年均气温8.1℃,最高温度34.9℃,最低温度-24.2℃,年均无霜期165天,年降水量仅250～350mm,并呈现南高北低的趋势。土壤类型主要是灰钙土、黑垆土和风沙土,伴有黄土和少量盐土等	
	社会 经济	盐池县下辖4镇4乡1个街道办,总人口17.2万人,农村人口14.3万人(占总人口的83%),城镇人口2.9万人(占总人口的17%),回族人口4000余人。2022年,常住居民人均可支配收入24 421元,其中城镇和农村常住居民人均可支配收入分别为33 758元、16 593元。天然草原5580km²(占土地总面积的65.5%),耕地887km²,是宁夏回族自治区旱作节水农业和滩羊、甘草的主产区,2018年退出宁夏回族自治区贫困县	

生态退化问题:草地退化			
退化问题描述		退化草地约5550km²(占草原总面积的99.5%),其中重度退化4570km²(82%),以每年113km²速度增长。优良牧草数量锐减,产草量与20世纪50年代相比普遍下降了30%～50%。1992～2000年,全县年均大风9次,沙尘暴8次,扬沙天气45次	
驱动因子		**自然:** 干旱、风蚀　　　**人为:** 过度放牧、过度人类活动	
治理阶段		目前处于生态治理中期阶段。自2003年草原禁牧封育以来,积极恢复草原生态,先后实施了退牧还草工程、高产优质苜蓿示范建设等生态建设项目。2016年、2017年实施退牧还草工程1.77万hm²,落实项目资金5009.7万元;完成人工草地建设0.5万hm²,退化草原改良1.27万hm²,棚圈建设5400座	

现有主要技术		
技术名称	1. 封山禁牧	2. 补播改良
效果评价		
存在问题	监管难度大,影响牧民收入	短期经济效益不明显

技术需求		
技术需求名称	1. 土壤改良	2. 农牧复合经营
功能和作用	提高土壤抗蚀性、增加土壤肥力和生产力	维持生物多样性,提高产量

推荐技术		
推荐技术名称	1. 人工种草	2. 快速培肥
主要适用条件	植被严重退化的区域	土壤肥力差且自身恢复难度大的区域

(6) 宁夏回族自治区吴忠市盐池县草地退化区

地理位置	位于宁夏回族自治区吴忠市境内，位于宁夏回族自治区东部，属鄂尔多斯高原，北接毛乌素沙地，南靠黄土高原，106°33′E ~ 107°47′E，37°4′N ~ 38°10′N	
案例区描述	自然条件	属大陆性季风气候，总面积 8522.2km²，年平均气温 8.4℃，年均降水量 350 ~ 250mm，年均蒸发量 2100mm，年均无霜期 160 天。土壤以灰钙土、风沙土为主。主要植被类型为荒漠草原，另有人工灌草地 3227km²（占全区总面积 37.9%）
	社会经济	盐池县下辖 4 乡 4 镇，总人口 17.2 万人，农村人口 14.3 万人（占总人口的 83%），城镇人口 2.9 万人（占总人口的 17%），回族人口 4000 余人。2022 年，常住居民人均可支配收入 24 421 元，其中城镇和农村常住居民人均可支配收入分别为 33 758 元、16 593 元。天然草原 5580km²（占土地总面积的 65.5%），耕地 887km²，是宁夏回族自治区旱作节水农业和滩羊、甘草的主产区，2018 年退出宁夏回族自治区贫困县

生态退化问题：草地退化	
退化问题描述	退化草地约 5550km²（占草原总面积的 99.5%），其中重度退化 4570km²（82%），以每年 113km² 速度增长。优良牧草数量锐减，产草量与 20 世纪 50 年代相比普遍下降了 30% ~ 50%。1992 ~ 2000 年，全县年均大风 9 次，沙尘暴 8 次，扬沙天气 45 次
驱动因子	自然：干旱、风蚀　　　人为：过度放牧、过度人类活动
治理阶段	目前处于生态治理中期阶段。近年来，按照"北治沙，中治水，南治土"的治理思路，坚持"五个结合"：草原禁牧与舍饲养殖、封山育林与退牧还草、生物措施与工程措施、建设保护与开发利用、移民搬迁与迁出地生态恢复

现有主要技术			
技术名称	1. 封山禁牧	2. 补播改良	3. 乔灌草空间配置
效果评价			
存在问题	监管难度大，影响牧民收入	配套保护措施不完善（禁牧围封、灭鼠杀虫）	未能针对不同环境（海拔、坡向、降水）匹配物种

技术需求		
技术需求名称	1. 草地改良	2. 可持续草地利用
功能和作用	增加植被覆盖，提高存活率	防治草地退化，防风固沙，维持生物多样性

推荐技术		
推荐技术名称	1. 乡土种筛选与繁育	2. 划区轮牧，季节性放牧
主要适用条件	非适地适草建造的人工草地	放牧压力过大的草场

（7）内蒙古自治区太仆寺旗贡宝拉格苏木盐碱化草地

地理位置	位于太仆寺旗南端，南面与河北省沽源交界，西面和河北省康保相邻，119°14′E ~ 125°57′E，43°50′N ~ 45°50′N	
案例区描述	自然条件	属温带大陆性气候，总面积850km²，以低山、平原、漫岗为主，海拔1300 ~ 1400m，年平均气温-2.4℃，年降水量300 ~ 450mm，无霜期113天。地带性土壤多为淡栗钙土和栗钙土，植被类型为典型草原
	社会经济	2017年，太仆寺旗户籍人口208 685人，比上年减少了1356人，其中蒙古族7044人，汉族193 605人；城镇人口37 202人（占总人口的17.8%），农村人口171 483人（占总人口的82.2%）。该旗城镇居民人均可支配收入33 034元，农村居民人均可支配收入10 621元；城镇居民人均消费性支出21 729元，农村居民人均生活消费支出8235元

生态退化问题：草地盐碱化	
退化问题描述	太仆寺旗贡宝拉格苏木盐碱化草地面积为97.4km²，占草原总面积的13.8%，其中轻度、中度、重度盐碱化面积分别为40km²、50km²和7.4km²，分别占草原总面积的5.7%、7.2%和0.9%
驱动因子	自然：干旱　　人为：过度利用
治理阶段	目前处于生态治理中期阶段，坚持保护优先、自然恢复为主的方针，强化土壤修复，与科研院所合作实施"重度盐碱化草地生态修复"项目，筛选适宜盐碱地种植的优质牧草品种。同时人为干预后促进了植物（赖草）在盐碱地的生长，固定随风漂移的"碱面"

现有主要技术		
技术名称	1. 轮作抗盐碱作物	2. 排碱沟	3. 退耕还林
效果评价			
存在问题	成活率不理想；管护成本高	耗水量大，劳动强度大	树木管护及灌溉成本高，效益较低

技术需求	
技术需求名称	1. 盐碱地建植	2. 盐碱土改良
功能和作用	增加盐碱地植被覆盖度，固定碱面	改良盐碱地土壤理化性质

推荐技术	
推荐技术名称	1. 耐盐碱牧草的选育	2. 牧草修复盐碱地
主要适用条件	盐碱化的草地	盐碱化的草地

（8）内蒙古自治区锡林郭勒盟多伦县草地退化区

地理位置	位于锡林郭勒盟南端、阴山北麓东端，115°30′E～116°55′E，41°45′N～42°39′N。西与正蓝旗相接，北与赤峰市克什克腾旗接壤，南与沽源县、丰宁满族自治县、围场满族蒙古族自治县毗邻	
案例区描述	自然条件	属中温带大陆性气候，面积3863km²，其中草场面积2154.41km²。海拔1200～1700m，年均降水量378mm，年均蒸发量1925.5mm，年均日照2943h，年均风速3.3m/s，年均气温2.8℃。植被有典型草原、草甸草原、沙地植被、沼泽植被等
	社会经济	2020年，多伦县常住人口11.78万人，其中农村人口7.14万人（占总人口的60.6%）；汉族人口87 612人，少数民族人口24 169人；该县年均GDP 47.2亿元，城镇、农村常住居民人均可支配收入分别为40 318元、15 711元

生态退化问题：草地退化		
退化问题描述	风蚀沙化、水土流失严重。全县风蚀水蚀面积3365km²（占总面积的87.1%），其中，中度以上侵蚀面积达2651km²（占总面积的68.6%）；沙化土地面积1400km²（占总面积的36.2%），2750km²草场均呈现出不同程度的沙化，其中49%的草场因严重退化而无法利用	
驱动因子	自然：风蚀、水蚀　　人为：过度开垦、过度放牧	
治理阶段	目前处于生态治理中期阶段。随着京津风沙源治理、退耕还林还草等工程的实施，2005～2011年林地、草地面积分别增加了4.11万hm²和1.68万hm²，森林覆盖率增加了5.29%。经济结构逐步由种植业向养殖业和第三产业等多元化方向发展，通过注重科技和成效，提高了防沙治沙的效果	

现有主要技术		
技术名称	1. 植物沙障	2. 机械沙障
效果评价		
存在问题	选适宜性强的植物品种较难，成本高	成本较高；后期管护困难，监管难度大

技术需求		
技术需求名称	1. 自然恢复	2. 土壤改良
功能和作用	提高植被覆盖，维护生物多样性	增加土壤有机质含量，防风固沙固土

推荐技术		
推荐技术名称	1. 围栏封育	2. 生物结皮
主要适用条件	因人为干扰退化严重的草地	土壤松散的退化草地

(9) 内蒙古自治区锡林郭勒盟锡林浩特市草地退化区

地理位置	地处内蒙古自治区中部，北京市正北方，是锡林郭勒盟盟府所在地，115°18′10″E ~ 117°6′10″E，43°2′5″N ~ 44°52′5″N		
案例区描述	自然条件	属中温带半干旱大陆性气候，总面积 14 785km²，年均降水量 309mm，无霜期 14 天。平均海拔 988.5m，南部为低山丘陵，北部为平缓的波状平原。地跨草甸草原、典型草原和沙丘沙地草原，全市可利用草场面积 137.8 万 hm²		
	社会经济	2015 年，全市常住人口 26.3 万人，其中牧区 2.52 万人，城镇 23.78 万人，城镇化率 90.4%；全市户籍总人口 18.38 万人，其中蒙古族 5.09 万人，汉族 12.38 万人，占总人口的 70%。2015 年全市居民人均可支配收入 34 698 元，城镇常住居民人均可支配收入 36 472 元，牧区常住居民人均可支配收入 20 635 元		

生态退化问题：草地退化			
退化问题描述	由于风蚀、干旱以及过度放牧，锡林浩特市草地退化严重		
驱动因子	自然：干旱　　人为：水资源过度开采、过度开垦、过度放牧		
治理阶段	处于生态治理中期阶段，"十三五"期间，严格执行禁牧、轮牧、休牧等制度，年均种草面积保持在 3000 万亩以上，着力调整优化产业结构，推动畜牧业高质量发展。目前，草原生态退化趋势得到整体遏制，重点生态治理区明显好转		

现有主要技术			
技术名称	1. 轮牧休牧		2. 种草
效果评价			
存在问题	监管难度大，牧户收入受限		种类单一，易遭受病虫害

技术需求			
技术需求名称	1. 土壤修复		2. 病虫害防治
功能和作用	增加植被覆盖、土壤保持、防风固沙		防灾减灾

推荐技术			
推荐技术名称	1. 植物-微生物联合修复		2. 抗病虫害植物培育
主要适用条件	土壤退化的区域		植被易遭受病虫害的区域

（10）内蒙古自治区锡林郭勒盟草地退化区（a）

地理位置		位于内蒙古自治区中部，115°13′10″E ～ 117°6′20″E，43°2′10″N ～ 44°52′20″N
案例区描述	自然条件	属温带大陆性气候，总面积 20.3 万 km²，草地面积 17.9 万 km²，海拔 800 ～ 1800m，年均气温 0 ～ 3℃，年均降水量 295mm，年蒸发量 1500 ～ 2700mm，年日照时数 2800 ～ 3200h，无霜期 110 ～ 130 天。土壤有黑土、黑钙土等多种类型。植被类型为草甸草原、典型草原、荒漠草原
	社会经济	2019 年，锡林郭勒盟常住人口 105.5 万人，其中城镇人口 69.3 万人（占总人口的 69.3%），农村人口 36.2 万人，汉族人口 66.5 万（63.0%），蒙古族人口 32.8 万人（31.1%）；该盟年人均可支配收入 30 082 元，城镇、农村居民人均可支配收入分别为 38 299 元、15 706 元

生态退化问题：草地退化	
退化问题描述	2009 年，全盟退化草地面积 112 000km²，其中重度、中度和轻度退化草地面积分别为 6100km²、43 700km² 及 62 200km²，分别占草地总面积 5.5%、39.0% 和 55.5%
驱动因子	自然：干旱、风蚀　　人为：基础设施建设、过度放牧
治理阶段	处于生态治理中期阶段，针对 2 万 hm² 退化草场进行人工种草、划区轮牧等生态治理工程，依托"科研单位+企业+合作社+牧民"合作模式，使区域内草原生态环境得到改善的同时带动牧民增收

现有主要技术		
技术名称	1. 防护林	2. 休牧轮牧
效果评价		
存在问题	树种单一，后期管护不够	监管难度大

技术需求		
技术需求名称	1. 流动沙丘固定	2. 农牧结合
功能和作用	固沙，土壤保持	土壤保持，防沙减沙

推荐技术		
推荐技术名称	1. 流动沙丘固化生物技术	2. 青贮饲料种植
主要适用条件	沙化严重已形成流动沙丘的草地	放牧压力较大的农区

(11) 内蒙古自治区锡林郭勒盟草地退化区 (b)

地理位置	位于内蒙古自治区中部，115°13′E ~ 117°6′E，43°2′N ~ 44°52′N	
案例区描述	自然条件	属温带大陆性气候。总面积 20.3 万 km²，草地面积 17.9 万 km²，海拔 800 ~ 1800m，年均气温0 ~ 3℃，年均降水量 295mm，年蒸发量 1500 ~ 2700mm，年日照时数 2800 ~ 3200h，无霜期 110 ~ 130 天。土壤有黑土、黑钙土等多种类型。植被类型为草甸草原、典型草原、荒漠草原
	社会经济	锡林郭勒盟常住人口 105.5 万人 (2019 年)，其中城镇人口 69.3 万人 (占总人口的 69.3%)，农村人口 36.2 万人，汉族人口 66.5 万 (63.0%)，蒙古族人口 32.8 万人 (31.1%)。该盟年人均可支配收入 30 082 元，城镇、农村居民人均可支配收入分别为 38 299 元、15 706 元

生态退化问题：草地退化		
退化问题描述	2009 年，全盟退化草地面积 112 000km² (占退化草地总面积的 62.6%)，其中重度退化 6100km² (占退化草地总面积的 5.5%)，中度退化草地面积 43 700km² (占退化草地总面积的 39.0%)，轻度退化草地面积 62 200km² (占退化草地总面积的 55.5%)	
驱动因子	自然：干旱　　人为：过度开垦、过度放牧	
治理阶段	目前处于生态治理中期阶段，针对 30 万亩退化草场进行人工种草、划区轮牧等生态治理工程，依托"科研单位+企业+合作社+牧民"合作模式，使区域内草原生态环境得到改善的同时带动牧民增收	

现有主要技术		
技术名称	1. 围栏封育	2. 禁牧、休牧、轮牧	3. 以草定畜

效果评价			

存在问题	影响野生动物跨区域觅食	监管难度高；影响牧民收入	监管难度高；缺乏对草地状况的动态监测

技术需求		
技术需求名称	1. 近自然的人工建植	2. 高效的人工建植
功能和作用	提高植被覆盖，维护生物多样性	提高植被覆盖，降低成本

推荐技术		
推荐技术名称	1. 草地群落近自然配置	2. 飞播
主要适用条件	非适地适树造的人工草地	平地或者缓坡

（12）内蒙古自治区锡林郭勒盟正蓝旗草地退化区

地理位置	地处内蒙古自治区中部，锡林郭勒盟草原东南边缘，115°E～116°42′10″E，41°56′N～43°11′20″N		
案例区描述	自然条件	温带大陆性季风气候，全旗总面积 10 182km²。年均日照数 2947～3127h，年均降水量 365mm，年均蒸发量 1925.5mm，最高气温 35.9℃，最低气温–36.6℃，无霜期 110 天。该旗由低山丘陵和浑善达克沙地两大地貌构成，地势总的特点是东高西低，海拔 1200～1600m。沙地草原占全旗总面积的 66%，草甸草原占 34%		
	社会经济	2021 年，正蓝旗总人口 8.4 万人，其中蒙古族人口占 35%；全旗有农牧业产业化联合体 1 个、舍饲育肥点 12 处、家庭生态牧场 160 处，农牧民经济合作组织达 572 家，其中种植业 32 家、养殖业 520 家、其他专业合作社 20 家，共吸纳成员 3832 户占全旗农牧户总户数的 20%		

生态退化问题：草地退化			
退化问题描述	由于风蚀、干旱以及过度放牧，正蓝旗草场退化严重，自然灾害频繁，是距北京市最近的沙地，也是京津冀地区的主要沙源之一		
驱动因子	自然：风蚀、干旱　　人为：过度放牧		
治理阶段	处于生态治理中期阶段，2000 年实施京津风沙源治理工程，全面实施"围封禁收、收缩转移、集约经营"为主的围封转移战略，实施生态移民、草场定期休牧、退耕还林、全年禁牧、围封治理等。目前致力于推进设施化种植养殖，扶持发展农牧业专业合作组织，推动现代农牧业健康快速发展，促进农牧民增收		

现有主要技术			
技术名称	1. 草方格		2. 围栏封育
效果评价			
存在问题	易腐烂		监管难度大

技术需求			
技术需求名称	1. 土壤改良		2. 植被重建
功能和作用	土壤水土保持，增产增效		增加植被覆盖度，保持水土

推荐技术			
推荐技术名称	1. 微生物改良		2. 飞播造林
主要适用条件	需要进行土壤改良的土地		需要补播的草地

(13)　内蒙古自治区阿拉善左旗草地退化区

地理位置		位于内蒙古自治区西部，亚洲荒漠区东部，105°42′E ~ 105°42′48″E，38°50′N ~ 38°50′01″N
案例区描述	自然条件	属中温带大陆性气候，面积 80 412km²。海拔 1000 ~ 1500m，无霜期 150 ~ 170 天，年均降水量 40 ~ 250mm，年均蒸发量 3000 ~ 4500mm，干燥度在 4.0 以上，平均风速 3.1m/s，年大风日数20 ~ 50 天，沙暴频繁。草场类型包括山地草甸、温性草原、温性荒漠草原、温性草原化荒漠、温性荒漠和低地草甸 6 类
	社会经济	2013 年，阿拉善左旗总人口 14.31 万人，其中非农业人口 86 938 人，占总人口的 60.76%。GDP 361.34 亿元，第一、第二、第三产业比例 2.1∶84.5∶13.4。全旗农作物总播种面积 24 964hm²，牲畜总头数 104.56 万头

生态退化问题：草地退化	
退化问题描述	由于干旱少雨，鼠害猖獗，加之人为垦殖等破坏活动，草地退化、沙化面积达 404.96 万 hm²，占其可利用面积的 90%。其中，轻度退化面积占 36.2%，中度退化面积占 33.8%，重度退化面积达 121.48 万 hm²，占退化总面积的 30%，沙漠每年以 20m 速度向东南移动
驱动因子	**自然**：干旱、风蚀　　**人为**：过度开垦、过度放牧
治理阶段	目前处于生态中后期的全面治理阶段，以加强草场维护、建立天然草地动态监测、实施草畜平衡等措施为主的治理思路和对策成效显著。后续推行草原循环经济模式，在条件相对优势的地区发展饲草种植、饲料加工、技术服务等以牧业为核心的相关配套产业，形成以农养牧、以牧带工、以工补农的自我补偿的循环经济

现有主要技术		
技术名称	1. 人工建植	2. 以草定畜
效果评价		
存在问题	树种单一，管护难度大	缺乏分区评估，定量化较难

技术需求		
技术需求名称	1. 人工结皮	2. 禁牧封育
功能和作用	快速形成草皮，修复退化草地	缓解放牧压力

推荐技术		
推荐技术名称	1. 乔灌草空间配置	2. 轮牧/休牧
主要适用条件	树种单一的退化草地	因过度放牧导致的退化草地

（14）内蒙古自治区阿拉善盟荒漠化区

地理位置	地处内蒙古自治区最西部，东、东北与乌海、巴彦淖尔、鄂尔多斯三市相连，南、东南与宁夏回族自治区毗邻，西、西南与甘肃省接壤，北与蒙古国交界，97°12′E ~ 126°4′E，37°24′N ~ 53°23′N

案例区描述	自然条件	以温带大陆性气候为主，平均海拔 1000m，年均气温 -3.7 ~ 11.2℃，年均降水量 50 ~ 450mm，年均蒸发量高于 1200mm，年日照时数大于 2700h。土壤种类多样，如风沙土、栗钙土、灰褐土等。植被类型有疏林草原、典型草原、荒漠草原等
	社会经济	2019 年阿拉善盟常住人口 25.07 万人，其中城镇人口 19.84 万人，农村人口 5.23 万人。2019 年阿拉善盟农作物总播种面积 8.2 万 hm²，全年粮食总产量 13.3 万 t。2020 年阿拉善盟完成 GDP 304.8 亿元，居民人均可支配收入 38 483 元

生态退化问题：荒漠化和草地退化

退化问题描述	阿拉善盟自然环境恶劣，是内蒙古自治区沙漠最多、土地沙化最严重的地区
驱动因子	自然：风蚀、盐渍化　　人为：过度放牧
治理阶段	1992 年起，林业部门在广袤的腾格里沙漠边缘实施飞播造林（花棒、白刺等沙生植物）

现有主要技术

技术名称	1. 草方格	2. 机械沙障和生物沙障结合固沙
效果评价		
存在问题	维护成本高	物种选育难度大

技术需求

技术需求名称	1. 防沙新材料	2. 防止人工草地退化
功能和作用	防风固沙、土壤保持	提高人工草地植被覆盖率及其持久性

推荐技术

推荐技术名称	1. 化学固沙材料	2. 草地群落近自然配置
主要适用条件	水分需求量少的区域	容易退化的人工草地

（15）内蒙古自治区赤峰市阿鲁科尔沁旗草地退化区

地理位置	地处内蒙古自治区东部、赤峰市东北部，与通辽市、锡林郭勒盟接壤，119°2′15″E ~ 121°1′E，43°21′43″N ~ 45°24′20″N	
案例区描述	自然条件	属温带大陆性气候，总土地面积 14 277km²。年均气温 5.5℃，年均降水量 300 ~ 400mm，年日照时数 2760 ~ 3030h，最高气温 40.6℃，最低气温-32.7℃，年均积温 2900 ~ 3400℃，年无霜期 95 ~ 140 天，有天然草原 104 万 hm²，森林 46.8 万 hm²，有大小湖泊 51 处，水面 2666.7hm²。有高格斯台罕乌拉、阿鲁科尔沁湿地两个国家级自然保护区
	社会经济	2011 年，全旗总人口 30 万人，其中蒙古族人口 12 万人。该旗是全国产粮大县，粮食产量连续多年 5 亿千克以上。优质牧草基地 4.7 万 hm²，年产商品草 65 万 t，是国家紫花苜蓿种植标准化示范区。大小畜存栏常年保持在 260 万头/只以上。2019 年，城镇、农村常住居民人均可支配收入分别为 28 288 元、10 632 元

生态退化问题：草地退化		
退化问题描述	由于干旱等自然灾害和草原过度利用，优质牧草核心区一带植被退化较为严重	
驱动因子	自然：干旱、风蚀　　人为：过度放牧	
治理阶段	处于生态治理中期阶段，近年来，阿鲁科尔沁旗全力推进企业或合作组织与牧户联合、牧户与牧户联合等多种优质牧草基地建设模式，实现了生态生计兼顾、生产生活并重、治沙致富共赢的科学运行机制，已形成集牧草种植、草产品深加工、储运销售、畜牧业养殖于一体的产业链条	

现有主要技术		
技术名称	1. 划区放牧	2. 人工草地
效果评价		
存在问题	监管难度大，牧户收入受限	耗水量大、成本高

技术需求		
技术需求名称	1. 草畜平衡	2. 人工结皮
功能和作用	增加植被覆盖度，防风固沙，减少放牧压力	增加土壤抗蚀性，防风固沙

推荐技术		
推荐技术名称	1. 以草定畜	2. 藻类-地衣结皮
主要适用条件	退化草场、过牧草场	沙化、退化土地

(16) 内蒙古自治区鄂尔多斯市草地退化区		
地理位置	位于内蒙古自治区西南部，地处鄂尔多斯高原腹地，106°42′40″E ~ 111°27′20″E，37°35′24″N ~ 40°51′40″N	
案例区描述	自然条件	以温带大陆性气候为主，平均海拔1000m，年均气温-3.7 ~ 11.2℃，年均降水量50 ~ 450mm，年均蒸发量高于1200mm，年日照时数大于2700h。土壤种类多样，如风沙土、栗钙土、灰褐土等。植被类型有疏林草原、典型草原、荒漠草原等
	社会经济	鄂尔多斯市土地面积8.7万km²。2019年鄂尔多斯市常住人口208.76万人，其中城镇人口156.74万人，农村人口52.02万人，城镇化率75.08%。2020年，全市完成GDP 3533.66亿元
生态退化问题：草地退化		
退化问题描述	30年前的鄂尔多斯荒漠化、沙化土地占土地总面积达90%，森林覆盖率仅3%，是全国生态最为脆弱的地区	
驱动因子	自然：风蚀、干旱、气候变化　　人为：过度开垦、过度放牧、水资源过度开采、工矿开采	
治理阶段	经过几十年的治理，如今的鄂尔多斯已经成功治理了超过1/3的库布齐沙漠，走出了一条发展沙产业、治理荒漠化的中国道路	
现有主要技术		
技术名称	1. "政府+企业"治沙	2. 禁牧、休牧、轮牧
效果评价		
存在问题	干旱加剧；过度开发利用；维护成本高	极端天气；维护成本高；缺少相应配套技术；未解决居民生计问题
技术需求		
技术需求名称	1. 自上而下的生态环境保护政策	2. 在气候暖干化的条件下灵活执行生态环境保护措施
功能和作用	土壤保持、防风固沙	提高生计水平
推荐技术		
推荐技术名称	1. 小型牧民合作社（自愿结成，增加放牧面积和牲畜的可移动性，有利于草地自然恢复和休养生息）	2. 生态补偿
主要适用条件	退化草地	退化草地

(17)　内蒙古自治区鄂托克旗草地退化区		
地理位置	位于鄂尔多斯市西部，106°41′E ~ 108°54′E，38°18′N ~ 40°11′N。北靠杭锦旗，南临鄂托克前旗，西隔甘德尔山与乌海市相邻、隔黄河与阿拉善盟和宁夏回族自治区相望，东与乌审旗接壤	

案例区描述	自然条件	以温带大陆性气候为主，平均海拔 1000m，年均气温 –3.7 ~ 11.2℃，年均降水量 50 ~ 450mm，年均蒸发量高于 1200mm，年日照时数大于 2700h。土壤种类多样，如风沙土、栗钙土、灰褐土等。植被类型有疏林草原、典型草原、荒漠草原等
	社会经济	土地面积 20 367.18 km²，2020 年全旗地区生产总值完成 373.04 亿元，城乡常住居民人均可支配收入分别达到 49 594 元和 21 933 元

生态退化问题：草地退化		
退化问题描述	由于人口压力，超载放牧，草场以每年 2% 的速度退化，次生裸地数量不断增加；风蚀、干旱等自然因素进一步加剧环境恶化	
驱动因子	**自然**：风蚀、干旱、气候变化　　**人为**：过度开垦、过度放牧、水资源过度开采、工矿开采	
治理阶段	2015 年实施了草原生态保护修复治理项目，根据草场不同的退化、沙化、盐渍化（三化）程度，制定相应的草原生态修复措施，轻度三化草原采取围栏封育自然修复措施，中度三化草原采取带状补播（柠条）改良修复措施，重度退化草原采取密植柠条改良修复措施	

现有主要技术		
技术名称	1. 退耕还林还草物种选择与群落结构配置技术	2. 棉花高产与有害生物防治技术
效果评价		
存在问题	物种选育有难度	维护成本高；缺少相应配套技术；未解决居民生计问题

技术需求		
技术需求名称	1. 固沙抑尘剂	2. 沙地灌木
功能和作用	土壤保持、防风固沙	土壤保持、增加植被覆盖

推荐技术		
推荐技术名称	1. 种质库	2. 流动沙丘固化生物技术
主要适用条件	物种退化、需要补种的退化草地	退化较严重，形成流动沙丘的草地

(18) 内蒙古自治区四子王旗草地退化区

地理位置	位于内蒙古自治区中部，110°20′E ~ 113°30′E、41°10′N ~ 43°22′N		
案例区描述	自然条件	以中温带大陆性季风气候为主。年平均气温在 1 ~ 6℃，年平均降水量在 110 ~ 350mm。地势东南高而西北低，从南至北由阴山山脉北缘、乌兰察布丘陵和蒙古高原三部分组成，其中山地占 4.1%，丘陵占 56.1%，高原占 39.8%。南部多为山地丘陵，北部为开阔的荒漠草原。海拔为 1000 ~ 2100m，相对高差 1100m。土地总面积为 25 513km²，牧区占 81.7%，天然草原面积为 214.27 万 hm²，占土地总面积的 88.7%，可利用草地面积为 198.77 万 hm²，占草地总面积的 92.77%		
	社会经济	四子王旗总人口 21.4 万人，全旗人口密度 7.98 人/km²。该旗是以畜牧业为主，农牧结合的边境少数民族聚居地区。蒙古族人口 1.9 万人，农牧业人口占总人口的 83%（2019 年）。GDP 60.3 亿元，城镇居民人均可支配收入 26 818 元，农牧民人均纯收入 10 093 元（2018 年）		

生态退化问题：草地退化			
退化问题描述	退化草原面积为 181.58 万 hm²，其中轻度、中度、重度退化面积分别为 78.56 万 hm²、87.79 万 hm²、15.23 万 hm²。盐渍化面积为 8.28 万 hm²，占草原总面积的 3.89%，沙化面积为 10.15 万 hm²，占草原总面积的 4.77%。草原总面积已减少了 1.58 万 hm²，到 2007 年为止已有 15.5 万 hm² 天然草场失去利用价值，大片草原出现退化的趋势		
驱动因子	自然：风蚀、干旱　　人为：过度开垦、过度放牧		
治理阶段	转变传统经营方式，大力创建人工草场		

现有主要技术			
技术名称	1. 围栏封育		2. 禁牧、休牧、轮牧
效果评价			
存在问题	补贴支出高、维护成本高，收入受限		监管难度大，影响生计

技术需求			
技术需求名称	1. 草原有害生物防治技术		2. 草原土壤恢复技术
功能和作用	防灾减灾		增加土壤抗蚀性

推荐技术			
推荐技术名称	1. 松耙		2. 生物防治害虫
主要适用条件	土地退化、土壤严重板结的区域		虫害发生区域

(19) 内蒙古自治区浑善达克草地沙化区

地理位置	位于内蒙古自治区中部锡林郭勒草地南部，115°16′12″E ~ 115°21′06″E，42°49′48″N ~ 42°54′09″N		
案例区描述	自然条件	面积大约 5.2 万 km²，平均海拔 1100m。属中温带大陆性气候，年均气温 1.5℃，1 月平均气温-18.3℃，7 月平均气温 18.7℃。地势西南高，东北低。全年降水量 365.1mm，主要集中在 7 ~ 9 月，约占全年降水量的 80% ~ 90%。全年无霜期 104 天，冬天有 180 天冰雪期	
	社会经济	2019 年，草地沙化区所在的锡林郭勒盟常住人口 105.5 万人，其中城镇人口 69.3 万人（占总人口的 65.7%），农村人口 36.2 万人。该盟人均可支配收入 30 082 元，城镇、农村居民人均可支配收入分别为 38 299 元、15 706 元	

生态退化问题：草地沙化			
退化问题描述	由于大量开垦农田、超载放牧，草地质量下降，地皮裸露，气候干旱、多风，草地沙化严重		
驱动因子	**自然**：干旱、大风　　　**人为**：过度开垦、过度放牧		
治理阶段	2000 ~ 2018 年，依托京津风沙源治理、退耕还林等重点生态工程，累计完成防沙治沙林业生态建设任务 130.27 万 hm²。目前处于生态治理中期阶段，重点是加大防沙治沙适用技术推广应用和科技支撑力度，重点推广抗旱造林、雨季容器苗造林、飞播造林、工程固沙等技术，建立防沙治沙产学研机制		

现有主要技术			
技术名称	1. 禁牧、休牧、轮牧		2. 飞播种草
效果评价			
存在问题	监管难度高；动态监测难度大；牧民收入下降		成本较高；成活率不理想

技术需求			
技术需求名称	1. 近自然人工建植		2. 设施养殖
功能和作用	提高植被覆盖，维护生物多样性		减轻草场放牧压力

推荐技术			
推荐技术名称	1. 草方格		2. 高产饲草料种植技术
主要适用条件	沙化、干旱地区		草场资源有限的牧区

（20）三江源高寒草地退化区（a）

地理位置	位于青藏高原腹地，青海省南部，西南与西藏自治区接壤，东部与四川省毗邻，89°24′E~102°41′E，31°39′N~36°16′N，为长江、黄河、澜沧江三条大河的发源地	
案例区描述	自然条件	平均海拔3500~4800m；青藏高原亚热带半湿润区和半干旱区，属内陆高原气候；日照时数多，总辐射量大，光能资源丰富；夏季凉爽，冬季寒冷，热量资源差；降水时空分布差异显著；雪灾、大风、沙暴等气象灾害多。植被类型以高寒草甸、高寒沼泽草甸、高寒草原为主
	社会经济	现有人口55.6万人，其中藏族人口占90%以上。畜牧业生产水平低而不稳，经济发展相对落后。从行政区划看，包括青海果洛藏族自治州玛多、玛沁、达日、甘德、久治、班玛6县，贵南1县，玉树藏族自治州称多、杂多、治多、曲麻莱、囊谦和玉树6县（市），海南藏族自治州贵南、兴海和同德3县，黄南藏族自治州泽库和河南两县以及海西蒙古族藏族自治州格尔木市唐古拉山镇

生态退化问题：草地退化

退化问题描述	退化草地面积大，退化速度加快；草地产草量和载畜能力下降；水土流失严重，生态平衡失调；鼠害加剧	
驱动因子	自然：气候暖干化、鼠害	人为：超载过牧
治理阶段	三江源生态保护和建设一期工程（2005~2013年）：生态退化趋势得到初步遏制。水资源量增加近80亿m³，草地产草量整体提高了30%。三江源生态保护和建设二期工程（2014~2020年）治理目标包括：到2020年，林草植被得到有效保护，森林覆盖率由4.8%提高到5.5%；草地植被覆盖度平均提高25~30个百分点；土地沙化趋势有效遏制，可治理沙化土地治理率达50%，沙化土地治理区内植被覆盖率达30%~50%	

现有主要技术

技术名称	1. 围栏封育	2. 生态补偿（草原奖补）	3. 生态移民
效果评价			
存在问题	围栏破坏游牧过程，使草原分割；围栏使过牧变为分布型过牧，加剧围栏内过牧	生态补偿的补偿标准确定存在争议	经济成本巨大，且需要进一步解决移民生计问题

技术需求

技术需求名称	1. 灭鼠技术	2. 人工建植技术
功能和作用	增加植被覆盖/防灾减灾	增加植被覆盖/维持生物多样性

推荐技术

推荐技术名称	1. 招鹰架/鹰巢生物灭鼠	2. 多年生人工草地混播建植（燕麦、中华羊茅、披碱草、冷地早熟禾）
主要适用条件	黑土滩（坡度小于7°）	黑土滩（坡度小于7°）

(21) 三江源高寒草地退化区（b）			
地理位置		位于青藏高原腹地，青海省南部，西南与西藏自治区接壤，东部与四川省毗邻，89°24′E ~ 102°41′E，31°39′N ~ 36°16′N，为长江、黄河、澜沧江三条大河的发源地	
案例区描述	自然条件	平均海拔 3500 ~ 4800m；青藏高原亚热带半湿润区和半干旱区，属内陆高原气候；日照时数多，总辐射量大，光能资源丰富；夏季凉爽，冬季寒冷，热量资源差；降水时空分布差异显著；雪灾、大风、沙暴等气象灾害多。植被类型以高寒草甸、高寒沼泽草甸、高寒草原为主	
	社会经济	现有人口 55.6 万人，其中藏族人口占 90% 以上。畜牧业生产水平低而不稳，经济发展相对落后。从行政区划看，包括青海果洛藏族自治州玛多、玛沁、达日、甘德、久治、班玛 6 县，玉树藏族自治州称多、杂多、治多、曲麻莱、囊谦和玉树 6 县（市），海南藏族自治州贵南、兴海和同德 3 县，黄南藏族自治州泽库和河南 2 县以及海西蒙古族藏族自治州格尔木市唐古拉山镇	
生态退化问题：草地退化			
退化问题描述		退化草地面积大，退化速度加快；草地产草量和载畜能力下降；水土流失严重，生态平衡失调；鼠害加剧	
驱动因子		自然：气候暖干化、鼠害　　人为：超载过牧	
治理阶段		三江源生态保护和建设一期工程（2005 ~ 2013 年）：生态退化趋势得到初步遏制。水资源量增加近 80 亿 m³，草地产草量整体提高了 30%。三江源生态保护和建设二期工程（2014 ~ 2020 年）治理目标：到 2020 年，林草植被得到有效保护，森林覆盖率由 4.8% 提高到 5.5%；草地植被覆盖度平均提高 25% ~ 30%；土地沙化趋势有效遏制，可治理沙化土地治理率达 50%，沙化土地治理区内植被覆盖率达 30% ~ 50%	
现有主要技术			
技术名称		1. 围栏封育	2. 高寒沙化草地综合治理
效果评价			
存在问题		围栏破坏游牧过程，使草原分割；围栏使过牧变为分布型过牧，加剧围栏内过牧	恢复植被的管理没有跟进
技术需求			
技术需求名称		1. 农牧区耦合的跨区域调草	2. 降低放牧强度，以植被土壤适应性恢复为主、人工恢复为辅
功能和作用		提高产量/防灾减灾	增加植被覆盖/维持生物多样性
推荐技术			
推荐技术名称		1. 人工建植	2. 饲草种植
主要适用条件		海拔相对较低的地区	海拔相对较低的地区

(22) 青海省三江源黑土滩草地退化区

地理位置	位于青海省南部，89°24′E ~ 102°15′E，31°32′N ~ 36°16′N，包括玉树藏族自治州、果洛藏族自治州、黄南藏族自治州的河南蒙古族自治县和泽库县、海南藏族自治州的贵南县、同德县和兴海县、海西蒙古族藏族自治州的格尔木市唐古拉山镇	
案例区描述	自然条件	属高原山地气候，面积36.31万km²，平均海拔3500 ~ 4500m。年均气温–5.4 ~ 4.1℃，最高气温在囊谦县（4.1℃），玉树藏族自治州为次高中心区，年均气温3.2℃左右，年均降水量274.6 ~ 746.9mm，由东南向西北方向逐渐递减
	社会经济	三江源区以矿产资源开发、原始落后和单一无序的畜牧业为主的产业体系，阻碍了经济发展，损害了社会进步，破坏了生态环境，要解决生态保护与发展经济的矛盾，实现双赢，需转变经济发展方式，甚至应在外力的推动下实现突进式转变、跨越式发展

生态退化问题：草地退化		
退化问题描述	由于不合理的开发利用，三江源区草地呈大面积退化趋势，全区目前有中度以上退化草地0.1亿hm²，占区内草地总面积的63.3%，近1/3的退化草地已沦为失去经济价值和生态功能的"黑土型"退化草地	
驱动因子	自然：干旱、风蚀	人为：过度开垦、过度放牧
治理阶段	目前处于治理生态中期阶段，治理后草地植被覆盖度平均提高了50%，平均亩产鲜草提高了200kg以上，年总增牧草20多亿千克，减轻放牧压力140万只羊单位，近3.3万hm²黑土滩已建成优质高产的饲草料基地，亩产鲜草达到500kg以上	

现有主要技术		
技术名称	1. 人工种草	2. 物种选育
效果评价		
存在问题	适宜的草种选择，成本较高	早熟禾仅适用于高寒草甸

技术需求		
技术需求名称	1. 生物结皮	2. 补播改良草场
功能和作用	快速形成草皮	提高植被覆盖度，缓解放牧压力

推荐技术		
推荐技术名称	1. 生物结皮	2. 补播改良
主要适用条件	土壤松散的退化草地	因过度放牧形成的退化草地

(23) 青海省果洛藏族自治州草地退化区		
地理位置	地处青海省东南部，青藏高原腹地，东临甘肃省甘南藏族自治州，南接四川省阿坝藏族羌族自治州，96°54′E～101°51′E，32°31′N～35°37′N	
案例区 描述	自然 条件	高原大陆性气候，总面积76 442km²，平均海拔4200m以上，年均气温–4℃，无绝对无霜期。降水量地区分配不均，东南较湿润地区年平均降水量655.8～759.8mm，西北部年平均降水量306mm，中部地区年平均降水量474～540.9mm。药用动植物资源丰富，冬虫夏草、雪莲、大黄、红景天、贝母、秦艽、当归、党参、川芎、黄芪、羌活等药用植物遍布州内大部分地区。境内有森林面积2.085万hm²
	社会 经济	2019年果洛藏族自治州常住人口211 588人，其中藏族人口194 237人，占总人口的91.80%；农牧业人口161 942人，占总人口的76.54%。该州农作物播种面积307hm²，其中，粮食作物面积270hm²。2019年全州共育活各类仔畜34.03万只/头，出栏各类牲畜35.24万只/头，年末存栏各类牲畜128.13万只/头。牛奶产量24 928.63t，肉类产量22 795t，绵羊毛产量241.59t，牛毛绒产量343.28t

生态退化问题：草地退化	
退化问题描述	由于气候变化和过度放牧，该区草地退化问题较为严重，许多地方出现黑土滩
驱动因子	**自然**：干旱、水蚀、风蚀　　**人为**：过度放牧
治理阶段	处于生态治理中期阶段。2019年起，果洛藏族自治州率先在青海省实行"草长制"，建立草原管护网格化和管护队伍组织化制度，把草场承包、草原生态保护修复纳入管护体系，维护和促进草原生态系统的完整性和功能性，同时加大对黑土滩的治理力度

现有主要技术	
技术名称	1. 植被恢复	2. 人工灭鼠
效果评价		
存在问题	后期管护跟进不够	成本高、效率低

技术需求	
技术需求名称	1. 降低放牧强度	2. 生物防控鼠害
功能和作用	水质维护、维持生物多样性、防灾减灾	提高灭鼠效率、提高生物多样性

推荐技术	
推荐技术名称	1. 以草定畜	2. "暗堡式野生动物洞穴"灭鼠
主要适用条件	退化草地	受鼠害威胁的退化草地

（24）青海省海南藏族自治州草地退化区

地理位置		地处青海省东部，青海湖之南，98°55′E ~ 105°50′E，34°38′N ~ 37°10′N
案例区描述	自然条件	属典型的高原大陆性气候，面积 4.45 万 km²。全州平均海拔在 3000m 以上，山地为主，盆地居中，高原丘陵和河谷台地相间其中。黄河下段谷地年均气温 7℃，4000m 以上地区在 -4℃ 以下。南部地区年降水量 400 ~ 500mm，共和盆地年降水量 300 ~ 360mm。东部及北部年均日照 2900 ~ 3040h，中部和南部地区年均日照 2690 ~ 2770h
	社会经济	海南藏族自治州农业用地、林业用地占比小，牧业用地面积较大，牧业用地（天然草场、人工草场、饲草饲料地）350.5 万 hm²，占 78.67%；农业用地（农耕地、果园）9.8 万 hm²，占 2.19%；林业用地（乔木林、灌木林苗圃造林地）18.4 万 hm²，占 4.14%。2018 年，全州育活仔畜 195.27 万只/头，草食畜存栏 456.02 万只/头，各类牲畜出栏 219.27 万只/头，出栏率 47.43%，全年全州肉类总产量 5.85 万 t

生态退化问题：草地退化	
退化问题描述	由于青藏高原生态脆弱，加之风蚀、水蚀及过度人为活动，该区高寒草甸严重退化，致使鼠害加剧，严重地区形成黑土滩
驱动因子	自然：生态环境脆弱、风蚀、水蚀　　　　人为：过度人类活动、过度采药
治理阶段	处于生态治理中期阶段，提出"为牧而农、为养而种、立草为业，发展草产业，带动草经济"的发展新思路，鼓励农牧民开展饲草种植，打造饲草产业园区，为三江源地区饲草储备发挥了重要的作用，形成了生态和经济双赢的产业发展格局

现有主要技术		
技术名称	1. 补播	2. 围栏封育
效果评价		
存在问题	成活率低	围栏破坏游牧过程、加剧围栏内过牧

技术需求		
技术需求名称	1. 饲草储藏	2. 灭鼠技术
功能和作用	饲料及草料储藏	防灾减灾

推荐技术		
推荐技术名称	1. 草饼干	2. 招鹰架/鹰巢生物灭鼠
主要适用条件	高寒牧区	黑土滩

(25) 西藏自治区拉萨市林周县高寒草地退化区（a）

地理位置	位于西藏自治区中部、拉萨河上游，90°51′E ~ 91°28′E，29°45′N ~ 30°8′N		
案例区描述	自然条件	属高原季风气候，平均海拔 4200m，年均气温 5℃，年均降水量 491mm，年均日照时数 3000h，无霜期 120 天。天然植被类型为灌丛草原、高寒草甸、高寒草原	
	社会经济	林周县下辖 1 个镇、9 个乡，总人口约 7 万人，有汉族、苗族、回族等民族，耕地总面积 120km²，占拉萨市耕地面积的 30%，人均耕地面积 0.17hm²，是西藏自治区主要农区及半农半牧区，2018 年退出西藏自治区贫困县	

生态退化问题：草地退化			
退化问题描述	河谷及山麓草地严重退化加快，退化面积达 60% 以上；草地产草量及载畜能力下降；水土流失严重，草畜失衡鼠害加剧，并引发山体滑坡、泥石流等自然灾害		
驱动因子	自然：冻融、鼠兔灾害　　人为：过度放牧		
治理阶段	2005 年开始退牧还草工程；目前处于生态治理中期阶段，与中国科学院合作（2018 年起），依托退化草地治理技术、人工牧草高产栽培技术、饲草加工技术、高效养殖技术集成，探索生态和生产协同可持续发展模式，开展"生态+科技+扶贫"生态治理道路		

现有主要技术			
技术名称	1. 人工种草	2. 围栏禁牧	3. 半舍饲
效果评价			
存在问题	草种单一；缺少配套设施（遮阳网等）	影响野生动物跨区域觅食；影响牧民收入	缺少冬春饲草料；缺少放牧管理优化技术

技术需求		
技术需求名称	1. 节水灌溉	2. 牧草储藏
功能和作用	蓄水保水，提高产量	保存及运输饲草，解决冬春饲草供给问题

推荐技术		
推荐技术名称	1. 光伏节水灌溉	2. 草饲料人工脱水+草饼干
主要适用条件	水资源短缺且太阳能资源丰富的地区	需要储藏和运输饲草的地区

（26）西藏自治区拉萨市林周县高寒草地退化区（b）

地理位置		位于西藏自治区中部、拉萨河上游，90°51′E～91°28′E，29°45′N～30°8′N
案例区描述	自然条件	属高原季风气候，平均海拔 4200m，年均气温 5℃，年均降水量 491mm，年均日照时数 3000h，无霜期 120 天。天然植被类型为灌丛草原、高寒草甸、高寒草原
	社会经济	林周县下辖 1 个镇、9 个乡，总人口约 7 万人，有汉族、苗族、回族等民族，耕地总面积 120km²，占拉萨市耕地面积的 30%，人均耕地面积 0.17hm²，是西藏自治区主要农区及半农半牧区，2018 年退出西藏自治区贫困县

生态退化问题：草地退化	
退化问题描述	河谷及山麓草地严重退化加快，退化面积达 60% 以上；草地产草量及载畜能力下降；水土流失严重，草畜失衡鼠害加剧，并引发山体滑坡、泥石流等自然灾害
驱动因子	自然：冻融、鼠兔灾害　　人为：过度放牧
治理阶段	2005 年开始实施退牧还草工程；目前处于生态治理中期阶段，与中国科学院合作（2018 年起），依托退化草地治理技术、人工牧草高产栽培技术、饲草加工技术、高效养殖技术集成，探索生态和生产协同可持续发展模式，开展"生态+科技+扶贫"生态治理道路

现有主要技术	
技术名称	1. 草种撒播
技术名称	2. 禁牧、休牧

效果评价		
存在问题	植被种类单一；缺少配套设施	影响野生动物跨区域觅食；影响牧民收入

技术需求		
技术需求名称	1. 增加种植当地草种	2. 牧草储藏
功能和作用	提高存活率	保存及运输饲草，解决冬春饲草供给问题

推荐技术		
推荐技术名称	1. 光伏节水灌溉	2. 草饼干
主要适用条件	水资源短缺且太阳能资源丰富的地区	需要储藏和运输饲草的地区

（27）甘肃省张掖市肃南裕固族自治县草地退化区

地理位置	位于张掖市南部，河西走廊中段，祁连山北麓，整个区域横跨河西五市，同甘青两省的 15 个县市接壤，97°20′E ~ 102°12′E，37°28′N ~ 39°4′N。总面积 2.38 万 km² （2014 年）	
案例区描述	自然条件	属温带大陆性气候，总面积 15 900km²，平均海拔 1400m，年均气温 8.3℃，年均降水量 127.7mm，年均蒸发量 2623mm，年均日照时数 3073h，无霜期约 162 天。自然土壤以灰棕漠土、风沙土为主。土地类型为荒漠戈壁、沙质草地以及少量的绿洲（约 1800km²，占总面积的 11.3%）
	社会经济	2013 年，肃南裕固族自治县辖 5 乡 3 镇，人口 37 579 人，完成生产总值 28.14 亿元，人均 GDP 达到 7.4 万元，三次产业占比调整为 13：70：17

生态退化问题：草地退化	
退化问题描述	肃南裕固族自治县地处甘肃省河西走廊中部，祁连山北麓，是甘肃省主要畜牧业县之一。全县总面积 204.56 万 hm²，可利用草原面积 117.66 万 hm²，其中冬春放牧草地 51.14 万 hm²，夏秋放牧草地 60 万 hm²。由于长期利用方式不当以及气候的影响，全县 44.5% 的天然草地退化
驱动因子	自然：干旱　　人为：过度放牧
治理阶段	2000 年开展以草定畜工作

现有主要技术		
技术名称	1. 围栏封育	2. "灭狼毒""灭棘豆"药物灭毒草
效果评价		
存在问题	实施难度大，超载过牧现象没有根本遏制	施药不连续

技术需求		
技术需求名称	1. 毒草高效利用生物技术	2. 牧草高效种植与保存技术
功能和作用	扩大牧草来源、提高产量	提高产量、保障牧草供给

推荐技术		
推荐技术名称	1. 草种改良	2. 草饲料人工脱水+草饼干
主要适用条件	非适地适草形成的退化草地	需要储藏和运输饲草的地区

（28）吉林省松原市长岭县草地退化区

地理位置	位于吉林省西部、松嫩平原东南部，123°6′E～124°45′E，43°59′N～44°42′N	
案例区 描述	自然 条件	属中温带气候，年均气温 5.2℃，10℃ 以上积温 2919℃，无霜期 142 天，降水量 450～500mm，蒸发量 1082mm 且由东南向西北逐渐增大，春季干旱多风
	社会 经济	长岭县总人口 70 万人，GDP 327 亿元，城镇和农村居民人均可支配收入分别为 19 800 元和 10 800 元（2016 年）。其主要产业为农牧产业，农作物以玉米、高粱、大豆为主，经济作物主要是葵花籽、甜菜等。草场资源丰富，畜牧业发达

生态退化问题：草地退化

退化问题描述	受气候变化和人类活动的共同影响，草地退化、沙化、盐碱化速度加快，1985～1999 年产草量下降了 33.3%，而载畜量却提高了 65.2%；1981～2000 年草地面积减少了 10.33 万 hm^2，减少了 52.15%；2014 年草地覆盖度降至 10%～50%，植物低矮，土壤板结，地表径流大，草地生态系统整体功能受到严重破坏
驱动因子	自然：干旱、风蚀　　人为：过度开垦、过度放牧
治理阶段	目前处于生态治理中期阶段，实行了不同形式的承包责任制，但真正落实到户的不多，对草地竞相使用，缺少建设和保护。后期计划将荒漠草原畜牧业的经营思想转变为生态效益第一的发展理念，以农牧等大农业现代化和信息化发展为导向，建设精准农业工程，优化土地利用结构，防止生态环境进一步恶化

现有主要技术	
技术名称	1. 退耕还林还草	2. 轮牧

效果评价		
存在问题	影响牧民收入，成本较高	后期监管困难

技术需求		
技术需求名称	1. 物种选育	2. 舍饲养殖
功能和作用	筛选种植生长快、产量高、品质好的牧草，缓解草畜矛盾	缓解放牧压力，防止草地退化

推荐技术		
推荐技术名称	1. 优质牧草选育	2. 以草定畜
主要适用条件	非适地适草形成的退化草地	因过度放牧形成的退化草地

（29）黑龙江省东北三江平原湿地退化区（a）

案例区描述	地理位置		位于黑龙江省东北部，西起小兴安岭东南端，东至乌苏里江，北自黑龙江畔，南抵兴凯湖，127°30′E～128°05′E，46°52′48″N～47°03′18″N
	自然条件		属温带湿润、半湿润大陆性季风气候，全年日照时数2400～2500h，1月均温–21～–18℃，7月均温21～22℃，无霜期120～140天。冻结期长达7～8个月，年降水量500～650mm。地貌广阔低平，沼泽与沼泽化土地面积约240万hm²。土壤类型主要有黑土、白浆土、草甸土、沼泽土等，而以草甸土和沼泽土分布最广。三江平原水资源丰富，总量187.64亿m³
	社会经济		三江平原总面积约10.89万km²，总人口862.5万人，人口密度约79人/km²（2019年）。行政区域包括佳木斯市、鹤岗市、双鸭山市、七台河市和鸡西市等所辖的21个县（市）和哈尔滨市所属的依兰县，境内有52个国家农垦系统农场

生态退化问题：湿地退化		
退化问题描述	过度开荒种田破坏了原始生态系统，湿地面积缩小。在人口增长和经济发展的双重压力下，大量湿地被开发为农田，湿地面积减少、功能退化，物种受到严重破坏	
驱动因子	自然：干旱　　人为：过度开垦	
治理阶段	实施了"河长制""湖长制"，落实湿地管理责任体系；率先在三江平原地区建立水资源监测预警数据库和信息技术平台，为中后期治理和成效奠定了基础	

现有主要技术		
技术名称	1. 退田还湖	2. 退耕还林
效果评价		
存在问题	存在一定程度的湿地复耕现象	水资源消耗大，经济效益低

技术需求		
技术需求名称	1. 引水通道建设	2. 引入当地植物品种
功能和作用	补充水源，维持湿地生态功能	提高植物存活率

推荐技术		
推荐技术名称	1. 构建生态廊道	2. 修建水利工程
主要适用条件	生物多样性遭到破坏的区域	水源涵养不足区域

(30) 黑龙江省东北三江平原湿地退化区 (b)

地理位置	位于黑龙江省东北部，在三江盆地的西南部，北起黑龙江、南抵兴凯湖、西邻小兴安岭、东至乌苏里江	
案例区描述	自然条件	三江平原属温带湿润、半湿润大陆性季风气候，全年日照时数 2400~2500h，1 月均温 -21~-18℃，7 月均温 21~22℃，无霜期 120~140d，10℃以上活动积温 2300~2500℃。冻结期长达 7~8 个月，最大冻深 1.5~2.1m。年降水量 500~650mm，75%~85% 集中在 6~10 月。这里虽然纬度较高，年均气温 1~4℃，但夏季温暖，最热月平均气温在 22℃以上，雨热同季，适于农业（尤其是优质水稻和高油大豆）的生长
	社会经济	三江平原行政区域包括佳木斯市、鹤岗市、双鸭山市、七台河市和鸡西市等所属的 21 个县（市）和哈尔滨市所属的依兰县，境内有 52 个国家农垦系统农场。总面积约 10.89 万 km²，总人口 862.5 万人，人口密度约 79 人/km²

生态退化问题：湿地退化

退化问题描述	20 世纪 70 年代中后期国家开始对三江平原天然湿地进行多次大规模的开垦，从而导致土地退化和生态环境恶化，使湿地的面积不断减少，其功能不断退化，引起一系列生态环境问题	
驱动因子	自然：气候变化 人为：过度开垦	
治理阶段	随着粮食安全保障程度的提高和生态恶化日趋严重，国家和黑龙江省逐渐意识到了湿地的生态功能和保护现存湿地的重要性，出台了一系列规定和条例，全面停止开垦湿地，抢救性地建立了一批自然保护区	

现有主要技术

技术名称	1. 建设湿地保护区	2. 退耕还湿
效果评价		
存在问题	许多湿地保护区内仍有耕地存在，管理难度大、成本高	居民主要以农业为生，无有效的替代生计，退耕还湿推行难度大

技术需求

技术需求名称	1. 生态廊道	2. 兴修水利工程
功能和作用	水源涵养、维持生物多样性	水源涵养

推荐技术

推荐技术名称	1. 构建"踏脚石"生态廊道	2. 利用过境水、洪水补给湿地
主要适用条件	小斑块湿地	需要补给水分且有条件的区域

（31）辽宁省盘锦市辽河三角洲湿地退化区（a）

地理位置	地处辽河、大辽河入海口交汇处，辽东湾顶部，位于盘锦市境内，121°35′20″E～122°40′03″E，40°52′10″N～41°59′01″N	
案例区描述	自然条件	温带半湿润的季风气候，年均降水量650mm，年均气温8.5℃，1月均温–12℃，7月均温24℃。主要植被有大宽叶香蒲、长苞香蒲、毛果薹草、薹草、罗布麻，还有以灰绿碱蓬为优势种的盐沼群落。有珍稀鸟类丹顶鹤、濒危物种黑嘴鸥等
	社会经济	2019年盘锦市常住人口144万人，户籍人口129.9万人，域内人口以汉族为主，占全市人口的93.6%，少数民族以满族、朝鲜族、蒙古族、回族为主。2018年全市耕地面积15.7万hm²，永久基本农田面积11.2万hm²，水稻种植面积10.6万hm²

生态退化问题：湿地退化	
退化问题描述	供水不足使得芦苇地发生"苇田蒲化"，石油开采遗留大量废弃油井没有得到整理恢复，加速湿地退化
驱动因子	自然：干旱　　人为：过度开垦、油田开采
治理阶段	处于生态治理中期阶段，2014年，国家将辽河口国家级自然保护区列为首批试点湿地，开展湿地生态效益补偿，补偿资金主要用于农民损失补偿、湿地生态修复以及湿地生态补水和湿地周边环境整治等，保护区生态环境得到明显改善

现有主要技术		
技术名称	1. 植树种草	2. 保护区建设
效果评价		
存在问题	树种较为单一	配套设施不足、违法开垦湿地

技术需求	
技术需求名称	总体规划，分区管控
功能和作用	维持生物多样性

推荐技术	
推荐技术名称	建立"国家公园—自然保护区—自然公园"保护体系
主要适用条件	退化湿地

（32）辽宁省盘锦市辽河三角洲湿地退化区（b）

地理位置	地处位于辽河–渤海入海口交汇处、辽宁省盘锦市境内，121°45′E~122°E，40°45′N~41°10′N。西与大凌河毗邻，北与京沈铁路接壤，东及庄林路分界，南临辽东湾	
案例区描述	自然条件	属暖温带大陆性半湿润季风气候，四季分明，雨热同季，干冷同期。年均气温9.3℃，年均降水量564.5mm，总日照时数2780.5h，无霜期182天。湿地面积3148.57km²，其中人工湿地1549.38km²，自然湿地1599.19km²
	社会经济	辽河三角洲自然湿地生态系统服务功能总价值144.6亿元/a，其中资源功能价值19.2亿元/a，环境功能价值51.34亿元/a，人文功能价值74.06亿元/a。红海滩旅游度假区、辽河口生态旅游区已经成为区域经济发展的重要产业

生态退化问题：湿地退化		
退化问题描述	农业开发和石油开采导致湿地面积日益减少，在自然和人为干扰下，湿地来水减少、水盐失衡、生境质量下降，芦苇湿地、红海滩和各种珍稀鸟类面临严重威胁，湿地保护与资源利用的矛盾比较突出。由于苇田被开发为水田，湿地苇田面积减少至707.02km²，湿地各项生态功能开始衰退	
驱动因子	自然：干旱　　　人为：过度开垦、过度开采	
治理阶段	目前处于生态中期治理阶段，已实施了《辽宁省湿地保护条例》等。但由于水利设施老化坏损严重，生态补偿不足等，湿地修复面临威胁。后期计划建立长效生态补偿机制，鼓励引导适当的生态旅游等产业	

现有主要技术		
技术名称	1. 退耕还苇	2. 封育
效果评价		
存在问题	影响居民收入，居民积极性不高	后期监管困难

技术需求		
技术需求名称	1. 生境修复	2. 自然修复
功能和作用	维护生境，提高生物多样性	避免人为干扰，防止湿地退化

推荐技术		
推荐技术名称	1. 退耕还滩	2. 围栏封育
主要适用条件	沿海滩涂的退化湿地	具备一定自我修复能力的退化湿地

（33）　河北省白洋淀湿地退化区		
地理位置	位于河北省中部，地处京津冀腹地，115°45′E ～ 116°7′E，38°44′N ～ 38°59′N	
案例区 描述	自然 条件	地处暖温带半湿润大陆季风气候区，四季分明，降水集中，年均气温 12.2℃，年均降水量 529.7mm。全年日照时数 2578.3h，年无霜期 195 天，年均风速 1.7m/s
	社会 经济	2015 年安新县完成 GDP 57.4 亿元，城镇居民人均可支配收入 17 130 元，农村居民人均可支 配收入 9230 元

生态退化问题：湿地退化		
退化问题描述	由于气候干旱和过度人类活动，该地区湿地退化严重	
驱动因子	自然：干旱　　　人为：过度人类活动	
治理阶段	2018 年 4 ～ 6 月，南水北调中线一期工程向白洋淀实施生态补水，白洋淀及其上游河道获生态补水 1 亿立方米。从 2019 年开始实施退耕还淀，逐步恢复淀泊水面。截至 2021 年底，全区稻田、藕田退 耕还淀 15.05 万亩，旱田退耕还淀 11.9 万亩	

现有主要技术		
技术名称	1. 水污染治理	2. 人工补给湿地
效果评价		
存在问题	治理成本高、污染易出现反复	引水地的水资源生态补偿难度大

技术需求		
技术需求名称	1. 生物多样性保护成效监测	2. 水量平衡和水质监测
功能和作用	水源涵养、维持生物多样性	水源涵养、水质维护

推荐技术		
推荐技术名称	1. 构建生态廊道	2. 兴修水利工程
主要适用条件	小斑块湿地	水资源条件允许的区域

(34) 湖北省恩施土家族苗族自治州利川市湿地退化区

地理位置	湿地退化区范围涉及利川市柏杨坝镇红岩、偏岩、罗圈、幺棚、龙塘等9个村，108°21′E～109°18′E，29°42′N～30°39′N

案例区描述	自然条件	寒池山是典型的高山泥炭藓沼泽湿地之一，总面积约3000hm²，也是清江支流长片河和梅子水（地名）的重要源头。这里曾有上万亩的原生湖北海棠（湖北省级珍贵树种）群落，目前还保存有几十亩。当地盛产药材，有党参、当归、天麻等两百余种药材，还是世界稀有动物"红点齐蟾"的故乡
	社会经济	2017年，利川市户籍人口94万人，少数民族55.65万人，占利川总人口的59.2%，其中土家族49.28万人，占52.43%。2017年，利川市GDP 1 178 804万元，农林牧渔业总产值582 188万元，2020年退出贫困县序列

生态退化问题：湿地退化

退化问题描述	近年来，当地村民大面积毁林开垦林地和湿地，发展高山蔬菜产业，致使湿地特征严重退化，大片湿地上的原生湖北海棠群落被采伐，其中核心区红岩村被破坏的面积约有400亩
驱动因子	自然：气候变化 人为：过度采伐，过度开垦
治理阶段	2015年，利川市林业局、柏杨坝镇政府联手启动了寒池山湿地保护及林地清理整顿工作，发布了《关于加强森林资源保护管理工作的通告》，与湿地范围村签责任状，与村民签订了"林地保护承诺书"。同时积极引导村民发展经果林、药材等替代产业

现有主要技术	
技术名称	1. 移栽乡土树种	2. 建立自然保护区
效果评价		
存在问题	需定期养护幼苗，成本高	当地居民无有效的替代生计

技术需求	
技术需求名称	1. 湿地恢复技术	2. 幼苗抚育
功能和作用	水源涵养、维持生物多样性	提高幼苗成活率和适宜性

推荐技术	
推荐技术名称	1. 水禽栖息湿地保护	2. 育苗钵移栽技术
主要适用条件	发生退化的水禽栖息湿地	直接种植幼苗成活率较低的地区

（35）江西省九江市都昌县鄱阳湖湿地退化区（a）

地理位置	位于江西都昌县鄱阳湖滨湖区，116°15′36″E ~ 116°45′E，29°8′24″N ~ 29°45′N		
案例区描述	自然条件	属亚热带季风性湿润气候，年均降水量约 1500mm，5 ~ 8 月降水量占全年的 65%；总面积 2000hm²，海拔 110 ~ 570m；典型的喀斯特峰丛洼地，灰岩和硅质灰岩为主，土层贫瘠，水土流失严重；治理前植被覆盖率不足 10%，乔木树种单一		
	社会经济	2019 年，都昌县总人口 81.47 万人，其中农村居民 60.65 万人、城镇居民 20.82 万人。GDP 208.74 亿元，农村居民人均可支配收入 9664 元，城镇居民人均可支配收入 2.85 万元		
生态退化问题：湿地退化			
退化问题描述	由于开发利用不当，鄱阳湖调蓄洪水功能明显下降，蓄洪能力减少约 20%；水质总体状况虽然良好，但局部日趋恶化。在人口增长和经济发展的双重压力下，大量湿地被改造成农田，局部农田再次更改为湿地，如此反复的资源开发与利用造成湿地功能退化，湿地面积萎缩，湿地物种受到严重破坏		
驱动因子	**自然：**气候变化　　**人为：**过度开垦		
治理阶段	1998 年后实施退田还湖（单退、双退），到目前湿地保护和恢复效果明显		
现有主要技术			
技术名称	1. 退田还湖		2. 退耕还林与植被恢复
效果评价			
存在问题	存在一定程度复耕现象；退田户生计问题		水资源消耗大，经济效益低
技术需求			
技术需求名称	1. 水源补给		2. 自然保护区建设
功能和作用	补充水源，维持湿地生态功能		水源涵养、物种保护、维持生物多样性
推荐技术			
推荐技术名称	1. 利用过境水、洪水补给湿地		2. 引入当地野生湿地植物
主要适用条件	需要补充水资源的湿地		湿地植被退化区域

(36) 江西省九江市都昌县鄱阳湖湿地退化区 (b)

地理位置		位于江西省北部，南昌、九江、景德镇"金三角"中心地带
案例区描述	自然条件	属亚热带湿润性季风气候，年均气温 17.1℃，年均日照时数 1970h，相对湿度 80%，年均降水量 1426.4mm，4~6 月降水量占全年的 47.4%。湖面年均风速 3.5m/s 以上，最大风速达 12~17m/s
	社会经济	2019 年，都昌县总人口 81.47 万人，其中农村居民 60.65 万人、城镇居民 20.82 万人。GDP 208.74 亿元，农村居民人均可支配收入 9664 元，城镇居民人均可支配收入 2.85 万元

生态退化问题：湿地退化	
退化问题描述	由于开发利用不当，鄱阳湖调蓄洪水能力减少约 20%，水质总体状况虽然良好，但局部日趋恶化。在人口增长和经济发展的双重压力下，大量湿地被改造成农田，局部农田再次更改为湿地，如此反复的资源开发与利用造成湿地面积萎缩，湿地物种受到严重破坏
驱动因子	自然：干旱、气候变暖　　人为：过度开垦
治理阶段	目前处于生态中期治理阶段，经过多年沙地治理，湖边沙化总面积呈减少趋势，人工造林面积 427hm²，退化林修复 313hm²，森林抚育 3900hm²。后期进一步合理调整农业产业结构，推广高产、稳产种植技术，实现湿地保护和经济发展双赢

现有主要技术		
技术名称	1. 封山育林	2. 节水灌溉
效果评价		
存在问题	见效慢，需加强适宜树种选育	技术要求高，成本高

技术需求		
技术需求名称	1. 自然修复	2. 保护性耕作
功能和作用	减少人为干扰，修复退化湿地	缓解湿地周围的耕作压力

推荐技术		
推荐技术名称	1. 封育	2. 生态农业
主要适用条件	具有一定自我修复能力的退化湿地	过度开垦形成的退化湿地

(37) 河北省保定市水体污染区

地理位置		位于河北省中部，116°3′E ~ 116°4′E，38°46′12″N ~ 38°47′N
案例区描述	自然条件	属暖温带大陆性季风气候区，年均气温 13.4℃，1 月平均气温–4.3℃，7 月平均气温 26.4℃。年均日照时数 2511.0h。年均降水量 498.9mm，降水集中在 6 ~ 8 月
	社会经济	保定市常住人口 939.91 万人，其中城镇人口 514.04 万人，城镇化率 54.69%（2019 年）。辖 5 区、4 市、15 县，另设 1 个国家级高新区、1 个副地级白沟新城。该市主要民族为汉族，人口比较多的少数民族有回族、满族、蒙古族等。该市城乡居民人均可支配收入分别为 32 705 元和 15 618 元（2019 年）

生态退化问题：水体污染		
退化问题描述	工业生产排放大量未经处理或简单处理的污染物，造成水体严重污染；干旱天气加剧了水体污染和底泥囤积	
驱动因子	自然：干旱　　　人为：工业排放、底泥淤积	
治理阶段	聚焦养殖污染、生活污染、工业污染"三大污染源"，2019 年，实施 182 个重点水环境治理项目，总投资 59 亿元	

现有主要技术		
技术名称	1. 化学法净化水质	2. 机械清理底泥
效果评价		
存在问题	易对水质产生二次污染	成本高；机械适宜性较低、影响工作效率

技术需求		
技术需求名称	1. 生物物理法净化水质	2. 环保生产技术
功能和作用	减少二次污染，效果持久	从根源减少污染物的产生

推荐技术		
推荐技术名称	1. 建设生态浮岛	2. 建立排污监管制度
主要适用条件	污染程度较轻的区域	存在偷排污染物的区域

(38) 巴基斯坦旁遮普省生态系统退化区

地理位置	位于巴基斯坦北部，东邻印度的东旁遮普省和查谟和克什米尔省，南接巴哈瓦尔布尔土邦，西南方为俾路支省和信德省，72°42′E ~ 72°42′06″E，31°10′N ~ 31°10′02″N

案例区描述	自然条件	属热带季风气候。受季风影响，雨季较长且湿热。夏天炎热，冬天寒冷。年降水量为 500 ~ 1400mm，50% ~ 80% 的降水分布于 5 ~ 10 月，且年际分布不均。高原中部由平原区和沟壑区组成，坡度范围为 8% ~ 40%
	社会经济	旁遮普省面积 20.53 万 km²，农耕地比例最高可达 86.89%，是巴基斯坦重要的粮食生产地。农业人口占比较大，而且整体较为贫困，对自然资源的依赖程度较高

生态退化问题：生态系统退化

退化问题描述	砍伐森林、过度放牧和开垦农田导致生态系统退化和水土流失等问题，总侵蚀量约 4.24 亿 t/a，土壤侵蚀速率 51.40 ~ 1338.91t/（km²·a）。自然条件下林地土壤侵蚀程度较轻，但在人为活动区，裸露边坡侵蚀严重，土壤侵蚀速率高达 723.44t/（km²·a）

驱动因子	自然：干旱　　人为：土地过度利用、过度放牧耕作

现有主要技术		
技术名称	1. 人工建植	2. 等高耕作
效果评价		
存在问题	森林砍伐仍有发生	土地修复效果不明显

技术需求		
技术需求名称	1. 自然恢复	2. 水资源管理
功能和作用	提高植被覆盖率，改善土壤状况	合理利用水资源，提高农业产量

推荐技术		
推荐技术名称	1. 农林间作	2. 节水灌溉/滴灌
主要适用条件	退化农田生态系统	水资源短缺的退化农田生态系统

		(39) 尼泊尔加德满都生态系统退化区	
地理位置		位于尼泊尔中南部，加德满都谷地的西北部，巴格马蒂河和比兴马提河交汇处，85°20′E ~ 85°20′40″E，27°42′N ~ 27°43′01″N	
案例区描述	自然条件	属温带大陆性气候，气候温和，四季如春。年均气温 20℃ 左右，1 月气温最低 2℃，7 月气温最高 29℃。降水量集中在 4 ~ 9 月。平均海拔 1350m，四周环山，在喜马拉雅山南坡	
	社会经济	该市面积 50.67km²，人口 500 万人。该市以旅游业和农业为主，是尼泊尔的政治、经济和文化中心，也是主要产粮区之一。80% 的人口从事农业生产，主要种植大米、甘蔗、茶叶和烟草等农作物	
		生态退化问题：生态系统退化	
退化问题描述		由于区域气候干燥及水力侵蚀等自然驱动作用，加之过度放牧、过度开垦等问题的存在，该区域面临生态系统退化	
驱动因子		自然：气候干旱、水蚀　　人为：土地过度利用、过度放牧	
		现有主要技术	
技术名称		1. 人工建植	2. 围栏封育
效果评价			
存在问题		建植树种单一，未做到因地选种	管理困难，影响居民收入，成本较高
		技术需求	
技术需求名称		1. 土壤改良	2. 防护林带
功能和作用		提高土壤有机质含量	固土防沙，缓解生态系统退化
		推荐技术	
推荐技术名称		1. 土壤培肥	2. 轮牧
主要适用条件		因土地过度利用形成的退化生态系统	因放牧导致的生态系统退化区

(40) 斯里兰卡生态系统退化区		
地理位置		位于亚洲南部，79°42′E～81°53′E，5°55′N～9°50′N。属于南亚次大陆以南印度洋上的岛国，西北隔保克海峡与印度相望
案例区描述	自然条件	热带季风气候，接近赤道，终年如夏，年均气温28℃，年均降水量2054mm（2019年），受印度洋季风影响，西南部沿海地区湿度大。森林面积2.06万 km²，可耕地面积400万 hm²，已利用200万 hm²（2016年）
	社会经济	国土面积6.56万 km²，人口2167万人，人口密度330 人/km²。GDP 840亿美元，人均 GDP 3852美元（2019年）。农业以种植园经济为主，主要作物有茶叶、橡胶、椰子和稻米。工业基础薄弱，以农产品和服装加工业为主，工业、服务业和农业产值分别占 GDP 的 26.4%、57.4% 和 7.0%
生态退化问题：生态系统退化		
退化问题描述		2000年提出了固体废弃物管理国家战略，但收效甚微。近年来全国废弃物产量不断攀升，2013年已超过1万 t/天，处理设施的严重落后引发环境污染等各类问题，甚至发生垃圾山坍塌导致民众伤亡事件，严重影响当地可持续发展
驱动因子		自然：水蚀　　人为：水体污染
现有主要技术		
技术名称		污水处理
效果评价		
存在问题		缺少政策支持，应用难度大；直排现象普遍
技术需求		
技术需求名称		水资源管理
功能和作用		防止水质进一步恶化
推荐技术		
推荐技术名称		水质监测
主要适用条件		水污染发生区域

(41) 塔吉克斯坦耕地退化区

地理位置	位于中亚东南部,68°51′E~68°51′56″E,38°38′N~38°39′10″N。北邻吉尔吉斯斯坦,西邻乌兹别克斯坦,南与阿富汗接壤,东接中国	
案例区描述	自然条件	温带大陆性气候,春、冬两季雨雪较多,夏、秋季干燥少雨。年均降水量150~250mm;1月均温-2~2℃,7月均温23~30℃,高山区随海拔增加大陆性气候加剧,南北温差较大;境内多山,约占国土面积的93%
	社会经济	国土面积14.31万km²,人口950万人,GDP 79亿美元,人均GDP 840美元(2019年)。种植业占农业总产值的70%,40%可耕面积用于种植棉花,作物种类包括柠檬、甜柿、红石榴等水果和少量的水稻、玉米、小麦等。养蚕业较发达

生态退化问题:耕地退化	
退化问题描述	由于约70%的可耕地面积需要灌溉,其中60%的可灌溉面积依赖天然用水(重力灌溉系统),剩余40%依赖人工灌溉(泵灌溉),但目前调配农业用水的灌溉系统运行比较低效,超过50%的自然灌溉用水系统和65%的泵站处于老化状况,约70%的竖井排水不能使用
驱动因子	**自然:**风蚀、气候变化　　**人为:**过度放牧、过度采伐

现有主要技术	
技术名称	重力灌溉
效果评价	
存在问题	易受气候影响,推广潜力低

技术需求	
技术需求名称	节水灌溉
功能和作用	蓄水保水,增加产量

推荐技术	
推荐技术名称	滴灌
主要适用条件	需要灌溉的退化农田

（42）老挝森林退化区

地理位置	位于中南半岛北部，102°48′E～102°48′51″E，18°1′N～19°20′N。北邻中国，南接柬埔寨，东临越南，西北达缅甸，西南毗连泰国	
案例区描述	**自然条件**	热带、亚热带季风气候。年均气温26℃，年均降水量2000mm。5～10月为雨季，11月至次年4月为旱季。森林面积约1700万hm²，森林覆盖率约50%
	社会经济	老挝面积23.68万km²，总人口723万人，人口密度30人/km²。GDP 190亿美元，人均GDP 2765美元（2019年）。主导产业以农业为主，工业基础薄弱，农作物主要有水稻、玉米、薯类、咖啡、烟叶、花生、棉花等

生态退化问题：森林退化	
退化问题描述	老挝森林资源面积不断缩小。1940年全国森林覆盖率高达70%，1970年森林覆盖率降至60%，到1996年仅有47%。研究表明，老挝森林每年的毁坏速度约为0.8%
驱动因子	**自然**：气候变化、旱涝灾害　　**人为**：过度采伐

现有主要技术		
技术名称	1. 规划采伐计划	2. 北部森林可持续管理
效果评价		
存在问题	缺少专业技术人员	推广潜力小

技术需求		
技术需求名称	1. 森林可持续管理	2. 森林政策法制化
功能和作用	维持生物多样性	维持生物多样性

推荐技术		
推荐技术名称	1. 退化林地恢复与管理模型	2. 森林监察系统
主要适用条件	北部森林	北部森林

(43) 孟加拉国迪纳杰布尔县森林退化区

地理位置	该地为孟加拉国朗布尔专区辖县，位于孟加拉国西北部，$89°3'E \sim 89°43'E$，$25°25'12''N \sim 25°25'49''N$	
案例区描述	自然条件	该地处于亚热带季风气候区，湿热多雨。全县年均降水量 1728mm，年均气温 25℃。该地海拔大多在 40m 左右
	社会经济	县域总面积 3437.98km²，总人口 264.29 万人（2011 年），人口密度约 769 人/km²，全县共设置 13 个乡。该地经济以发展工商业为主，有棉毯、卷烟、碾米等类工厂

生态退化问题：森林退化		
退化问题描述	砍伐树木进行农田种植以及过度放牧造成森林植被严重退化；季节性干旱，严重影响当地林木生长	
驱动因子	自然：干旱　　人为：土地过度开垦和侵蚀	

现有主要技术		
技术名称	1. 提高树种多样性	2. 种植矮树
效果评价		
存在问题	耗水量大，成活率低	难以监测和管理树木生长状况

技术需求		
技术需求名称	1. 公共立法	2. 建立保护区
功能和作用	提升公众的森林保护意识，减少非法伐木	减少非法伐木和森林退化

推荐技术		
推荐技术名称	1. 修建水库	2. 完善监管措施
主要适用条件	（季节性）干旱频发区	乱砍滥伐严重区

(44) 孟加拉国达卡专区加济布尔县森林退化区

地理位置	为孟加拉国达卡专区辖县,地处孟加拉国中部偏东,83°34′48″E ~ 83°34′51″E, 25°35′24″N ~ 25°35′31″N	
案例区描述	**自然条件**	全县年平均降水量 2376mm,年平均气温 12.7 ~ 36℃。县域总面积 1741.53km²,该县平均海拔在 16m
	社会经济	该县总人口 33.33 万人 (2011 年),属于人口高度密集区,约 1900 人/km²。全县共设 5 个乡,下辖 2 自治市;县行政机构驻加济布尔镇

生态退化问题:森林退化		
退化问题描述	毁林种田和工业化加剧了森林砍伐与土壤污染;季节性干旱严重影响森林的水热条件,造成森林大面积破坏	
驱动因子	**自然:**季节性干旱	**人为:**过度开垦农田、砍伐森林,工业化

现有主要技术		
技术名称	1. 减少无计划砍伐	2. 完善土地管理法规
效果评价		
存在问题	利益相关者意识淡薄和政府腐败阻碍了该技术的应用	政府腐败阻碍了土地立法的推行和实施

技术需求		
技术需求名称	1. 加强立法	2. 增加森林保护
功能和作用	为遏制树木滥伐提供法律支撑	保护森林,减少森林砍伐

推荐技术		
推荐技术名称	1. 加强气象预报系统建设	2. 森林有计划砍伐
主要适用条件	自然灾害频发区	树木稀少和毁坏区域

（45）孟加拉国坦盖尔县马杜布尔萨尔森林退化区

地理位置		位于孟加拉国中部达卡专区辖县，89°57′E ~ 90°10′12″E，24°31′12″N ~ 24°46′48″N
案例区描述	自然条件	该县位于热带气候区，总面积 3414km²。全县年平均降水量 1467mm，年平均气温 12℃ ~ 33.3℃
	社会经济	农业是坦盖尔县的主要产业，该区近一半的人口从事农业活动，该区可耕地面积 33.86hm²。渔业、奶业、工业和纺织业处于不断发展壮大阶段。坦盖尔是世界著名坦盖尔纱丽产地。总人口 325.4 万人（1991 年），全县共有 11 个乡

生态退化问题：森林退化	
退化问题描述	过度砍伐和毁林种田，且砍伐后缺少相应的补救措施，对森林资源造成极大破坏；暴雨冲刷进一步加剧了森林被破坏区域的生态环境
驱动因子	自然：暴雨　　人为：过度开垦农田和砍伐森林

现有主要技术	
技术名称	实施社会植树项目
效果评价	
存在问题	当地人森林保护意识薄弱和相关知识缺乏阻碍项目实施

技术需求		
技术需求名称	1. 种植当地树种	2. 减少外来物种入侵
功能和作用	提升森林生物多样性	有助于保持当地林区的原有特色

推荐技术		
推荐技术名称	1. 增加树木品种	2. 保护天然林
主要适用条件	树木品种单一且林地生产力低的区域	天然林破坏严重的区域

（46）孟加拉国坚德布尔县红树林退化区

地理位置	位于孟加拉国中部吉大港区，西界梅克纳河，地处梅克纳河河口。90°30′E ~ 91°30′E，21°45′N ~ 23°30′N	
案例区描述	自然条件	该县总面积 1704.06km²，属于亚热带季风型气候，湿热多雨。年平均气温 34℃，年均降水量 2551mm，平均海拔在 14m
	社会经济	该县人口 241.6 万人（2011 年），人口密度 1400 人/km²，下设七个乡。该地郊区产黄麻，为黄麻转运中心。有黄麻加工、榨油、化学、胶合板等厂。铁路、公路通诺阿卡利、库米拉、吉大港等城市

生态退化问题：红树林退化		
退化问题描述	海水侵蚀使沿岸红树林固着的土壤消失，养分减少，从而导致红树林死亡；过度开垦农田和养殖场扩建，加大对红树林的破坏	
驱动因子	自然：河岸侵蚀　　人为：过度放牧与开垦	

现有主要技术		
技术名称	1. 沿海造林	2. 修建防护堤
效果评价		
存在问题	选择适宜的地域和红树林品种有难度，短期内效益不突出	路堤建设缺乏基于河道动态的科学严密的设计和实施机制

技术需求		
技术需求名称	1. 疏浚河道	2. 严格立法
功能和作用	增加水流、防止侵蚀和沉积物进入	约束肆意破坏和获得珍贵自然资源的行为

推荐技术		
推荐技术名称	1. 种植耐盐碱和抗洪植物	2. 实施限制土地过度开发法规
主要适用条件	海浪、洪水频发区	森林、土地退化严重的区域

（47）蒙古国巴彦洪果尔省草地退化区		
地理位置	位于蒙古国西南部，南与中国接壤，99°24′25″E～99°30′03″E，45°29′28″N～45°30′01″N	
案例区 描述	**自然 条件** 温带草原气候，总面积11.6万 km²。年均气温−0.5℃，年均降水量200～300mm。平均海拔1309m，北部为山区，中部为草原，南部为干旱的戈壁沙漠	
	社会 经济 蒙古国可耕地面积约56.7万 hm²，人均可耕地面积约0.186hm²/人，人均 GDP 4339.8 美元（2016 年）。巴彦洪果尔省总人口约87 869 人，人口密度0.48 人/km²（2019 年）	

生态退化问题：草地退化		
退化问题描述	由于干旱、过度放牧以及采矿，该地区草地退化较为严重	
驱动因子	自然：干旱、风蚀 人为：过度放牧、采矿	

现有主要技术		
技术名称	1. 围栏	2. 种草
效果评价		
存在问题	面积和范围大、监管难度大	种类单一、成本高

技术需求		
技术需求名称	1. 人工建植	2. 沙障
功能和作用	增加植被覆盖，保持土壤， 增加土壤抗蚀性，涵养水源	防风固沙

推荐技术		
推荐技术名称	1. 饲草料种植	2. 聚乙烯沙障
主要适用条件	草场压力较大的牧区	易受风沙侵害的地区

(48) 尼泊尔草地退化区

地理位置	位于喜马拉雅山中段南麓，85°19′E ~ 85°20′E，27°42′N ~ 27°42′10″N。北与中国西藏接壤，东、西、南三面被印度包围，国境线长 2400km	
案例区描述	自然条件	地区气候差异明显，分北部高山、中部温带和南部亚热带三个气候区。北部为高寒山区，终年积雪，最低气温可达-41℃；中部河谷地区气候温和，四季如春；南部平原常年炎热，夏季最高气温45℃
	社会经济	该国国土面积147 181km²，人口2898 万人（2016 年），GDP 288.12 亿美元，人均 GDP 1026 美元（2018 年）。耕地面积325.1 万 hm²，农业人口占总人口的80%，主要种植大米、甘蔗、茶叶和烟草等农作物，粮食自给率达97%

生态退化问题：草地退化		
退化问题描述	由于区域气候干燥及水力侵蚀等自然驱动作用，加之过度放牧、过度开垦等问题的存在，该区域退化生态系统等问题出现	
驱动因子	自然：气候干旱、水蚀　　人为：过度放牧	

现有主要技术		
技术名称	1. 种植增值潜力大的树种	2. 植物围栏
效果评价		
存在问题	幼苗购买难度较高	易遭受动物啃食；围墙建设难度较大

技术需求		
技术需求名称	1. 物种多样性保护	2. 可持续草地利用
功能和作用	维护生物多样性	防止草地退化，维持生物多样性

推荐技术		
推荐技术名称	1. 多树种混合种植	2. 植物+人工围栏混合使用
主要适用条件	退化林地	退化较为严重、需要围栏保护的退化区

(49) 塔吉克斯坦草地退化区

地理位置	位于中亚东南部，68°51′E ~ 68°52′E，38°38′N ~ 38°38′54″N。北邻吉尔吉斯斯坦，西邻乌兹别克斯坦，南与阿富汗接壤，东接中国	
案例区描述	自然条件	温带大陆性气候，春、冬两季雨雪较多，夏、秋季干燥少雨。年均降水量 150 ~ 250mm；1 月均温–2 ~ 2℃，7 月均温 23 ~ 30℃，高山区随海拔增加大陆性气候加剧，南北温差较大；境内多山，约占国土面积的 93%
	社会经济	该国国土面积 14.31 万 km²，人口 950 万人，GDP 79 亿美元，人均 GDP 840 美元（2019 年）。种植业占农业总产值的 70%，40% 的可耕面积用于种植棉花，作物种类包括柠檬、甜柿、红石榴等水果和少量的水稻、玉米、小麦等。养蚕业较发达

生态退化问题：草地退化	
退化问题描述	过度放牧和过度采伐森林，逐渐老化、落后的灌溉系统以及不可持续的土地耕作方式造成水土流失严重，加之不合理的用水引发水污染，进而引起自然环境退化。过去 15 年间 97% 的可耕种土地土质在下降，2004 ~ 2014 年可耕地面积由 90.56 万 hm² 下降至 82.84 万 hm²
驱动因子	自然：风蚀、气候变化　　人为：过度放牧、过度采伐

现有主要技术	
技术名称	1. 草地和牧场监测	2. 季节性休牧
效果评价		
存在问题	缺乏科学研究支持，推广潜力小	易受气候影响，应用难度大，推广潜力低

技术需求	
技术需求名称	1. 草场动态监测	2. 施肥
功能和作用	防止草地进一步退化	增加土壤抗蚀性

推荐技术	
推荐技术名称	1. 围栏封育	2. 土壤改良
主要适用条件	人畜干扰较多的退化草地	土壤退化较为严重的区域

（50）孟加拉国加济布尔县湿地退化区

地理位置	为孟加拉国达卡专区辖县，地处孟加拉国中部偏东，83°35′24″E ~ 83°35′53″E，25°35′24″N ~ 25°35′38″N	
案例区描述	**自然条件**	该地处于亚热带季风气候区，湿热多雨。全县年均降水量2376mm，年均气温36℃。县域总面积465.24km²，大部分地区海拔在14m左右
	社会经济	该县总人口33.74万人（2011年），人口密度约725人/km²。全县共分置5个乡，下辖2自治市；行政机构驻加济布尔镇

	生态退化问题：湿地退化	
退化问题描述	季节性干旱造成当地湿地面积不断减少，工业废弃物中的有毒物质排放导致湿地污染严重，土地质量严重下降	
驱动因子	自然：干旱　　人为：化学污染	

	现有主要技术	
技术名称	1. 使用真菌悬液降低废水毒性（实验室研发阶段）	2. 采用生物法降解固废
效果评价		
存在问题	未能对残留物和截留的悬浮固体妥善管理，造成二次污染	降解效率低

	技术需求	
技术需求名称	1. 采用细菌细胞净化废水	2. 采用真菌菌丝体
功能和作用	可吸附污水中的悬浮物和溶解固体，污水处理效果好	降解富含纤维素和半纤维素的物质

	推荐技术	
推荐技术名称	1. 建生态浮岛	2. 种植净化水质的植物
主要适用条件	水质出现污染的水域和湿地	水污染区

(51)	乌兹别克斯坦咸海湿地退化区		
地理位置	位于中亚腹地，60°00′E～60°10′E，45°00′N～45°23′N。南靠阿富汗，北部和东北与哈萨克斯坦接壤，东、东南与吉尔吉斯斯坦和塔吉克斯坦相连，西与土库曼斯坦毗邻		
案例区描述	自然条件	大陆性气候，夏季漫长炎热，冬季短促寒冷。7 月均温 26～32℃，1 月均温–6～3℃。西部年均降水量 80～200mm，东部为 1000mm。地势东高西低，地形以平原低地为主	
	社会经济	该国人口 3419 万人，人口密度 2 人/km²，其中农村人口占 32.4%。GDP 583 亿美元，人均 GDP 1741 美元（2020 年）。支柱产业是黄金、棉花、石油、天然气，矿产资源储量总价值约 3.5 万亿美元，黄金探明储量 3350t，石油探明储量 1 亿 t，凝析油探明储量 1.9 亿 t，天然气探明储量 1.1 万亿 m³，煤储量 18.3 亿 t，铀储量 18.58 万 t	

生态退化问题：湿地退化			
退化问题描述	由于农业尤其是棉花种植的快速发展，加上引水灌溉工程的实施以及人口的快速增长，咸海面积大幅缩减，逐渐枯竭。此外，过量使用农药和化肥污染了地表水和地下水，导致 95% 以上的沼泽和湿地变成沙漠，50% 以上的三角洲湖干涸		
驱动因子	自然：气候变化　　人为：引水灌溉工程、过度开垦		

现有主要技术			
技术名称	1. 水资源利用		2. 流域保护
效果评价			
存在问题	成本高		成本高

技术需求			
技术需求名称	节水灌溉		
功能和作用	蓄水保水		

推荐技术			
推荐技术名称	1. 滴灌		2. 水资源确权
主要适用条件	旱地农田		水权不明确区域

(52) 孟加拉国班多尔班县农田和森林退化区		
地理位置	位于孟加拉国东南部吉大港区，92°27′12″E ~ 92°27′01″E，22°19′12″N ~ 22°21′03″N	
案例区描述	自然条件	班多尔班县为丘陵地带，总面积4479km²，多山，整个县蔓延在周边的丘陵地带上。该县大部分地区属亚热带季风型气候，湿热多雨，气候温暖湿润。年均气温25.9℃左右，年均降水量约2800mm。每年有雾日20天、雷雨日50天
	社会经济	吉大港区是孟加拉国重要的交通枢纽，水运、陆运和空运都相当发达，该港具有"孟加拉湾门户"之称，承担了全国70%左右的外贸货物运输业务。吉大港旅游业发展迅速，已成为该市的重要支柱产业
生态退化问题：农田和森林退化		
退化问题描述	过度砍伐森林和开垦农田，破坏森林和土地质量；工业废物排放严重，对农田污染严重；暴雨加剧了森林和草地的水土流失	
驱动因子	自然：暴雨 人为：化学污染、农田过度开发和森林过度采伐	
现有主要技术		
技术名称	1. 种植多树种和果树	2. 实施社会森林项目
效果评价		
存在问题	当地人环境安全意识和知识的缺乏，阻碍森林保护措施的推进	森林保护意识淡薄阻碍了森林项目的实施和推广
技术需求		
技术需求名称	1. 土地区划及可持续管理	2. 防止森林砍伐
功能和作用	减少乱砍滥伐	减少森林毁坏
推荐技术		
推荐技术名称	1. 伐后修复	2. 退耕还林
主要适用条件	过度砍伐、森林严重退化区	退化农田

(53) 孟加拉国苏纳姆甘杰县农田和湿地退化区		
地理位置	位于孟加拉国东北部锡尔赫特区，91°48′E ~ 91°50′E，25°8′24″N ~ 25°8′30″N	

| 案例区描述 | 自然条件 | 该县属亚热带季风型气候，湿热多雨。全年分为冬季（11 月至次年 2 月），夏季（3 ~ 6 月）和雨季（7 ~ 10 月）。年平均气温 26.5℃。冬季最低温度 4℃，夏季最高温度达 45℃，雨季平均温度 30℃。面积 3747.12km² |
| | 社会经济 | 该县总人口 201.37 万人（2011 年），男性占 50.89%，女性占 49.11%。宗教以伊斯兰教为主，占 83.62%，印度教占 15.95%，其他 0.43%。人口密度相对较低，约 659 人/km²（2011 年）。经济发展相对较快，人均 GDP 约 6250 美元 |

生态退化问题：农田和湿地退化	
退化问题描述	土地过度开垦造成肥力低下；农田、生活垃圾严重污染周围农田和湿地；暴雨集中，造成农作物大面积受灾
驱动因子	自然：水侵蚀　　人为：化学污染和土地过度开垦

现有主要技术		
技术名称	1. 筛选多种植被	2. 建立伐木缓冲带
效果评价		
存在问题	耗水量大，树木存活率低	缓冲带设计标准不规范，防暴洪效果较差

技术需求		
技术需求名称	1. 控制湿地污染	2. 完善洪水管理法规
功能和作用	减少工业废物排放和石油泄漏	构建防洪屏障和洪水预警系统，保护河流

推荐技术		
推荐技术名称	1. 建立湿地防护带	2. 轮作
主要适用条件	严重退化或被污染的湿地	肥力低下的农田

(54) 孟加拉国科克斯巴扎尔县森林和农田退化区		
地理位置	位于孟加拉国东南部吉大港区，东接缅甸，西临孟加拉湾，92°36′E ~ 92°39′E，21°26′24″N ~ 21°26′50″N	
案例区描述	自然条件	处于丘陵地带，总面积2491.86km²。大部分地区海拔仅为3m。属于亚热带季风气候，湿热多雨，年均气温在32.5℃左右，年均降水量约3333mm
	社会经济	科克斯巴扎尔县得名于世界上最长（120km）的天然海滩——科克斯巴扎尔。当地也是孟加拉国的渔港之一。该县下设七个乡，人口229万人（2016年），人口密度约919人/km²，人均可耕地面积极少
生态退化问题：森林和农田退化		
退化问题描述	土地过度开垦且缺少对土壤养分补给，导致农田质量下降；对森林过度砍伐，缺乏对林区的伐后维护；干旱加剧了森林和农田质量下降	
驱动因子	自然：干旱　　　人为：土地过度开垦	
现有主要技术		
技术名称	1. 种植经济林	2. 庭院种植
效果评价		
存在问题	树种适宜性低，水资源短缺导致的长势差	作物和树种品种适宜性差，缺乏有效管理
技术需求		
技术需求名称	1. 种质资源保护	2. 山地种植
功能和作用	提高产量和收入	既维护生态系统又改善生计
推荐技术		
推荐技术名称	1. 轮耕	2. 伐后修复
主要适用条件	肥力较低的农田	过度砍伐、森林退化区

(55) 孟加拉国杰索尔县草地、农田和湿地退化区

地理位置	位于孟加拉国库尔纳专区，89°9′E ~ 89°9′27″E，23°18′N ~ 23°18′41″N	
案例区描述	自然条件	该地气候属于亚热带季风气候，湿热多雨，年降水量约 1537mm，面积 2606.98km²，平均海拔 7m，易受飓风和海潮侵袭
	社会经济	该县人口 302.9 万人（2016 年），人口密度约 1265 人/km²。2018 年，孟加拉国人均可支配收入约 772.02 美元

生态退化问题：草地、农田和湿地退化		
退化问题描述	土地过度开垦且缺少对土地养料的补充，导致农田质量下降；工业化对周围的农田和草地造成化学污染，干旱进一步加剧污染	
驱动因子	自然：干旱　　人为：土地过度开垦、化学污染	

现有主要技术		
技术名称	1. 改变种植模式	2. 抽取地下水
效果评价		
存在问题	农民缺乏相关知识，改变种植模式难度大	地下水中铁和锰含量高，影响灌溉后的农田肥力

技术需求		
技术需求名称	1. 改善排水设施	2. 增施有机肥
功能和作用	减少地表水流失，增加雨水利用，降低地下水使用压力	减少化肥、杀虫剂和除草剂对土壤和地下水造成的破坏，改善土壤和地下水质量

推荐技术		
推荐技术名称	1. 人工草地	2. 建立水库
主要适用条件	水土条件适宜的退化草地	（季节性）干旱频发区

(56) 叙利亚贾巴勒萨曼县农田和草地退化区		
地理位置	位于阿勒颇市，叙利亚北部，37°41′2″E ~ 37°41′9″E，35°57′N ~ 35°57′58″N	
案例区描述	自然条件	属亚热带地中海气候，夏季炎热干燥，冬季温和多雨，雨热不同期；南部地区属热带沙漠气候，全年高温干旱，降水量稀少。总面积190km²
	社会经济	2020年，阿勒颇市总人口达到414万，已成为叙利亚第二大城市，是中东最大的商业中心之一。该市工业有丝织、棉纺织、地毯、植物油、肥皂、制糖、管道等，同时，棉花、羊毛、烟草等农牧产品贸易颇盛

生态退化问题：农田和草地退化	
退化问题描述	大肆开垦土地，对土地养护不足，导致土壤肥力不断下降；过度放牧引起草地土壤裸露，严重干旱区出现沙化现象
驱动因子	自然：干旱　　人为：过度开垦和放牧

现有主要技术		
技术名称	1. 轮牧	2. 植树造林
效果评价		
存在问题	饲料成本高，影响收益	耗水量大，缺少相应的配套技术

技术需求	
技术需求名称	种植经济林
功能和作用	土壤保水，增加植被覆盖和居民收入

推荐技术		
推荐技术名称	1. 草地人工补植	2. 当地树种种植和自然恢复
主要适用条件	退化草地、水土条件适宜的宜草区	退化森林生态系统

(57) 塔吉克斯坦阿姆河流域草地和湿地退化区		
地理位置	位于塔吉克斯坦中西部，68°45′E ~ 68°45′12″E，39°3′N ~ 39°3′18″N	

案例区描述	自然条件	属典型的温带大陆性气候，春、冬两季雨雪较多；夏、秋季干燥少雨，年降水量 150 ~ 250mm。境内山地和高原占 90%，其中约一半在海拔 3000m 以上的地域。1 月平均气温 -2 ~ 2℃；7 月平均气温 23 ~ 30℃
	社会经济	2018 年，塔吉克斯坦 GDP 73 亿美元，人均 GDP 约 802 美元。2019 年，GDP 约 79 亿美元，同比增长 8.2%，人均 GDP 约 840 美元；对外贸易额 45.23 亿美元，同比增长 7.1%

生态退化问题：草地和湿地退化		
退化问题描述	过度抽取地下水，导致水位下降，湿地面积缩减；草地严重超载，引起土壤裸露，严重干旱区出现沙化现象	
驱动因子	自然：干旱　　人为：水资源过度开发和过度放牧	

现有主要技术		
技术名称	1. 修建大坝	2. 修建缓冲水库
效果评价		
存在问题	维护成本较高	缺少相应配套技术

技术需求		
技术需求名称	修建小水电站	
功能和作用	减少重力侵蚀	

推荐技术		
推荐技术名称	1. 提升用水效率	2. 加强水域监管
主要适用条件	水资源匮乏区	水资源过度开发利用区

（58）孟加拉国拉杰沙希县土壤退化区

地理位置	位于孟加拉国拉杰沙希区，南面恒河，与印度相邻，88°36′E ~ 88°36′08″E，24°22′12″N ~ 24°22′15″N

案例区描述	自然条件	该地总面积 2407.01km²，年均气温 26.5℃，全年分为冬季、夏季和雨季，降水主要集中在 5 ~ 10 月。有十条河流流经此地，长度共计 146km。其中，主要河流为帕德玛河、默哈嫩达河、巴拉尔河等
	社会经济	拉杰沙希县人口 259.5 万（2011 年），人口密度约 1079 人/km²。该县下设 9 个乡，经济以纺织业和农产品加工业为主

生态退化问题：土壤退化	
退化问题描述	农田过度开垦导致土壤肥力下降，工业污染物的大肆排放严重污染土壤
驱动因子	自然：季节性干旱　　人为：化学污染和农田过度开垦

现有主要技术		
技术名称	1. 植树造林	2. 管道防渗灌溉
效果评价		
存在问题	树种适应性低，土壤肥力低、侵蚀严重，水和空气污染影响树木生长	建设周期长，成本高

技术需求		
技术需求名称	1. 适宜的水土管理技术	2. 种植经济林
功能和作用	防止土壤退化，保护植被，减少水土流失	提高土壤肥力和生产力，减少土地退化，防止荒漠化

推荐技术		
推荐技术名称	1. 加强污染物排放管理	2. 轮耕
主要适用条件	污染物任意排放的工业区	土壤肥力低下或者受到污染的农田

非洲：（1）马拉维布兰太尔市森林退化区		
地理位置	位于该国南部地区，34°59′24″E～34°59′58″E，15°47′24″N～15°47′30″N	
案例区描述	自然条件	热带草原气候，总面积 1785km²。年均气温 20.6℃，年均降水量 1199mm，年均日照时数 2640h。地处夏尔河河谷，平均海拔 1100m
	社会经济	马拉维可耕地面积约 380 万 hm²，人均可耕地面积约 0.221hm²/人（2016 年），人均 GDP 400～440 美元（2016 年）。布兰太尔市总人口约 451 220 人，人口密度 253 人/km²
生态退化问题：森林退化		
退化问题描述	由于气候变化和过度采伐，该地区森林退化问题日趋严重	
驱动因子	自然：气候变化　　人为：过度采伐	
现有主要技术		
技术名称	植树造林	
效果评价		
存在问题	幼苗存活率低	
技术需求		
技术需求名称	多样化种植	
功能和作用	增加植被覆盖度、保持水土	
推荐技术		
推荐技术名称	近自然造林	
主要适用条件	退化林区	

（2）肯尼亚马萨比特市草地退化区		
地理位置	位于肯尼亚北部，由火山活动形成的小范围熔岩高原，7°57′40″E～7°58′E，2°18′43″N～2°18′56″N	
案例区描述	自然条件	热带草原气候，总面积 70961.2km²，最高海拔 1359m。年均气温 19.8℃，年均降水量 693mm，年均蒸发量 2421mm，无霜期 5～10 月。植被类型主要为干旱和半干旱草原
案例区描述	社会经济	肯尼亚可耕地面积约 5.8 亿 hm²（2016 年），人均 GDP 1237.5 美元（2019 年），年人均可支配收入 4600 美元（2016 年）。马萨比特市以奥罗莫人、图尔卡纳人和桑布鲁人为主，总人口约 44.7 万人，人口密度 6 人/km²，可耕地面积约 158.2 万 hm²
生态退化问题：草地退化		
退化问题描述	由于干旱和过度放牧，该区水土流失问题较为严重	
驱动因子	自然：干旱　　人为：过度放牧	
现有主要技术		
技术名称	1. 种子球	2. 围栏
效果评价		
存在问题	降水量不足时种子不易萌发	易被破坏
技术需求		
技术需求名称	1. 农牧业结合	2. 生态牧业
功能和作用	减轻放牧压力，丰富牧民生计来源	减轻草地退化
推荐技术		
推荐技术名称	1. 农牧复合系统	2. 以草定畜
主要适用条件	农牧交错带	退化草场

(3) 埃及尼罗河流域农田和湿地退化区		
地理位置	埃及北部, 31°13′12″E～31°13′14″E, 29°16′48″N～29°16′57″N	
案例区描述	**自然条件** 属亚热带地中海气候, 气候相对温和, 夏季平均气温最高34.2℃, 最低20.8℃; 冬季最高19.9℃, 最低9.7℃。大部分地形属于海拔100～700m的低高原。总面积约3085km²	
	社会经济 该地总人口2280万人 (2017年), 除了特有的农作物种植如洋葱、芝麻外, 纺织工业尤其是棉纺工业占重要地位, 制造业产值占全国近半数	
生态退化问题: 农田和湿地退化		
退化问题描述	大规模开垦土地, 导致土地退化和生态环境恶化, 湿地面积不断减少、功能不断退化; 水资源过度开发和干旱的气候, 使农田和湿地质量进一步下降	
驱动因子	自然: 干旱　　人为: 土地过度开垦、水资源过度开发	
现有主要技术		
技术名称	1. 修建大型农场	2. 实施大型引水开发工程
效果评价		
存在问题	耗水过多, 维护成本高	管理不当易引发环境污染, 成本高
技术需求		
技术需求名称	建设自然保护区	
功能和作用	蓄水保水, 增加植被覆盖, 维护物种和生物多样性	
推荐技术		
推荐技术名称	1. 增施农肥	2. 修建中小型水库
主要适用条件	土地贫瘠的农区	干旱区农田

(4) 尼日尔蒂拉贝里省农田和草地退化区		
地理位置	位于尼日尔西南部，1°23′4″E～1°23′12″E，14°12′36″N～14°12′44″N	

| 案例区描述 | 自然条件 | 属热带草原气候，全年分旱、雨两季，6～9月为雨季，10月至次年5月为旱季。年平均气温30℃。总面积8715km²，地形以平原和丘陵为主。4～5月为最热季节，白天气温可达50℃；1～2月为最凉爽季节，夜间气温低到10℃以下 |
| | 社会经济 | 2012年，蒂拉贝里省总人口22.74万人，人口密度大约22.9人/km²。利用尼日尔河水灌溉，发展水稻种植，同时种植粟、养殖牛生产。公路南通尼亚美、北通邻国马里 |

生态退化问题：农田和草地退化		
退化问题描述	大量开垦土地进行农作物种植，对土地养护不足，导致土地肥力不断下降；过度放牧引起草地土壤裸露，严重干旱区出现沙化现象	
驱动因子	自然：干旱 　　人为：过度开垦和放牧	

现有主要技术		
技术名称	1. 农田防护林	2. 石堰梯田
效果评价		
存在问题	缺少相应的配套技术	维护成本高

技术需求		
技术需求名称	以草定畜	
功能和作用	保护草地，增加植被覆盖	

推荐技术		
推荐技术名称	1. 人工草地	2. 梯田维护
主要适用条件	退化草地、宜草区域	梯田损毁严重的农田

欧洲：(1) 英国爱丁堡市生态系统退化区		
地理位置	位于苏格兰中部，地处福斯湾南岸，3°13′W ~ 3°13′03″W，55°57′N ~ 55°57′14″N	
案例区描述	自然条件	属温带海洋性气候。1 ~ 3 月月均温 8℃，7 ~ 9 月月均温 20℃ 左右。最高气温不超过 32℃，最低气温不低于–10℃。年均降水量 700 ~ 850mm。每年 2 ~ 3 月最为干燥，10 月至次年 1 月最为湿润
	社会经济	爱丁堡市面积 260km²，人口 46.50 万人，人均 GDP 54 636 美元（2016 年）。该市造纸和印刷出版业历史悠久，造船、化工、核能、电子、电缆、玻璃和食品等工业较为发达。金融业、科研、高等教育和旅游业为主要第三产业

生态退化问题：生态系统退化		
退化问题描述	英国农作物耕种时间多为 8 ~ 12 月，因此约有 70% 的农作物在冬季生长，由于冬季降水历时长且强度大，土壤侵蚀大幅度增加，生态系统严重退化。地表水流引起的年均土壤流失量为 100t/km²，侵蚀严重的砂壤土侵蚀率可达 1770t/（km²·a）	
驱动因子	自然：水蚀　　人为：土地过度利用、化工污染	

现有主要技术		
技术名称	1. 自然封育	2. 人工建植
效果评价		
存在问题	植物群落的自然更替较为缓慢	选择的植被种类不适宜该区域

技术需求		
技术需求名称	1. 生态农业	2. 物种选育
功能和作用	促进人与自然和谐发展，缓解生态系统退化	选择适宜树种，加快生态修复

推荐技术		
推荐技术名称	1. 等高耕作	2. 物种选育
主要适用条件	退化农田生态系统	退化草地、森林生态系统

（2）英国牛津郡生态系统退化区		
地理位置	位于英国英格兰南部，1°25′W～1°25′09″W，51°45′N～51°45′08″N	
案例区描述	**自然条件** 属温带海洋性–干旱气候。平均最高气温、最低气温分别为14.1℃和6.7℃，年均降水量为642mm，年均日照时数为1537.4h。地处泰晤士河和柴威尔河的汇流处	
	社会经济 牛津郡面积2608km²，人口14.91万人（2006年）。高科技企业是其重要的经济支柱。国际出版业、高科技产业、生物技术和汽车制造是其核心产业	
生态退化问题：生态系统退化		
退化问题描述	英国300万hm²的林地中约2/3是生产木材的人工林，大部分林龄不足100年，且主要由非本土树种组成，生物多样性面临威胁。近年人类活动导致97%的半自然状态围栏草地转变为耕地，30%的陆地与水生栖息地的生态系统面临退化	
驱动因子	自然：干旱、风力侵蚀　　人为：土地过度利用	
现有主要技术		
技术名称	1. 人工建植	2. 垃圾堆填
效果评价		
存在问题	减少了本地生物多样性，引入非本地和潜在入侵物种	能源消耗，空气污染加剧
技术需求		
技术需求名称	1. 生境修复	2. 资源循环利用
功能和作用	提高生物多样性	提高资源利用率
推荐技术		
推荐技术名称	1. 自然恢复	2. 能源转化
主要适用条件	具有一定自我修复能力的退化生态系统	污染严重的退化生态系统

（3） 荷兰埃因霍温市生态系统退化区		
地理位置	位于荷兰南部布拉邦省，5°29′4″W～5°29′10″W，51°26′27″N～51°26′30″N	
案例区 描述	自然 条件	属温带海洋性气候，冬暖夏凉。夏季和冬季平均气温分别为17℃和2℃，日温差和年温差较小。年均降水量797mm且一年四季分配较为均匀
	社会 经济	埃因霍温市面积88.85km²，人口22万人。2016年该市经济增长率（3.6%）超过荷兰平均水平（2.2%）。科技领域欧洲排名第一，现代信息与通信科技尤其发达，汽车制造业发展迅速
生态退化问题：生态系统退化		
退化问题描述	过度依赖资源密集型的环境污染企业，以及重工业的高能耗和城市交通带来的各种环境压力，造成土地和水体过度利用和污染，生态系统面临严峻的退化危机	
驱动因子	自然：干旱、水蚀　　人为：土地过度利用、化学污染	
现有主要技术		
技术名称	1. 生态补偿	2. 物种保护
效果评价		
存在问题	有待制定具有针对性和稳定的生态补偿机制	缺乏保护成效的评估
技术需求		
技术需求名称	1. 水质净化	2. 自然恢复
功能和作用	减轻水污染，提高水质	恢复生境，提高生物多样性
推荐技术		
推荐技术名称	1. 污染水治理	2. 封育
主要适用条件	水污染严重的退化生态系统	因人为活动导致的退化生态系统

	(4) 德国费尔贝林生态系统退化区	
地理位置	位于德国东北部的勃兰登堡州，12°34′W～12°34′29″W，52°49′N～52°49′21″N。南部与萨克森州相邻，西部与萨克森-安哈尔特州毗邻，西北部与下萨克森州相邻，北部与梅克伦堡-前波莫瑞州毗邻，东部则与波兰接壤	

案例区描述	自然条件	属温带海洋性气候。降水一年四季均衡分布。冬季平均气温在1.5～6℃。7月平均气温在18～20℃。自然保护区、森林、湖泊和其他水域面积占1/3
	社会经济	勃兰登堡州面积2.95万km²，人口249万人（2011年）。3/4的土地为耕地，主产小麦、大麦、燕麦、甜菜与饲料作物。区域内土壤生产能力不均衡，中部、南部至北部土壤逐渐肥沃，而中南部的贫瘠砂质土壤占主导地位

生态退化问题：生态系统退化	

退化问题描述	早期生态修复工作的重点是通过人工植树造林的方式进行地块治理。后期工业的快速复兴造成森林减少、地表植被和土地退化、水体污染等问题
驱动因子	自然：干旱、风蚀　　人为：土地过度利用、密集耕作

现有主要技术	

技术名称	1. 农林间作	2. 退耕还草
效果评价		
存在问题	泥炭地上农林间作技术应用成本高	影响当地居民收入

技术需求	

技术需求名称	1. 生境修复	2. 水资源保护
功能和作用	提高生物多样性	提高水资源利用率

推荐技术	

推荐技术名称	1. 土壤改良	2. 缓冲林
主要适用条件	土壤结构损坏，生产力和蓄水能力下降的区域	河流滨岸带两侧的退化生态系统

（5）德国不来梅市湿地退化区		
地理位置	位于德国西北部，8°42′6″W ~ 8°42′16″W，53°4′2″N ~ 53°4′6″N。德国下萨克森州的首府，位于北德平原和中德山地的相交处，地处德国南北和东西铁路干线的交叉口，濒临中德运河	
案例区描述	自然条件	属温带海洋性气候。全年温和多雨，四季变化非常明显，1 月最冷（月均温−6℃），7 月最热（月均温 26℃）。降水一年四季均匀分布
	社会经济	该市面积 325.42km²，人口 66 万人，人均 GDP 43 085 欧元（约合 51 279.77 美元）。该市工业制造业高度发达，是汽车、造船、钢铁、电子和食品工业中心，第三产业就业人数占 2/3。农业生产主要有粮食、甜菜、饲料玉米和马铃薯

生态退化问题：湿地退化		
退化问题描述	17 世纪早期由于乱砍滥伐，森林覆盖率降至 6% ~ 7%，林地肥力急剧下降产生贫瘠化。19 世纪后由于干旱和气候变化的影响，大面积针叶林遭受风害和病虫入侵，致使林分生产力逐年衰减，土壤质量退化，水资源匮乏	
驱动因子	自然：干旱、风蚀、气候变化　　人为：土地过度利用	

现有主要技术		
技术名称	1. 人工建植	2. 淤地坝
效果评价		
存在问题	树种单一，人工林易受侵害	后期维护管理难度较高，成本较高

技术需求		
技术需求名称	1. 自然恢复	2. 水资源开发利用
功能和作用	人工林向恢复天然林方向转变	缓解水资源浪费、匮乏等问题

推荐技术		
推荐技术名称	1. 封育	2. 水资源循环利用
主要适用条件	严重退化的湿地生态系统	水资源浪费严重且干旱的生态退化区

（6）荷兰乌得勒支市农田和湿地退化区		
地理位置	位于荷兰中部，5°8′24″E～5°8′27″E，52°5′24″N～52°5′29″N	
案例区描述	自然条件	属温带海洋性气候，受大西洋暖流影响，冬暖夏凉，夏季平均气温16℃，冬季平均气温3℃。总面积99.32km²，其中陆地95.67km²，水域3.65km²。地势低平，海拔低
	社会经济	乌得勒支省位于荷兰的核心地区，其中乌得勒支市人口32.5万人（2015年）。该市工业有钢铁、机械、电器、纺织、金属加工等，是荷兰最重要的商业中心之一。该地2000年GDP达到368.5亿美元，人均GDP 33 500美元
生态退化问题：农田和湿地退化		
退化问题描述	极端天气如热浪频发，使农田和湿地中水分严重失调。季节性洪涝灾害使农田质量下降。排洪泄洪设施破旧，影响防灾减灾效果	
驱动因子	自然：洪涝、极端天气　　人为：基础设施建设	
现有主要技术		
技术名称	雨水泄洪措施	
效果评价		
存在问题	维护成本较高	
技术需求		
技术需求名称	1. 蓄水措施	2. 环境合作社
功能和作用	拦截径流，减少洪涝	全民参与，提高水资源利用效率
推荐技术		
推荐技术名称	完善基础设施	
主要适用条件	基础设施破旧区	

(7) 挪威阿克什胡斯郡土地盐碱化区			
地理位置		位于北欧斯堪的纳维亚半岛西部，10°45′E～10°45′13″E，59°54′N～59°54′07″N。东邻瑞典，东北与芬兰和俄罗斯接壤，南同丹麦隔海相望，西濒挪威海	
案例区描述	自然条件	属亚寒带针叶林气候，南部属温带海洋性气候，斯瓦尔巴群岛、扬马延岛属苔原气候。年均气温 7℃，年均降水量 740mm	
	社会经济	挪威国土面积 38.5 万 km²，农业面积 98.2 万 hm²，仅占国土面积的 2.6%，其中牧草地 65.2 万 hm²。该国农业以畜牧业为主，蛋、奶制品基本自给，蔬菜水果主要依靠进口。森林覆盖率占国土面积的 37%。渔业是重要的传统经济部门，养殖业以三文鱼为主，主要捕捞鱼种为鳕鱼、鲱鱼、鲐鱼、毛鳞鱼等	
生态退化问题：土地盐碱化			
退化问题描述		水蚀和过度开垦造成严重的土地盐碱化	
驱动因子		自然：水蚀　　人为：过度开垦	
现有主要技术			
技术名称		1. 草地缓冲林	2. 种植耐水作物
效果评价			
存在问题		后续补植成本高，效益较低	作物培育难度较高
技术需求			
技术需求名称		1. 有机+无耕农业	2. 生物防虫
功能和作用		土壤保持，增加抗蚀性	保护农田，维持生物多样性
推荐技术			
推荐技术名称		1. 保护性耕作	2. 生物多样性保护
主要适用条件		土壤发生退化的农田	农田

（8）荷兰林堡省盐碱化区		
地理位置	位于荷兰南部，东邻德国，南毗比利时，5°56′24″E ~ 5°56′55″E，51°12′10″N ~ 51°12′16″N	
案例区描述	**自然条件**	属温带海洋性气候，年均气温10.7℃，年均降水量772.7mm，日均日照时数4.6h。总面积2209km²，其中陆域2153km²、水域56km²，南部为丘陵山地，法尔斯山是荷兰最高峰
	社会经济	荷兰可耕地面积约102.8万hm²，人均可耕地面积约0.06hm²/人（2016年）。荷兰人均GDP 46 179.5美元（2017年），年人均可支配收入19 271.8美元（2011年）。林堡省总人口113.2万人（2006年），人口密度526人/km²（全国第4位）

生态退化问题：盐碱化	
退化问题描述	由于海水渗漏及过度开垦，该地区土壤盐碱化较为严重
驱动因子	自然：海水渗漏　　人为：过度开垦

现有主要技术		
技术名称	1. 有机农业	2. 玉米、草地间作
效果评价		
存在问题	有机肥成本较高	农民收益未能得到有效提高

技术需求		
技术需求名称	1. 农田水利系统	2. 保护性耕作
功能和作用	提高水资源利用率和作物产量	土壤保持，农田保护，提高作物产量

推荐技术		
推荐技术名称	1. 排水沟-沉管排水系统	2. 浅耕、少耕
主要适用条件	泥炭地及草地（减少土壤沉降、CO_2和N_2O排放，保持适当的地下水位）	易发生水土流失的农田

(9) 希腊土地盐碱化及草地退化区

地理位置	位于巴尔干半岛最南端，23°44′E ~ 23°47′E，38°2′N ~ 38°4′N。北同保加利亚、北马其顿、阿尔巴尼亚相邻，东北与土耳其的欧洲部分接壤，西南濒爱奥尼亚海，东临爱琴海，南隔地中海与非洲大陆相望	
案例区描述	自然条件	亚热带地中海气候。冬季平均气温 0 ~ 13℃，夏季 23 ~ 41℃。15% 为岛屿，海岸线长约 15 021km。可耕种地面积占比约 30%，其中灌溉农业面积占 37%
	社会经济	国土面积 131 957km²，64% 的耕地面积种植粮食作物，其他为果树、橄榄树和蔬菜等，农业产值占 GDP 的 3.72%（2018 年）。出口的农产品还有烟草、棉花、橄榄油、水果和甜菜等

生态退化问题：土地盐碱化及草地退化	
退化问题描述	过度开垦和过度放牧造成希腊土地盐碱化加重
驱动因子	自然：气候变化　　人为：过度放牧

现有主要技术		
技术名称	1. 滴灌	2. 建立集约放牧区
效果评价		
存在问题	成本高	集约化管理难度高

技术需求		
技术需求名称	1. 抗盐碱植物培育	2. 水资源管理
功能和作用	提高植物存活率	提高水资源利用率

推荐技术		
推荐技术名称	1. 抗盐碱植物选育	2. 水资源开发利用
主要适用条件	盐碱地	水资源匮乏的退化土地

(10) 德国亚琛工业区工业污染区		
地理位置	位于德国北莱茵–威斯特法伦州，6°12′E～6°12′02″E，50°52′48″N～50°52′56″N	
案例区描述	**自然条件**：属于温带大陆性气候，干燥少雨，夏季炎热湿润，冬季寒冷干燥，气候呈极端大陆性。自然植被由南向北，从温带荒漠、温带草原，过渡到亚寒带针叶林	
	社会经济：2009 年，北莱茵–威斯特法伦州 GDP 约为 6347 亿美元，占全德 GDP 的 22% 左右，位居德国 16 个联邦州的第一位，人均 GDP 为 36 498 美元，超过全德平均水平。该州制造业、金融、保险、租赁、商贸等产值占同类产业的 1/5	

生态退化问题：工业污染		
退化问题描述	大量工业企业聚集，工矿开采和相关设施运行中产生大量污染；工矿污染物进入土壤，对当地地下水和生物多样性造成严重污染	
驱动因子	自然：水蚀　　　人为：工矿开采、基础设施建设	

现有主要技术		
技术名称	1. 修建地下管道	2. 建设监测站
效果评价		
存在问题	成本较高	技术水平要求高

技术需求		
技术需求名称	污水处理技术	
功能和作用	提高生产效益，提高水环境质量	

推荐技术		
推荐技术名称	减少污染物排放技术	
主要适用条件	工业集聚区域	

美洲：(1) 加拿大密西沙加市生态系统退化区		
地理位置	位于安大略湖的北岸，79°38′4″W ~ 79°38′9″W，43°35′4″N ~ 43°35′5″N。地处多伦多以西的皮尔区，北邻宾顿市，西接夏顿区的奥克维尔和苗顿，西北临夏顿山	
案例区描述	自然条件	属温带大陆性气候。1 月气温最低为 −3.7℃，7 月气温最高为 22.3℃，年均降水量为 831.2mm 且一年四季均匀分布。湿地和自然保护区面积占比较大
	社会经济	密西沙加市面积 292.4km²，人口 72.16 万人（2016 年），人口密度 2468 人/km²。医药制药行业、石油化工业和航空运输业均较为发达。公园绿地和湖滨资源尤其丰富，包括 522 个公园和 23 个总长度达 225km 的林间步道

生态退化问题：生态系统退化		
退化问题描述	整体来看，加拿大资源丰富且未盲目地进行掠夺性开发，但区域差异较大。由于温室气体的大量排放，气候变化显著，严重威胁了地表生物和水资源的可持续发展，生态系统状况仍面临严峻的退化态势	
驱动因子	自然：风蚀，气候变化	

现有主要技术		
技术名称	1. 人工建植	2. 雨水管理
效果评价		
存在问题	大气中二氧化碳含量仍较高	地表水升温等问题突出

技术需求		
技术需求名称	1. 化石燃料–再生能源转化	2. 离心机
功能和作用	减少温室气体排放和空气污染	减少废水中的固体含量，减少水污染

推荐技术		
推荐技术名称	1. 生物燃料	2. 污水处理
主要适用条件	生物资源较丰富的退化生态系统	水污染严重的退化生态系统

（2）秘鲁森林退化区

地理位置		位于南美洲西部秘鲁境内，76°55′W~76°55′38″W，12°6′S~12°6′4″S。北邻厄瓜多尔、哥伦比亚，东接巴西，南接智利，东南与玻利维亚毗连，西濒太平洋
案例区描述	自然条件	从西向东分别为热带沙漠、高原和热带雨林气候。西部年均气温 12~32℃，中部 1~14℃，东部 24~35℃。森林面积 7800 万 hm², 森林覆盖率 58%
	社会经济	该国国土面积 128.52 万 km²，人口 3249.55 万人。GDP 2304.13 亿美元，人均 GDP 7320 美元，经济增长率2.2%。渔业资源丰富，主要出口矿产品和石油、农牧业产品、纺织品、渔产品等。对外贸易总额 884.91 亿美元，其中出口 459.85 亿美元，进口 425.06 亿美元（2019 年）

生态退化问题：森林退化	
退化问题描述	热带雨林保护难度大，缺少与经济发展相匹配的环境政策
驱动因子	自然：气候变化　　人为：过度采伐、非法采矿

现有主要技术	
技术名称	《生态系统服务付费》法案
效果评价	
存在问题	法案推行难度大

技术需求	
技术需求名称	与经济发展相匹配的环境政策
功能和作用	保护生物多样性

推荐技术	
推荐技术名称	完善法律法规
主要适用条件	退化林地，栖息地受损区域

(3) 美国柯林斯堡市草地退化区		
地理位置	位于科罗拉多州北部，落基山脉东侧，105°8′W~105°8′3″W，40°58′N~40°58′2″N	

案例区 描述	自然 条件	属大陆性气候，7 月均温 23℃，1 月均温−2℃。年均降雨量 406mm，年均日照时数 3552h，年均降雪量 146mm。平均海拔 1525m，属高平原地区
	社会 经济	柯林斯堡市面积 122.1km²，人口 16.42 万人（2016 年）。科罗拉多州森林、煤、原油、天然气、金、银、各种石料等资源丰富。传统经济以矿产开发和农业为主，农产品主要有玉米、水果、牛肉、各类蔬菜

生态退化问题：草地退化		
退化问题描述	土地过度利用、过度放牧导致生物栖息地破碎化，面临草地退化和土壤侵蚀加剧的困境	
驱动因子	自然：水蚀、风蚀　　人为：土地过度利用、过度放牧	

现有主要技术		
技术名称	1. 围栏封育	2. 植被重建
效果评价		
存在问题	未显著提升土壤质量和植被覆盖	部分树种适宜性较低

技术需求		
技术需求名称	1. 自然恢复	2. 物种选育
功能和作用	改善植被和土壤质量	种植适合该区域的物种，提高生物多样性

推荐技术		
推荐技术名称	1. 禁牧/轮牧/休牧	2. 选育地域针对性的物种
主要适用条件	土壤侵蚀和草地退化严重的牧区	非适地适种的农牧区和林草区

大洋洲：澳大利亚堪培拉市特宾比拉自然保护区森林和草地退化区

地理位置	位于堪培拉东北 80km 处，与 Namadgi、Kosciusko 国家公园相连，位于 49°7′10″E ~ 49°7′13″E，35°17′5″S ~ 35°17′8″S	
案例区描述	自然条件	属亚热带季风性湿润气候，夏季平均气温 27℃，冬季平均气温 11℃，年均降水量 630mm。保护区面积大约 5500hm²，由铁宾比拉（Tidbinbilla）山脉和直布罗陀（Gibraltar）山脉组成。主要植被类型为高山植物、矮坡植物、草本植物等
	社会经济	堪培拉市是澳大利亚首都，总人口约为 36.5 万人（2017 年），旅游业是该市主要产业，每年有超过 125 万来自世界各地的观光客在堪培拉至少停留一天，进行参观游览

生态退化问题：森林和草地退化	
退化问题描述	由于气候变化和过度的人类活动，该区蕨类植物和柳穿鱼类植物正面临着威胁
驱动因子	自然：气候变化　　人为：人类活动频繁

现有主要技术		
技术名称	1. 围栏	2. 人工种植
效果评价		
存在问题	对入侵物种（如欧洲兔）作用较小	后期管护难度较大

技术需求		
技术需求名称	1. 多样化种植	2. 保护区贯通
功能和作用	保护生物多样性	扩大野生动物活动范围，保护生物多样性

推荐技术		
推荐技术名称	1. 近自然建植	2. 建设自然生态廊道
主要适用条件	退化的林地和草地	生态单元较为分散和孤立的地区

第7章　生态技术需求分析

7.1　水土流失案例区生态技术需求

7.1.1　技术需求

从表7-1可以看出，针对水土流失的74个案例区，总计技术需求为141项。其中亚洲技术需求数量最多案例区的是岐山县（2项），其次是安塞区（2项），再次是纸坊沟流域（2项）。非洲技术需求数量最多的是尼日利亚（2项），其次是几内亚科纳克里市（2项），再次是埃塞俄比亚（2项）。欧洲技术需求数量最多的是曼彻斯特市（2项），其次是代尔夫特市（2项），再次是东弗里斯兰地区（2项）。美洲技术需求数量最多的是加利福尼亚州（2项），其次是多伦多市（2项），再次是安大略省（2项）。大洋洲有两个水土流失的案例区，并且技术需求数量一样多，分别是沃加沃加镇（2项）、新西兰（2项）。

表7-1　水土流失案例区技术需求情况　　　　　　　（单位：项）

编号		案例区名称	技术需求数量	技术需求名称
亚洲	1	岐山县	2	土壤改良、节水灌溉
	2	安塞区	2	生物多样性维护、梯田护埂
	3	纸坊沟流域（a）	2	自然恢复、休耕
	4	纸坊沟流域（b）	2	梯田护埂、林分改造
	5	宝塔区	2	边坡防护、植被配置
	6	羊圈沟流域	2	经果林经营管理、高标准农田建设
	7	榆林市	2	边坡防护、梯田加固
	8	黄土高原区	2	拦沙减沙工程、坡耕地综合治理
	9	林芝市	2	天然草场功能分区及动态监管、人工草地发展适宜性及布局
	10	青藏高原	2	高寒湿地保护、绿洲农田保护
	11	西南岩溶区	2	坡耕地整治、坡面水系工程
	12	西南紫色土区	2	水源涵养林、坡耕地综合治理

续表

编号	案例区名称	技术需求数量	技术需求名称
13	红河流域	2	增加护坡、小型水坝
14	昭通市	2	地膜覆盖、顺坡种植转变为等高种植
15	汶川县	2	生态混凝土、植被混凝土喷射
16	若尔盖县	2	引进适宜的旱生植物、草方格
17	定西市	2	植物护坡、林分改造
18	甘谷县	2	林分改良、梯田加固
19	张家川县	2	多样化种植、土壤改良
20	罗玉沟流域（a）	2	提高人工植被存活率、农林复合经营
21	罗玉沟流域（b）	2	提高幼苗存活率、梯田陡坎/护埂加固
22	锡林郭勒盟	2	轮牧、草方格
23	北方风沙区	2	风蚀防治、绿洲农田和荒漠植被保护
24	北方土石山区	2	水资源高效利用、缓冲植被带
25	东北黑土区	2	水土保持耕作、侵蚀沟道治理
26	承德市	2	水沙调控、坡面蓄水工程
27	北京市房山区	2	生态清洁面源污染防治、植被缓冲带
28	烟台市福山区	2	植物护坡、林分改造
29	长汀县	2	土壤改良、林分改造
30	梅县	2	植物护坡、林分改造
31	南方红壤区	2	植物护坡、水资源开发利用
32	曼谷市	2	农田防护、复合农业
33	湄宏顺府	2	林分改造、植物护坡
34	泰国	2	侵蚀控制、保护性耕作
35	老挝	1	自然资源监管的法律法规
36	雪兰莪州	2	梯田加固、农田防护林种植
37	吉隆坡市	2	生物固土、水资源循环利用
38	菲律宾	2	坡地保水种植、保护性耕作
39	印度尼西亚	1	土壤培肥
40	印度	2	小流域综合治理、3S技术评估侵蚀量
41	格特基县	2	生态农业、保护性耕作
42	尼泊尔	2	植被缓冲带、生物多样性保护

亚洲

	编号	案例区名称	技术需求数量	技术需求名称
亚洲	43	苏瑞佩里河流域	2	节水灌溉、河岸绿化带
	44	柯西河流域	2	水土流失综合治理工程、生态农业
	45	库尔纳县	2	阻止虾养殖场过度扩建、阻止盐水侵蚀耕地
	46	普塔勒姆区	2	保护性耕作、土壤改良
	47	萨巴拉加穆瓦省	1	农林间作
	48	土耳其	2	增加植被覆盖度、边坡防护
	49	耶路撒冷城	2	生态农业、水资源循环利用
	50	哈萨克斯坦北部	2	可持续养殖管理、建立生物保护带
	51	哈萨克斯坦东南部	2	梯田护埂、土壤改良
	52	滋贺县爱东町区	2	生物多样性保护、水质保护
	53	东京都	2	循环农业、栖息地保护
	54	首尔市	1	绿化带
非洲	1	尼日利亚	2	矿区回填、矿区生态恢复
	2	科纳克里市	2	地膜覆盖、水资源循环利用
	3	多哥	1	新型水坝
	4	埃塞俄比亚	2	基于自然的人工建植、林分改造
	5	肯尼亚	2	集水、生态农业
	6	卢萨卡市	2	牧场经营、土壤防蚀
	7	古廷区	2	沟道治理、多样化种植
欧洲	1	曼彻斯特市	2	生态农业、饲养
	2	代尔夫特市	2	水资源循环利用、生态农业
	3	东弗里斯兰地区	2	水资源保护、耕作管理
	4	勃兰登堡州	2	自然恢复、保护性耕作
	5	奥地利	1	坡面防护林体系
	6	瓦伦西亚市	2	土壤净化、淡水处理
	7	萨拉托夫州	2	蓄水储水、农作物种植多样化
	8	俄罗斯	1	水资源综合利用

	编号	案例区名称	技术需求数量	技术需求名称
美洲	1	加利福尼亚州	2	生物多样性保护、综合流域规划
	2	多伦多市	2	轮作、自然恢复
	3	安大略省	2	废石–混凝土转化、化学污染物分离
大洋洲	1	沃加沃加镇	2	人工建植、土壤改良
	2	新西兰	2	生物多样性保护、综合流域规划
总计	74		141	

7.1.2　技术需求分布

从表7-2可以看出，针对水土流失治理，需求最多的是林分改造/林分改良（8项），主要需求来自亚洲和非洲（中国、泰国、埃塞俄比亚）。其次是土壤改良（6项），主要需求来自亚洲和大洋洲（中国、斯里兰卡、哈萨克斯坦、澳大利亚）。第三是生态农业（6项），主要需求来自亚洲、非洲和欧洲（巴基斯坦、尼泊尔、巴勒斯坦、肯尼亚、英国、荷兰）。第四是生物多样性保护（5项），主要需求来自亚洲、美洲和大洋洲（中国、日本、尼泊尔、美国、新西兰）。第五是保护性耕作（5项），主要需求来自亚洲和欧洲（泰国、菲律宾、巴基斯坦、斯里兰卡、德国）。第六是植物护坡（4项），主要需求来自亚洲（中国、泰国）。第七是水资源循环利用（4项），主要需求来自亚洲、非洲和欧洲（马来西亚、巴勒斯坦、几内亚、荷兰）。第八是自然恢复（3项），主要需求来自亚洲、欧洲和美洲（中国、德国、加拿大）。第九是边坡防护（3项），主要需求来自亚洲（中国、土耳其）。第十是梯田加固（3项），主要需求来自亚洲（中国、马来西亚）。

表7-2　水土流失案例区技术需求分布情况　　　　（单位：项）

技术需求名称	技术需求数量	分布区域					主要国家
		亚洲	非洲	欧洲	美洲	大洋洲	
林分改造/林分改良	8	7	1				中国、泰国、埃塞俄比亚
土壤改良	6	5				1	中国、斯里兰卡、哈萨克斯坦、澳大利亚
生态农业	6	3	1	2			巴基斯坦、尼泊尔、巴勒斯坦、肯尼亚、英国、荷兰

续表

技术需求名称	技术需求数量	分布区域					主要国家
		亚洲	非洲	欧洲	美洲	大洋洲	
生物多样性保护	5	3			1	1	中国、日本、尼泊尔、美国、新西兰
保护性耕作	5	4		1			泰国、菲律宾、巴基斯坦、斯里兰卡、德国
植物护坡	4	4					中国、泰国
水资源循环利用	4	2	1	1			马来西亚、巴勒斯坦、几内亚、荷兰
自然恢复	3	1		1	1		中国、德国、加拿大
边坡防护	3	3					中国、土耳其
梯田加固	3	3					中国、马来西亚
坡耕地整治	3	3					中国
节水灌溉	2	2					中国、尼泊尔
梯田护埂	2	2					中国
地膜覆盖	2	1	1				中国、几内亚
草方格	2	2					中国
多样化种植	2	1	1				中国、莱索托
植被缓冲带	2	2					中国
农田防护	2	2					泰国、马来西亚
综合流域规划	2				1	1	美国、新西兰
休耕	1	1					中国
植被配置	1	1					中国
经果林经营管理	1	1					中国
高标准农田建设	1	1					中国
拦沙减沙工程	1	1					中国
天然草场功能分区及动态监管	1	1					中国
人工草地发展适宜性及布局	1	1					中国
高寒湿地保护	1	1					中国
绿洲农田保护	1	1					中国

续表

技术需求名称	技术需求数量	分布区域					主要国家
		亚洲	非洲	欧洲	美洲	大洋洲	
坡面水系工程	1	1					中国
水源涵养林	1	1					中国
增加护坡	1	1					中国
小型水坝	1	1					中国
等高种植	1	1					中国
生态混凝土	1	1					中国
植被混凝土喷射	1	1					中国
旱生植物引进	1	1					中国
提高人工植被存活率	1	1					中国
农林复合经营	1	1					中国
提高幼苗存活率	1	1					中国
梯田陡坎/护埂加固	1	1					中国
轮牧	1	1					中国
风蚀防治	1	1					中国
绿洲农田和荒漠植被保护	1	1					中国
水资源高效利用	1	1					中国
缓冲植被带	1	1					中国
水土保持耕作	1	1					中国
侵蚀沟道治理	1	1					中国
水沙调控	1	1					中国
坡面蓄水工程	1	1					中国
生态清洁面源污染防治	1	1					中国
水资源开发利用	1	1					中国
复合农业	1	1					泰国
侵蚀控制	1	1					泰国
自然资源监管的法律法规	1	1					老挝

续表

技术需求名称	技术需求数量	分布区域					主要国家
		亚洲	非洲	欧洲	美洲	大洋洲	
农田防护林种植	1	1					马来西亚
生物固土	1	1					马来西亚
坡地保水种植	1	1					菲律宾
土壤培肥	1	1					印度尼西亚
小流域综合治理	1	1					印度
3S 技术评估侵蚀量	1	1					印度
河岸绿化带	1	1					尼泊尔
水土流失综合治理工程	1	1					尼泊尔
阻止虾养殖场过度建设	1	1					孟加拉国
阻止盐水侵蚀耕地	1	1					孟加拉国
农林间作	1	1					斯里兰卡
增加植被覆盖度	1	1					土耳其
可持续养殖管理	1	1					哈萨克斯坦
建立生物保护带	1	1					哈萨克斯坦
梯田护埂	1	1					哈萨克斯坦
水质保护	1	1					日本
循环农业	1	1					日本
栖息地保护	1	1					日本
绿化带	1	1					韩国
矿区回填	1		1				尼日利亚
矿区生态恢复	1		1				尼日利亚
新型水坝	1		1				多哥
基于自然的人工建植	1		1				埃塞俄比亚
人工建植	1					1	澳大利亚
集水	1		1				肯尼亚
牧场经营	1		1				赞比亚

技术需求名称	技术需求数量	分布区域					主要国家
		亚洲	非洲	欧洲	美洲	大洋洲	
土壤防蚀	1		1				赞比亚
沟道治理	1		1				莱索托
饲养	1			1			英国
水资源保护	1			1			德国
耕作管理	1			1			德国
坡面防护林体系	1			1			奥地利
土壤净化	1			1			西班牙
淡水处理	1			1			西班牙
蓄水储水	1			1			俄罗斯
农作物种植多样化	1			1			俄罗斯
水资源综合利用	1			1			俄罗斯
轮作	1				1		加拿大
废石–混凝土转化	1				1		加拿大
化学污染物分离	1				1		加拿大
总计	141	104	13	14	6	4	

7.2　荒漠化案例区生态技术需求

7.2.1　技术需求

从表7-3可以看出，针对荒漠化的44个案例区，总计需83项技术。其中亚洲技术需求数量最多的是沙坡头（2项），其次是灵武市（2项），再次是吴忠市盐池县（2项）。非洲技术需求数量最多的是索科托州Gudu LGA市（2项），其次是乍得中沙里区萨尔市（2项），再次是金卡市（2项）。欧洲有一个荒漠化的案例区，为俄罗斯（2项）。美洲荒漠化案例区技术需求是柯林斯堡市（2项）。大洋洲荒漠化的案例区技术需求是澳大利亚（2项）。

表 7-3　荒漠化案例区技术需求情况　　　　　　（单位：项）

编号	案例区名称	技术需求数量	技术需求名称
	1	沙坡头	2	新型沙障/化学固沙
	2	灵武市	2	高效补播/结皮
	3	盐池县	2	草地改良/可持续草地利用
	4	石河子市（a）	2	新型沙障/饲草料种植
	5	石河子市（b）	2	水资源管理/水保林
	6	准噶尔盆地	2	林带结构优化/引种筛选
	7	阿克苏地区	2	聚乙烯沙障/维护草地生物多样性
	8	临泽县	2	防护带/水资源高效利用
	9	张掖市	2	水资源高效利用/新型沙障
	10	敦煌市	2	土壤防蚀/水资源高效利用
	11	民勤县（a）	2	新型沙障/水资源高效利用
	12	民勤县（b）	2	新型工程治沙材料/新型沙化工程治理机械
	13	黄河流域	2	聚乙烯沙障/饲草料种植
	14	榆林市北部风沙区	2	植物选育/垂直造林
亚洲	15	鄂托克旗	2	改善人工林的种植方式/饲草料储存
	16	克什克腾旗	2	保护性耕作/自然修复
	17	科尔沁/浑善达克/毛乌素/呼伦贝尔沙地	2	新型沙障/人工建植
	18	奈曼旗科尔沁沙地	2	改善人工林种植方式/饲草料储存
	19	乌审旗	2	土壤修复/乔灌草结合
	20	锡林郭勒盟	2	近自然人工建植/人工养殖
	21	西北干旱荒漠化区	2	新型沙障/人工建植
	22	坝上	2	近自然造林/技术配置优化
	23	阿拉善盟	2	防沙新材料/防止人工草地退化
	24	蒙古国（a）	1	禁牧、轮牧、休牧
	25	蒙古国（b）	2	人工草地/牧草青贮
	26	印度西部	2	保水集水/控制沙化区域
	27	坦湖区	2	雨水收集/水窖
	28	以色列（a）	1	人工造林种草
	29	以色列（b）	1	草畜平衡

	编号	案例区名称	技术需求数量	技术需求名称
亚洲	30	约旦	2	防风固沙/抗旱品种选育
	31	伊朗	2	保水措施/草地可持续管理
	32	喀布尔市	2	可持续农业/多样化种植
	33	哈萨克斯坦北部（a）	2	生物多样化培育/轮作
	34	哈萨克斯坦西部（b）	2	可持续养殖管理/建立生物保护带
	35	杜尚别市	2	植被恢复/保护性耕作
非洲	1	利比亚	1	沙障
	2	索科托州 Gudu LGA 市	2	土壤恢复/水资源管理
	3	乍得中沙里区萨尔市	2	沙障/水资源高效利用
	4	金卡市	2	水资源循环利用/土壤改良
	5	罗毕市	2	幼苗抚育/树种选育
	6	赞比亚	1	牧场经营
欧洲	1	俄罗斯	2	集约用水/饲草种植
美洲	1	柯林斯堡市	2	生态养殖/雨水收集
大洋洲	1	澳大利亚	2	人工草地/草地改良
总计	44		83	

7.2.2 技术需求分布

从表 7-4 可以看出，针对荒漠化防治技术需求最多的是新型沙障（6 项），主要需求来自亚洲（中国）。其次是水资源高效利用（5 项），主要需求来自亚洲和非洲（中国、乍得）。第三是土壤修复（2 项），主要需求来自亚洲和非洲（中国、尼日利亚）。第四是饲草料储存（2 项），主要需求来自亚洲（中国）。第五是饲草料种植（2 项），主要需求来自亚洲（中国）。第六是水资源管理（2 项），主要需求来自亚洲（中国、尼日利亚）。第七是沙障（2 项），主要需求来自非洲（利比亚、乍得）。第八是人工建植（2 项），主要需求来自亚洲（中国）。第九是人工草地（2 项），主要需求来自亚洲和大洋洲（蒙古国、澳大利亚）。第十是聚乙烯沙障（2 项），主要需求来自亚洲（中国）。

表 7-4　荒漠化案例区技术需求分布情况　　　　　（单位：项）

技术需求名称	技术需求数量	分布区域					主要国家
		亚洲	非洲	欧洲	美洲	大洋洲	
新型沙障	6	6					中国
水资源高效利用	5	4	1				中国、乍得
土壤修复	2	1	1				中国、尼日利亚
饲草料储存	2	2					中国
饲草料种植	2	2					中国
水资源管理	2	2					中国、尼日利亚
沙障	2		2				利比亚、乍得
人工建植	2	2					中国
人工草地	2	1				1	蒙古国、澳大利亚
聚乙烯沙障	2	2					中国
改善人工林种植方式	2	2					中国
草地改良	2	1				1	中国、澳大利亚
保水措施	2	2					伊朗、印度
保护性耕作	2	2					中国、塔吉克斯坦
自然修复	1	1					中国
植物选育	1	1					中国
植被恢复	1	1					塔吉克斯坦
雨水收集	2	1			1		尼泊尔、美国
幼苗抚育	1		1				肯尼亚
引种筛选	1	1					中国
新型沙化工程治理机械	1	1					中国
新型工程治沙材料	1	1					中国
维护草地生物多样性	1	1					中国
土壤改良	1		1				埃塞俄比亚
土壤防蚀	1	1					中国
饲草料种植	1			1			俄罗斯
水资源循环利用	1		1				埃塞俄比亚

续表

技术需求名称	技术需求数量	分布区域					主要国家
		亚洲	非洲	欧洲	美洲	大洋洲	
水窖	1	1					尼泊尔
水保林	1	1					中国
树种选育	1		1				肯尼亚
生物多样化培育	1	1					哈萨克斯坦
生态养殖	1				1		美国
人工造林种草	1	1					以色列
人工养殖	1	1					中国
乔灌草结合	1	1					中国
牧场经营	1		1				赞比亚
牧草青贮	1	1					蒙古国
轮作	1	1					哈萨克斯坦
林带优化	1	1					中国
沙化区控制	1	1					印度
可持续养殖管理	1	1					哈萨克斯坦
可持续农业	1	1					阿富汗
可持续草地利用	1	1					中国
抗旱品种选育	1	1					约旦
禁牧、轮牧、休牧	1	1					蒙古国
近自然造林	1	1					中国
近自然人工建植	1	1					中国
结皮	1	1					中国
建立生物保护带	1	1					哈萨克斯坦
技术配置优化	1	1					中国
集约用水	1			1			俄罗斯
化学固沙	1	1					中国
高效补播	1	1					中国
防止人工草地退化	1	1					中国

续表

技术需求名称	技术需求数量	分布区域					主要国家
		亚洲	非洲	欧洲	美洲	大洋洲	
防沙新材料	1	1					中国
防护带	1	1					中国
防风固沙	1	1					约旦
多样化种植	1	1					阿富汗
垂直造林	1	1					中国
草地可持续管理	1	1					伊朗
草畜平衡	1	1					以色列
总计	83	68	9	2	2	2	

7.3　石漠化案例区生态技术需求分析

7.3.1　技术需求

从表 7-5 可以看出，针对石漠化的 9 个案例区，总计技术需求为 19 项。其中亚洲技术需求数量最多的是泸西县三塘乡（3 项），其次是平果市果化镇（2 项），再次是环江县峰丛洼地（2 项）。欧洲斯洛文尼亚石漠化区技术需求数量是 2 项。

表 7-5　石漠化案例区技术需求情况 （单位：项）

编号		案例区名称	技术需求数量	技术需求名称
亚洲	1	平果市果化镇	2	岩溶地下水资源开发、绿色种植土壤改良
	2	环江县峰丛洼地	2	水土漏失阻控、土壤保水
	3	田阳区	2	水土漏失阻控、土壤保水
	4	元谋县	2	提质增效林分改造、土壤改良
	5	西畴县	2	提高蓄水保水能力、控制漏蚀
	6	泸西县三塘乡	3	耐干旱贫瘠、抗逆性强树种、水资源开发利用
	7	鸭池镇石桥小流域	2	坡改梯高效生物配套、本土草种筛选
	8	关岭–贞丰花江	2	高产花椒、稳定的替代性新能源

编号		案例区名称	技术需求数量	技术需求名称
欧洲	1	斯洛文尼亚	2	水资源高效利用、农林复合经营
总计	9		19	

7.3.2 技术需求分布

从表7-6可以看出，针对石漠化治理技术需求最多的是土壤保水（2项），主要需求来自亚洲（中国）。其次是水土漏失阻控（2项），主要需求来自亚洲（中国）。第三是岩溶地下水资源开发（1项），主要需求来自亚洲（中国）。第四是稳定的替代性生活用新能源（1项），主要需求来自亚洲（中国）。第五是土壤改良（1项），主要需求来自亚洲（中国）。第六是提质增效林分改造（1项），主要需求来自亚洲（中国）。第七是提高蓄水保水能力（1项），主要需求来自亚洲（中国）。第八是水资源开发利用（1项），主要需求来自亚洲（中国）。第九是水资源高效利用（1项），主要需求来自欧洲（斯洛文尼亚）。第十是坡改梯高效生物配套（1项），主要需求来自亚洲（中国）。

表7-6 石漠化案例区技术需求分布情况 （单位：项）

技术需求名称	技术需求数量	分布区域					主要国家
		亚洲	非洲	欧洲	美洲	大洋洲	
土壤保水	2	2					中国
水土漏失阻控	2	2					中国
岩溶地下水资源开发	1	1					中国
稳定的替代性生活用新能源	1	1					中国
土壤改良	1	1					中国
提质增效林分改造	1	1					中国
提高蓄水保水能力	1	1					中国
水资源开发利用	1	1					中国
水资源高效利用	1			1			斯洛文尼亚
坡改梯高效生物配套	1	1					中国
农林复合经营	1			1			斯洛文尼亚
耐干旱贫瘠	1	1					中国
绿色种植土壤改良	1	1					中国
控制漏蚀	1	1					中国

技术需求名称	技术需求数量	分布区域					主要国家
		亚洲	非洲	欧洲	美洲	大洋洲	
抗逆性强树种	1	1					中国
高产花椒	1	1					中国
本土草种筛选	1	1					中国
总计	19	17		2			

7.4　退化生态系统案例区生态技术需求

7.4.1　技术需求

从表 7-7 可以看出，针对生态退化的 76 个案例区，总计需求 141 项技术。其中亚洲案例区技术需求数量最多的是上海市（2 项），其次是松原市（2 项），再次是邓州市（2 项）。非洲技术需求数量最多的是马萨比特市（2 项），其次是布兰太尔市（1 项），再次是尼罗河流域（1 项）。欧洲技术需求数量最多的是爱丁堡市（2 项），其次是牛津郡（2 项），再次是埃因霍温市（2 项）。美洲技术需求数量最多的是密西沙加市（2 项），其次是柯林斯堡市（2 项），再次是秘鲁（1 项）。大洋洲堪培拉市特宾比拉自然保护区技术需求数量是 2 项。

表 7-7　退化生态系统案例区技术需求情况　　　　　　　　（单位：项）

编号		案例区名称	技术需求数量	技术需求名称
亚洲	1	上海市	2	自然恢复、农林湿复合恢复
	2	松原市	2	水土保持耕作、坡面治理
	3	邓州市	2	增施有机肥、少耕/休耕
	4	中卫市	2	乡土草种的筛选与繁育、新型沙障
	5	吴忠市	2	土壤改良、农牧复合经营
	6	吴忠市盐池县	2	草地改良、可持续草地利用
	7	贡宝拉格苏木	2	盐碱地建植、盐碱土改良
	8	锡林郭勒盟多伦县	2	自然恢复、土壤改良
	9	锡林浩特市	2	土壤修复、病虫害防治
	10	锡林郭勒盟（a）	2	流动沙丘固定、农牧结合

续表

编号		案例区名称	技术需求数量	技术需求名称
亚洲	11	锡林郭勒盟（b）	2	近自然的人工建植、高效的人工建植
	12	锡林郭勒盟正蓝旗	2	土壤改良、植被重建
	13	阿拉善左旗	2	人工结皮、禁牧封育
	14	阿拉善盟	2	防沙新材料、防止人工草地退化
	15	赤峰市阿鲁科尔沁旗	2	草畜平衡、人工结皮
	16	鄂尔多斯市	2	自上而下的生态环境保护政策、在气候暖干化的条件下灵活执行生态环境保护措施
	17	鄂托克旗	2	固沙抑尘剂、沙地灌木
	18	四子王旗	2	草原有害生物防治、草原土壤恢复
	19	浑善达克	2	近自然的人工建植、设施养殖
	20	三江源（a）	2	灭鼠、人工建植
	21	三江源（b）	2	农牧区耦合的跨区域调草、降低放牧强度、以植被土壤适应性恢复为主、人工恢复为辅的措施
	22	三江源黑土滩	2	生物结皮、补播改良草场
	23	果洛藏族自治州	2	降低放牧强度、生物防控鼠害
	24	海南藏族自治州	2	饲草储藏、灭鼠
	25	拉萨市林周县（a）	2	节水灌溉、牧草储藏
	26	拉萨市林周县（b）	2	增加种植当地草种、牧草储藏
	27	张掖市肃南裕固族自治县	2	毒草高效利用生物、牧草高效种植与保存
	28	松原市长岭县	2	物种选育、舍饲养殖
	29	东北三江平原（a）	2	引水通道建设、引入当地植物品种
	30	东北三江平原（b）	2	生态廊道、兴修水利工程
	31	辽河三角洲（a）	1	总体规划，分区管控
	32	辽河三角洲（b）	2	生境修复、自然修复
	33	白洋淀	2	生物多样性保护成效监测、水量平衡和水质监测
	34	利川市	2	湿地恢复、幼苗抚育
	35	九江市都昌县鄱阳湖（a）	2	水源补给、自然保护区建设
	36	九江市都昌县鄱阳湖（b）	2	自然修复、保护性耕作

编号	案例区名称	技术需求数量	技术需求名称
37	保定市	2	生物物理法净化水质、环保生产
38	旁遮普省	2	自然恢复、水资源管理
39	加德满都	2	土壤改良、防护林带
40	斯里兰卡	1	水资源管理
41	塔吉克斯坦	1	节水灌溉
42	老挝	2	森林可持续管理、森林政策法制化
43	迪纳杰布尔县	2	公共立法、建立保护区
44	达卡专区达卡加济布尔县	2	加强立法、增加森林保护
45	坦盖尔县马杜布尔萨尔	2	种植当地树种、减少外来物种入侵
46	坚德布尔县	2	疏浚河道、严格立法
47	巴彦洪果尔省	2	人工建植、沙障
48	尼泊尔	2	物种多样性保护、可持续草地利用
49	塔吉克斯坦	2	草场动态监测、施肥
50	加济布尔县	2	采用细菌细胞净化废水、采用真菌菌丝体
51	乌兹别克斯坦咸海	1	节水灌溉
52	班多尔班县	2	土地区划及其可持续管理、防止森林砍伐
53	苏纳姆甘杰县	2	控制湿地污染、完善洪水管理法规
54	科克斯巴扎尔县	2	种质资源保护、山地种植
55	杰索尔县	2	改善排水设施、增施有机肥
56	贾巴勒萨曼县	1	种植经济林
57	阿姆河流域	1	修建小水电站
58	拉杰沙希县	2	适宜的水土管理、种植经济林
非洲	1 布兰太尔市	1	多样化种植
	2 马萨比特市	2	农牧业结合、生态牧业
	3 尼罗河流域	1	建设自然保护区
	4 蒂拉贝里省	1	以草定畜

（注：编号37~58 左侧合并列为"亚洲"）

编号		案例区名称	技术需求数量	技术需求名称
欧洲	1	爱丁堡市	2	生态农业、物种选育
	2	牛津郡	2	生境修复、资源循环利用
	3	埃因霍温市	2	水质净化、自然恢复
	4	费尔贝林	2	生境修复、水资源保护
	5	不来梅市	2	自然恢复、水资源开发利用
	6	乌得勒支市	2	蓄水措施、环境合作社
	7	阿克什胡斯郡	2	有机+无耕农业、生物防虫
	8	林堡省	2	农田水利系统、保护性耕作
	9	希腊	2	抗盐碱植物培育、水资源管理
	10	亚琛工业区	1	污水处理
美洲	1	密西沙加市	2	化石燃料–再生能源转化、离心机
	2	秘鲁	1	与经济发展相匹配的环境政策
	3	柯林斯堡市	2	自然恢复、物种选育
大洋洲	1	堪培拉市特宾比拉自然保护区	2	多样化种植、保护区贯通
总计			141	

7.4.2 技术需求分布

从表7-8可以看出，针对退化生态治理，技术需求最多的是自然恢复（6项），主要需求来自亚洲、欧洲和美洲（中国、巴基斯坦、荷兰、德国、美国），其次是土壤改良（5项），主要需求来自亚洲（中国、尼泊尔），第三是节水灌溉（3项），主要需求来自亚洲（中国、塔吉克斯坦、乌兹别克斯坦），第四是物种选育（3项），主要需求来自亚洲、欧洲和美洲（中国、英国、美国），第五是水资源管理（3项），主要需求来自亚洲和欧洲（巴基斯坦、斯里兰卡、希腊），第六是生境修复（3项），主要需求来自亚洲和欧洲（中国、英国、德国），第七是牧草储藏（2项），主要需求来自亚洲（中国），第八是自然修复（2项），主要需求来自亚洲（中国），第九是增施有机肥（2项），主要需求来自亚洲（中国、孟加拉国），第十是种植经济林（2项），主要需求来自亚洲（叙利亚、孟加拉国）。

表 7-8　退化生态系统案例区技术需求分布情况　　　　（单位：项）

技术名称	技术数量	分布区域					主要国家
		亚洲	非洲	欧洲	美洲	大洋洲	
自然恢复	6	3		2	1		中国、巴基斯坦、荷兰、德国、美国
土壤改良	5	5					中国、尼泊尔
节水灌溉	3	3					中国、塔吉克斯坦、乌兹别克斯坦
物种选育	3	1		1	1		中国、英国、美国
水资源管理	3	2		1			巴基斯坦、斯里兰卡、希腊
生境修复	3	1		2			中国、英国、德国
牧草储藏	2	2					中国
自然修复	2	2					中国
增施有机肥	2	2					中国、孟加拉国
种植经济林	2	2					叙利亚、孟加拉国
可持续草地利用	2	2					中国、尼泊尔
多样化种植	2		1			1	马拉维、澳大利亚
近自然人工建植	2	2					中国
人工结皮	2	2					中国
灭鼠	2	2					中国
人工建植	2	2					中国
保护性耕作	2	1		1			中国、荷兰
自然保护区建设	2	1	1				中国、埃及
农林湿复合恢复	1	1					中国
水土保持耕作	1	1					中国
坡面治理	1	1					中国
少耕/休耕	1	1					中国
乡土草种的筛选与繁育	1	1					中国
新型沙障	1	1					中国
农牧复合经营	1	1					中国
草地改良	1	1					中国
盐碱地建植	1	1					中国

续表

技术名称	技术数量	分布区域					主要国家
		亚洲	非洲	欧洲	美洲	大洋洲	
盐碱土改良	1	1					中国
病虫害防治	1	1					中国
流动沙丘固定	1	1					中国
农牧结合	1	1					中国
高效的人工建植	1	1					中国
植被重建	1	1					中国
禁牧封育	1	1					中国
防沙新材料	1	1					中国
防止人工草地退化	1	1					中国
草畜平衡	1	1					中国
自上而下的生态环境保护政策	1	1					中国
应对气候暖干化保护措施	1	1					中国
固沙抑尘剂	1	1					中国
沙地灌木	1	1					中国
草原有害生物防治	1	1					中国
草原土壤恢复	1	1					中国
设施养殖	1	1					中国
跨区域调草	1	1					中国
半自然土壤恢复措施	1	1					中国
生物结皮	1	1					中国
补播改良草场	1	1					中国
降低放牧强度	1	1					中国
生物防控鼠害	1	1					中国
饲草储藏	1	1					中国
增加种植当地草种	1	1					中国
毒草高效利用	1	1					中国
牧草高效种植与保存	1	1					中国
舍饲养殖	1	1					中国

技术名称	技术数量	分布区域					主要国家
		亚洲	非洲	欧洲	美洲	大洋洲	
引水通道建设	1	1					中国
引入当地植物品种	1	1					中国
生态廊道	1	1					中国
兴修水利工程	1	1					中国
总体规划，分区管控	1	1					中国
生物多样性保护成效监测	1	1					中国
水量平衡和水质监测	1	1					中国
湿地恢复	1	1					中国
幼苗抚育	1	1					中国
水源补给	1	1					中国
生物物理法净化水质	1	1					中国
环保生产	1	1					中国
防护林带	1	1					尼泊尔
森林可持续管理	1	1					老挝
森林政策法制化	1	1					老挝
公共立法	1	1					孟加拉国
建立保护区	1	1					孟加拉国
加强立法	1	1					孟加拉国
增加森林保护	1	1					孟加拉国
种植当地树种	1	1					孟加拉国
减少外来物种入侵	1	1					孟加拉国
疏浚河道	1	1					孟加拉国
严格立法	1	1					孟加拉国
沙障	1	1					蒙古国
物种多样性保护	1	1					尼泊尔
草场动态监测	1	1					塔吉克斯坦
施肥	1	1					塔吉克斯坦
采用细菌细胞净化废水	1	1					孟加拉国
采用真菌菌丝体	1	1					孟加拉国

技术名称	技术数量	分布区域					主要国家
		亚洲	非洲	欧洲	美洲	大洋洲	
土地区划及其可持续管理	1	1					孟加拉国
防止森林砍伐	1	1					孟加拉国
控制湿地污染	1	1					孟加拉国
完善洪水管理法规	1	1					孟加拉国
种质资源保护	1	1					孟加拉国
山地种植	1	1					孟加拉国
改善排水设施	1	1					孟加拉国
修建小水电站	1	1					塔吉克斯坦
适宜的水土管理	1	1					孟加拉国
农牧业结合	1		1				肯尼亚
生态牧业	1		1				肯尼亚
以草定畜	1		1				尼日尔
生态农业	1			1			英国
资源循环利用	1			1			英国
水质净化	1			1			荷兰
水资源保护	1			1			德国
水资源开发利用	1			1			德国
蓄水措施	1			1			荷兰
环境合作社	1			1			荷兰
有机+无耕农业	1			1			挪威
生物防虫	1			1			挪威
农田水利系统	1			1			荷兰
抗盐碱植物培育	1			1			希腊
污水处理	1			1			德国
化石燃料-再生能源转化	1				1		加拿大
离心机	1				1		加拿大
生态经济政策	1				1		秘鲁
保护区贯通	1					1	澳大利亚
总计	141	110	5	19	5	2	

第8章　生态技术推介

8.1　水土流失案例区技术推介

8.1.1　技术推介

从表8-1可以看出，针对水土流失的74个案例区，总计推介技术数量141项。其中亚洲推介技术数量最多的是岐山县（2项），其次是安塞区（2项），再次是纸坊沟流域（a）（2项）。非洲推介技术数量最多的是尼日利亚（2项），其次是科纳克里市（2项），再次是多哥（2项）。欧洲推介技术数量最多的是曼彻斯特市（2项），其次是代尔夫特市（2项），再次是东弗里斯兰地区（2项）。美洲推介技术数量最多的是加利福尼亚州（2项），其次是多伦多市（2项），再次是安大略省（2项）。大洋洲包括沃加沃加镇（2项）和新西兰（2项）。

表 8-1　水土流失案例区技术推介　　　　　　　　（单位：项）

编号		案例区名称	推介技术数量	推介技术名称
亚洲	1	岐山县	2	农业秸秆循环利用、膜下滴灌
	2	安塞区	2	高效农业、经果林品种升级
	3	纸坊沟流域（a）	2	自然封育、经果林树种更新
	4	纸坊沟流域（b）	2	休耕、近自然造林
	5	宝塔区	2	适宜的经济作物种植、耐旱品种选育
	6	羊圈沟流域	2	间伐、高标准农田配套措施
	7	榆林市	2	坡面植被种植、配套排水渠+陡坎加固
	8	黄土高原区	2	沟道坝系建设、小流域综合治理
	9	林芝市	2	草畜平衡、耐寒草种选育
	10	青藏高原	2	防治草地沙化退化、天然林保护
	11	西南岩溶区	2	土壤改良、表层泉水引蓄灌工程
	12	西南紫色土区	2	生态旅游产业、经果林种植

	编号	案例区名称	推介技术数量	推介技术名称
	13	红河流域	2	水源涵养林保护、梯壁植草
	14	昭通市	2	农田集约管理配套、反季节蔬菜种植
	15	汶川县	2	多孔种植混凝土、CBS植被混凝土边坡绿化防护
	16	若尔盖县	2	旱生物种选育、高原泥炭保护
	17	定西市	2	缓冲植被带、近自然造林
	18	甘谷县	2	近自然造林、配套排水渠+陡坎加固
	19	张家川县	2	农林间作、地膜
	20	罗玉沟流域（a）	2	套笼植树、地埂灌木+台地经济林
	21	罗玉沟流域（b）	2	容器苗造林、植被护坡
	22	锡林郭勒盟	2	物种选育、飞播种草
	23	北方风沙区	2	树种选育、流域生态修复措施优化配置
	24	北方土石山区	2	保护性耕作、乔灌草植被缓冲带
	25	东北黑土区	2	保护性耕作、乔灌草植被缓冲带
亚洲	26	承德市	2	波状坡田间拦挡滤排、直型坡石坎截坡开阶蓄渗
	27	北京市房山区	2	免耕、乔灌草植被缓冲带
	28	烟台市福山区	2	缓冲植被带、近自然造林
	29	长汀县	2	缓冲植被带、近自然造林
	30	梅县	2	缓冲植被带、近自然造林
	31	南方红壤区	2	缓冲植被带、地下河提水
	32	曼谷市	2	石墙梯田、基塘农业
	33	湄宏顺府	2	近自然造林、缓冲植被带
	34	泰国	2	植树造林、免耕少耕
	35	老挝	1	水质监测能力建设
	36	雪兰莪州	2	岩墙梯田、"稻田+棕榈"间作
	37	吉隆坡市	2	生物结皮、雨水收集
	38	菲律宾	2	蔬菜梯田、秸秆覆田
	39	印度尼西亚	1	土壤快速培肥

续表

编号		案例区名称	推介技术数量	推介技术名称
亚洲	40	印度	1	土壤侵蚀监测
	41	格特基县	2	轮耕、保护性耕作
	42	尼泊尔	2	植物篱、农林复合经营
	43	苏瑞佩里河流域	2	雨水收集、缓冲林
	44	柯西河流域	2	封育、等高耕作
	45	库尔纳县	2	修建防潮堤、建防护林带
	46	普塔勒姆区	2	少耕/浅耕、作物残渣混合生物炭
	47	萨巴拉加穆瓦省	1	立体农业
	48	土耳其	2	人工造林、边坡种植
	49	耶路撒冷城	2	物种选育、节水灌溉/滴灌
	50	哈萨克斯坦北部	2	划区禁牧/轮牧/休牧、农林间作
	51	哈萨克斯坦东南部	2	农田防护林、土壤培肥
	52	滋贺县爱东町区	2	近自然造林、农业污染控制
	53	东京都	2	基塘农业、建立栖息地保护区
	54	首尔市	1	城市绿化带
非洲	1	尼日利亚	2	建立社区管理机制、适应性恢复与管理
	2	科纳克里市	2	秸秆覆盖、淤地坝
	3	多哥	2	海岸带保护、海岸线开发
	4	埃塞俄比亚	2	草地群落近自然配置、近自然林
	5	肯尼亚	2	集水坝、复合农业
	6	卢萨卡市	2	轮牧、围栏封育
	7	古廷区	2	淤地坝、近自然造林
欧洲	1	曼彻斯特市	2	农草间作、以草定畜
	2	代尔夫特市	2	滴灌、植物篱
	3	东弗里斯兰地区	2	水污染治理、农林间作
	4	勃兰登堡州	2	围栏封育、残茬覆盖耕作
	5	奥地利	1	坡面植被选育

编号		案例区名称	推介技术数量	推介技术名称
欧洲	6	瓦伦西亚市	2	植物稳定、生物膜过滤
	7	萨拉托夫州	2	建设小型农业区储水库、农林间作
	8	俄罗斯	1	节水灌溉
美洲	1	加利福尼亚州	2	复合农业、水文水质监测
	2	多伦多市	2	生态农业、乔灌草空间配置
	3	安大略省	2	混凝土护坡/岸、水质净化
大洋洲	1	沃加沃加镇	2	疏林补植、土壤改良
	2	新西兰	2	可再生能源开发利用、水文水质监测
总计			141	

8.1.2 技术推介分布

从表 8-2 可以看出，针对水土流失推介的技术，最多的是近自然造林（10 项），主要推介到亚洲和非洲（中国、埃塞俄比亚、泰国、日本、莱索托），其次是缓冲植被带（6 项），主要推介到亚洲（中国、泰国），第三是农林间作（4 项），主要推介到亚洲和欧洲（中国、哈萨克斯坦、德国、俄罗斯），第四是保护性耕作（3 项），主要推介到亚洲（中国、巴基斯坦），第五是乔灌草植被缓冲带（3 项），主要推介到亚洲（中国），第六是配套排水渠+陡坎加固（2 项），主要推介到亚洲（中国），第七是土壤改良（2 项），主要推介到亚洲和大洋洲（中国、澳大利亚），第八是基塘农业（2 项），主要推介到亚洲（泰国、日本），第九是物种选育（2 项），主要推介到亚洲（中国、耶路撒冷）。第十是雨水收集，主要推介到亚洲（马来西亚、尼泊尔）。

表 8-2　水土流失案例区技术推介分布情况　　　　（单位：项）

技术名称	技术数量	分布区域					主要国家
		亚洲	非洲	欧洲	美洲	大洋洲	
近自然造林	10	8	2				中国、埃塞俄比亚、泰国、日本、莱索托
缓冲植被带	6	6					中国、泰国
农林间作	4	2		2			中国、哈萨克斯坦、德国、俄罗斯
保护性耕作	3	3					中国、巴基斯坦

技术名称	技术数量	分布区域					主要国家
		亚洲	非洲	欧洲	美洲	大洋洲	
乔灌草植被缓冲带	3	3					中国
配套排水渠+陡坎加固	2	2					中国
土壤改良	2	1				1	中国、澳大利亚
基塘农业	2	2					泰国、日本
物种选育	2	2					中国、耶路撒冷
雨水收集	2	2					马来西亚、尼泊尔
植物篱	2	1		1			尼泊尔、荷兰
淤地坝	2		2				几内亚、莱索托
复合农业	2		1		1		肯尼亚、美国
围栏封育	2		1	1			赞比亚、德国
水文水质监测	2				1	1	美国、新西兰
经果林种更新	2	2					中国
滴灌	2	1		1			耶路撒冷、荷兰
划区禁牧/轮牧/休牧	2	1	1				哈萨克斯坦、赞比亚
高效农业	1	1					中国
膜下滴灌	1	1					中国
自然封育	1	1					中国
休耕	1	1					中国
适宜的经济作物种植	1	1					中国
耐旱品种选育	1	1					中国
间伐	1	1					中国
高标准农田配套措施	1	1					中国
坡面植被种植	1	1					中国
沟道坝系建设	1	1					中国
小流域综合治理	1	1					中国
草畜平衡	1	1					中国

技术名称	技术数量	分布区域					主要国家
		亚洲	非洲	欧洲	美洲	大洋洲	
耐寒草种选育	1	1					中国
防治草地沙化退化	1	1					中国
天然林保护	1	1					中国
表层泉水引蓄灌工程	1	1					中国
生态旅游产业	1	1					中国
农业秸秆循环利用	1	1					中国
经果林种植	1	1					中国
水源涵养林保护	1	1					中国
梯壁植草	1	1					中国
农田集约管理配套	1	1					中国
反季节蔬菜种植	1	1					中国
多孔种植混凝土	1	1					中国
CBS 植被混凝土边坡绿化防护	1	1					中国
旱生物种选育	1	1					中国
高原泥炭保护	1	1					中国
地膜	1	1					中国
套笼植树	1	1					中国
地埂灌木+台地经济林	1	1					中国
容器苗造林	1	1					中国
植被护坡	1	1					中国
飞播种草	1	1					中国
树种选育	1	1					中国
流域生态修复措施优化配置	1	1					中国
波状坡田间拦挡滤排	1	1					中国
直型坡石坎截坡开阶蓄渗	1	1					中国

续表

技术名称	技术数量	分布区域					主要国家
		亚洲	非洲	欧洲	美洲	大洋洲	
免耕	1	1					中国
地下河提水	1	1					中国
石墙梯田	1	1					泰国
植树造林	1	1					泰国
免耕少耕	1	1					泰国
水质监测能力建设	1	1					老挝
岩墙梯田	1	1					马来西亚
"稻田+棕榈" 间作	1	1					马来西亚
生物结皮	1	1					马来西亚
蔬菜梯田	1	1					菲律宾
秸秆覆田	1	1					菲律宾
土壤快速培肥	1	1					印度尼西亚
土壤侵蚀监测	1	1					印度
轮耕	1	1					巴基斯坦
农林复合经营	1	1					尼泊尔
缓冲林	1	1					尼泊尔
封育	1	1					尼泊尔
等高耕作	1	1					尼泊尔
修建防潮堤	1	1					孟加拉国
建防护林带	1	1					孟加拉国
少耕/浅耕	1	1					斯里兰卡
作物残渣混合生物炭	1	1					斯里兰卡
立体农业	1	1					斯里兰卡
人工造林	1	1					土耳其
边坡种植	1	1					土耳其
节水灌溉/滴灌	1			1			俄罗斯
农田防护林	1	1					哈萨克斯坦

续表

技术名称	技术数量	分布区域					主要国家
		亚洲	非洲	欧洲	美洲	大洋洲	
土壤培肥	1	1					哈萨克斯坦
农业污染控制	1	1					日本
建立栖息地保护区	1	1					日本
城市绿化带	1	1					韩国
建立社区管理机制	1		1				尼日利亚
适应性恢复与管理	1		1				尼日利亚
秸秆覆盖	1		1				几内亚
海岸带保护	1		1				多哥
海岸线开发	1		1				多哥
草地群落近自然配置	1		1				埃塞俄比亚
集水坝	1		1				肯尼亚
农草间作	1			1			英国
以草定畜	1			1			英国
水污染治理	1			1			德国
残茬覆盖耕作	1			1			德国
坡面植被选育	1			1			奥地利
植物固定土壤重金属	1			1			西班牙
生物膜过滤	1			1			西班牙
建设小型农业区储水库	1			1			俄罗斯
生态农业	1				1		加拿大
乔灌草空间配置	1				1		加拿大
混凝土护坡/岸	1				1		加拿大
水质净化	1				1		加拿大
疏林补植	1					1	澳大利亚
可再生能源开发利用	1					1	新西兰
总计	141	103	14	14	6	4	

8.2　荒漠化案例区技术推介

8.2.1　技术推介

从表 8-3 可以看出，针对荒漠化的 44 个案例区，总计推介技术数量 83 项。其中亚洲推介技术数量最多的是中卫市沙坡头（2 项），其次是灵武市（2 项），再次是盐池县（2 项）。非洲推介技术数量最多的是索科托州 Gudu LGA 市（2 项），其次是乍得中沙里区萨尔市（2 项），再次是金卡市（2 项）。欧洲的俄罗斯、美洲的柯林斯堡市、大洋洲的澳大利亚荒漠化区推介技术均为 2 项。

表 8-3　荒漠化案例区技术推介　　　　（单位：项）

编号		案例区名称	推介技术数量	推介技术名称
亚洲	1	沙坡头	2	聚乙烯沙障/合成高分子类化学固沙
	2	灵武市	2	飞播/生物结皮
	3	盐池县	2	乡土种筛选与繁育/划区轮牧，季节性放牧
	4	石河子市（a）	2	低密度覆盖沙障/饲草选育
	5	石河子市（b）	2	膜下节水滴灌/农林间作
	6	准噶尔盆地	2	林分改造/农田水利工程
	7	阿克苏地区	2	低密度覆盖沙障/近自然建植
	8	临泽县	2	防风固沙林带/节水灌溉/滴灌
	9	张掖市	2	集雨滴灌/聚乙烯沙障
	10	敦煌市	2	绿洲区秸秆覆盖防蚀/绿洲区农作留茬防蚀
	11	民勤县（a）	2	聚乙烯沙障/集雨滴灌
	12	民勤县（b）	2	低密度覆盖沙障/立体固沙车
	13	黄河流域	2	低密度覆盖沙障/设施养殖
	14	榆林市北部风沙区	2	选种地方物种/乔灌草空间配置
	15	鄂托克旗	2	草地群落近自然配置/草方格
	16	克什克腾旗	2	轮作/留茬耕作/禁牧封育
	17	科尔沁/浑善达克/毛乌素/呼伦贝尔沙地	2	聚乙烯沙障/饲草料种植
	18	奈曼旗科尔沁沙地	2	草地群落近自然配置/草饼干

	编号	案例区名称	推介技术数量	推介技术名称
亚洲	19	乌审旗	2	微生物富集/乔灌草立体种植
	20	锡林郭勒盟	2	草地群落近自然配置/高产饲草料种植
	21	西北干旱荒漠化区	2	滴灌造林/无灌溉造林
	22	坝上	2	人工林近自然经营/流域生态修复措施优化配置
	23	阿拉善盟	2	化学固沙材料/草地群落近自然配置
	24	蒙古国（a）	1	多利益相关者管理
	25	蒙古国（b）	2	豆科牧草种植/"面包草"青贮加工
	26	印度西部	2	水坝引水/种植防护林带或人工草地
	27	坦湖区	2	雨水收集/小水窖建设
	28	以色列（a）	1	保护性耕作
	29	以色列（b）	1	以草定畜
	30	约旦	2	用芦苇覆盖，辅以瓦砾和黏土进行机械保护/土壤秸秆覆盖轮作
	31	伊朗	2	人工草地/季节性轮牧
	32	喀布尔市	2	保护性耕作/近自然造林
	33	哈萨克斯坦北部	2	建立种子库/生态垫+植物治沙
	34	哈萨克斯坦西部	2	划区禁牧/轮牧/休牧/生态垫+植物治沙
	35	杜尚别市	2	农林复合/少耕浅耕
非洲	1	利比亚	1	草方格
	2	索科托州 Gudu LGA 市	2	保护性耕作/滴灌
	3	乍得中沙里区萨尔市	2	聚乙烯沙障/绿洲区农作留茬防蚀
	4	金卡市	2	滴灌/添加腐殖质
	5	罗毕市	2	容器苗造林和补植/抗旱植物育种
	6	赞比亚	1	轮牧
欧洲	1	俄罗斯	2	人工草地/青贮种植
美洲	1	柯林斯堡市	2	舍饲养殖/雨水收集
大洋洲	1	澳大利亚	2	土壤改良/乡土种筛选与繁育
总计	44		83	

8.2.2 技术推介分布

从表 8-4 可以看出，针对荒漠化治理，推介最多的技术是聚乙烯沙障（5 项），主要推介到亚洲和非洲（中国、乍得）。其次是低密度覆盖沙障（4 项），主要推介到亚洲（中国）。第三是草地群落近自然配置（4 项），主要推介到亚洲（中国）。第四是人工草地（3 项），主要推介到亚洲和欧洲（印度、伊朗、俄罗斯）。第五是滴灌（3 项），主要推介到亚洲和非洲（中国、尼日利亚、埃塞俄比亚）。第六是乡土种筛选与繁育（2 项），主要推介到亚洲和大洋洲（中国、澳大利亚）。第七是饲草料种植（2 项），主要推介到亚洲（中国）。第八是绿洲区农作留茬防蚀（2 项），主要推介到亚洲和非洲（中国、乍得）。第九是集雨滴灌（2 项），主要推介到亚洲（中国）。第十是雨水收集（2 项），主要推介到亚洲和北美洲（尼泊尔、美国）。

表 8-4　荒漠化案例区技术推介分布情况　　（单位：项）

技术名称	技术数量	分布区域					主要国家
		亚洲	非洲	欧洲	美洲	大洋洲	
聚乙烯沙障	5	4	1				中国、乍得
低密度覆盖沙障	4	4					中国
草地群落近自然配置	4	4					中国
人工草地	3	2		1			印度、伊朗、俄罗斯
滴灌	3	1	2				中国、尼日利亚、埃塞俄比亚
乡土种筛选与繁育	2	1				1	中国、澳大利亚
饲草料种植	2	2					中国
绿洲区农作留茬防蚀	2	1	1				中国、乍得
集雨滴灌	2	2					中国
雨水收集	2	1			1		尼泊尔、美国
种植防护林带或人工草地	1	1					印度
土壤保湿	1	1					约旦
以草定畜	1	1					以色列
选育地方物种	1	1					中国
小水窖建设	1	1					尼泊尔
无灌溉造林	1	1					中国
微生物富集	1	1					中国

技术名称	技术数量	分布区域					主要国家
		亚洲	非洲	欧洲	美洲	大洋洲	
土壤秸秆覆盖轮作	1	1					约旦
土壤改良	1					1	澳大利亚
添加腐殖质	1		1				埃塞俄比亚
饲草选育	1	1					中国
水坝引水	1	1					印度
生物结皮	1	1					中国
生态垫+植物治沙	2	2					哈萨克斯坦
设施养殖	1	1					中国
舍饲养殖	1				1		美国
少耕浅耕	1	1					塔吉克斯坦
容器苗造林和补植	1		1				肯尼亚
人工林近自然经营	1	1					中国
人豆科牧草种植	1	1					蒙古国
青贮种植	1			1			俄罗斯
乔灌草立体种植	1	1					中国
乔灌草空间配置	1	1					中国
农田水利工程	1	1					中国
农林间作	1	1					中国
农林复合	1	1					塔吉克斯坦
膜下滴灌	1	1					中国
绿洲区秸秆覆盖防蚀	1	1					中国
轮作/留茬耕作	1	1					中国
轮牧	1		1				赞比亚
流域生态修复措施优化配置	1	1					中国
林分改造	1	1					中国
立体固沙车	1	1					中国
抗旱植物育种	1		1				肯尼亚
禁牧封育	1	1					中国

技术名称	技术数量	分布区域					主要国家
		亚洲	非洲	欧洲	美洲	大洋洲	
近自然造林	1	1					阿富汗
近自然建植	1	1					中国
节水灌溉	1	1					中国
建立种子库	1	1					哈萨克斯坦
季节性轮牧	1	1					伊朗
划区轮牧，季节性放牧	1	1					中国
划区禁牧/轮牧/休牧	1	1					哈萨克斯坦
化学固沙材料	1	1					中国
高分子化学固沙	1	1					中国
高产饲草料种植	1	1					中国
飞播	1	1					中国
防风固沙林带	1	1					中国
多利益相关者管理	1	1					蒙古国
滴灌造林	1	1					中国
草方格	2	1	1				中国、利比亚
草饼干	1	1					中国
保护性耕作	3	2	1				以色列、阿富汗、尼日利亚
"面包草"青贮加工	1	1					蒙古国
总计	86	70	10	2	2	2	

8.3　石漠化案例区技术推介

8.3.1　技术推介

从表8-5可以看出，针对水石漠化的9个案例区，总计推介技术数量19项。其中亚洲推介技术数量最多的是苗族自治州西畴县（3项），其次是平果市果化镇（2项），再次是环江县峰丛洼地（2项）。欧洲斯洛文尼亚案例区为2项。

表8-5 石漠化案例区技术推介　　　　　　　　（单位：项）

编号		案例区名称	推介技术数量	推介技术名称
亚洲	1	平果市果化镇	2	表层岩溶泉蓄引取水、土壤改良益生菌
	2	环江县峰丛洼地	2	保水剂、岩溶洼地工程排水
	3	田阳区	2	新材料保水剂、种植适宜的经果林
	4	元谋县	2	脆弱区森林可持续经营与管理、间种木豆等豆科植物土壤改良
	5	西畴县	3	新材料保水剂、炸石造地、高标准农田建设
	6	泸西县三塘乡	2	欧李（钙果）种植、地下河提水
	7	鸭池镇石桥小流域	2	经济型生物地埂、筛选本地野生优良草种
	8	关岭—贞丰花江	2	花椒高产种植和管理+林下种养、小型沼气工程联户供气+生物质能源利用
欧洲	1	斯洛文尼亚	2	集雨滴灌、地埂灌木+台地经济林
总计	9		19	

8.3.2　技术推介分布

从表8-6可以看出，针对石漠化治理推介最多的是新材料保水剂（2项），主要推介到亚洲（中国）。其次是种植适宜的经果林（1项），主要推介到亚洲（中国）。第三是炸石造地（1项），主要推介到亚洲（中国）。第四是岩溶洼地工程排水（1项），主要推介到亚洲（中国）。第五是小型沼气工程联户供气+生物质能源利用（1项），主要推介到亚洲（中国）。第六是土壤改良益生菌（1项），主要推介到亚洲（中国）。第七是筛选本地野生优良草种（1项），主要推介到亚洲（中国）。第八是欧李（钙果）种植（1项），主要推介到亚洲（中国）。第九是经济型生物地埂（1项），主要推介到亚洲（中国）。第十是间种木豆等豆科植物土壤改良（1项），主要推介到亚洲（中国）。

表8-6 石漠化案例区技术推介分布情况　　　　　　　　（单位：项）

技术名称	技术数量	技术推介分布区域					主要国家
		亚洲	非洲	欧洲	美洲	大洋洲	
新材料保水剂	2	2					中国
种植适宜的经果林	1	1					中国
炸石造地	1	1					中国
岩溶洼地工程排水	1	1					中国

技术名称	技术数量	技术推介分布区域					主要国家
		亚洲	非洲	欧洲	美洲	大洋洲	
小型沼气工程联户供气+生物质能源利用	1	1					中国
土壤改良益生菌	1	1					中国
筛选本地野生优良草种	1	1					中国
欧李（钙果）种植	1	1					中国
经济型生物地埂	1	1					中国
间种木豆等豆科植物土壤改良	1	1					中国
集雨滴灌	1			1			斯洛文尼亚
花椒高产种植和管理+林下种养	1	1					中国
高标准农田建设	1	1					中国
地下河提水	1	1					中国
地埂灌木+台地经济林	1			1			斯洛文尼亚
脆弱区森林可持续经营与管理	1	1					中国
表层岩溶泉蓄引取水	1	1					中国
保水剂	1	1					中国
总计	19	17		2			

8.4 退化生态系统案例区技术推介

8.4.1 技术推介

从表8-7可以看出，针对生态退化案例区，总计需求144项技术。其中亚洲推介技术数量最多的是上海市（2项），其次是松原市（2项），再次是中卫市（2项）。非洲推介技术数量最多的是马萨比特市（2项），其次是尼罗河流域（2项），再次是蒂拉贝里省（2项）。欧洲推介技术数量最多的是爱丁堡市（2项），其次是牛津郡（2项），再次是埃因霍温市（2项）。美洲推介技术数量最多的是密西沙加市（2项），其次是柯林斯堡市（2项），再次是秘鲁（1项）。大洋洲堪培拉市特宾比拉自然保护区推介技术数量是2项。

表 8-7　退化生态系统案例区技术推介　　　　　（单位：项）

编号		案例区名称	推介技术数量	推介技术名称
亚洲	1	上海市	2	生态农业、水资源循环利用
	2	松原市	2	保护性耕作、乔灌草植被缓冲带
	3	邓州市	1	轮耕
	4	中卫市	2	生物结皮、种质库
	5	吴忠市	2	人工种草、快速培肥
	6	吴忠市盐池县	2	乡土种筛选与繁育、划区轮牧，季节性放牧
	7	贡宝拉格苏木	2	耐盐碱牧草的选育、牧草修复盐碱地
	8	锡林郭勒盟多伦县	2	围栏封育、生物结皮
	9	锡林浩特市	2	植物–微生物联合修复、抗病虫害植物培育
	10	锡林郭勒盟（a）	2	流动沙丘生物固化、青贮饲料种植
	11	锡林郭勒盟（b）	2	草地群落近自然配置、飞播
	12	锡林郭勒盟正蓝旗	2	微生物改良、飞播造林
	13	阿拉善左旗	2	乔灌草空间配置、轮牧/休牧
	14	阿拉善盟	2	化学固沙材料、草地群落近自然配置
	15	赤峰市阿鲁科尔沁旗	2	以草定畜、藻类–地衣结皮
	16	鄂尔多斯市	2	小型牧民合作社、牧民替代生计
	17	鄂托克旗	2	种质库、流动沙丘生物固化
	18	四子王旗	2	松耙、生物防治害虫
	19	浑善达克	2	草方格、高产饲草料种植
	20	三江源（a）	2	招鹰架/鹰巢生物灭鼠、多年生人工草地混播建植
	21	三江源（b）	2	人工建植、饲草种植
	22	三江源黑土滩	2	生物结皮、补播改良
	23	果洛藏族自治州	2	以草定畜、"暗堡式野生动物洞穴"灭鼠
	24	海南藏族自治州	2	草饼干、招鹰架/鹰巢生物灭鼠
	25	林周县（a）	2	光伏节水灌溉、草饲料人工脱水+草饼干

	编号	案例区名称	推介技术数量	推介技术名称
	26	林周县（b）	2	光伏节水灌溉、草饼干
	27	肃南裕固族自治县	2	草种改良、草饲料人工脱水+草饼干
	28	松原市长岭县	2	优质牧草选育、以草定畜
	29	东北三江平原（a）	2	生态廊道、水利工程
	30	东北三江平原（b）	2	构建"踏脚石"生态廊道，过境水、洪水补给湿地
	31	辽河三角洲（a）	1	保护地管理体系
	32	辽河三角洲（b）	2	退耕还滩、围栏封育
	33	白洋淀	2	生态廊道、水利工程
	34	利川市	2	水禽栖息湿地保护、育苗
	35	九江市都昌县鄱阳湖（a）	2	过境水、洪水补给湿地、引入当地野生湿地植物
	36	九江市都昌县鄱阳湖（b）	2	封育
	37	保定市	2	建设生态浮岛、建立排污监管制度
	38	旁遮普省	2	农林间作、节水灌溉/滴灌
亚洲	39	加德满都	2	土壤培肥、轮牧
	40	斯里兰卡	1	水质监测
	41	塔吉克斯坦	1	滴灌
	42	老挝	2	退化林地恢复与管理模型、森林监察系统
	43	迪纳杰布尔县	2	修建水库、完善监管措施
	44	达卡专区达卡加济布尔县	2	加强气象预报系统建设、森林有计划砍伐
	45	坦盖尔县马杜布尔萨尔	2	增加树木品种、保护天然林
	46	坚德布尔县	2	种植耐盐碱和抗洪植物、实施限制土地过度开发法规
	47	巴彦洪果尔省	2	饲草料种植、聚乙烯沙障
	48	尼泊尔	2	多树种混合种植、植物+人工围栏混合使用
	49	塔吉克斯坦	2	围栏封育、土壤改良
	50	加济布尔县	2	建生态浮岛、种植净化水质的植物
	51	乌兹别克斯坦咸海	2	滴灌、水权确权
	52	班多尔班县	2	伐后修复、退耕还林

	编号	案例区名称	推介技术数量	推介技术名称
亚洲	53	苏纳姆甘杰县	2	建立湿地防护带、轮作
	54	科克斯巴扎尔县	2	轮耕、伐后修复
	55	杰索尔县	2	人工草地、建立水库
	56	贾巴勒萨曼县	2	草地人工补植、当地树种种植和自然恢复
	57	阿姆河流域	2	提升用水效率、加强水域监管
	58	拉杰沙希县	2	加强污染物排放管理、轮耕
非洲	1	布兰太尔市	1	近自然造林
	2	马萨比特市	2	农牧复合系统、以草定畜
	3	尼罗河流域	2	增施农肥、修建中小型水库
	4	蒂拉贝里省	2	人工草地、梯田维护
欧洲	1	爱丁堡市	2	等高耕作、物种选育
	2	牛津郡	2	自然恢复、能源转化
	3	埃因霍温市	2	污染水治理、封育
	4	费尔贝林	2	土壤改良、缓冲林
	5	不来梅市	2	封育、水资源循环利用
	6	乌得勒支市	1	完善基础设施
	7	阿克什胡斯郡	2	保护性耕作、生物多样性保护
	8	林堡省	2	排水沟-沉管排水系统、浅耕、少耕
	9	希腊	2	抗盐碱植物选育、水资源开发利用
	10	亚琛工业区	1	减少污染物排放
美洲	1	密西沙加市	2	生物燃料、污水处理
	2	秘鲁	1	完善法律法规
	3	柯林斯堡市	2	禁牧/轮牧/休牧、选育地域针对性物种
大洋洲	1	堪培拉市特宾比拉自然保护区	2	近自然建植、建设自然生态廊道
总计			144	

8.4.2　技术推介分布

从表8-8可以看出，针对退化生态系统治理，推介最多的是以草定畜（4项），主要推介到亚洲和非洲（中国、肯尼亚），其次是围栏封育（3项），主要推介到亚洲（中国、塔吉克斯坦），第三是轮耕（3项），主要推介到亚洲（中国、孟加拉国），第四是封育（3项），主要推介到亚洲和欧洲（中国、荷兰、德国），第五是滴灌（3项），主要推介到亚洲（塔吉克斯坦、乌兹别克斯坦、巴基斯坦），第六是生物结皮（3项），主要推介到亚洲（中国），第七是建设生态浮岛（2项），主要推介到亚洲（中国、孟加拉国），第八是水资源循环利用（2项），主要推介到亚洲和欧洲（中国、德国），第九是保护性耕作（2项），主要推介到亚洲和欧洲（中国、挪威），第十推介是流动沙丘生物固化（2项），主要推介到亚洲（中国）。

表8-8　退化生态系统案例区技术推介分布情况　　　　　（单位：项）

技术名称	技术数量	技术推介分布区域					主要国家
		亚洲	非洲	欧洲	美洲	大洋洲	
以草定畜	4	3	1				中国、肯尼亚
围栏封育	3	3					中国、塔吉克斯坦
轮耕	3	3					中国、孟加拉国
封育	3	1		2			中国、荷兰、德国
滴灌	3	3					塔吉克斯坦、乌兹别克斯坦、巴基斯坦
生物结皮	3	3					中国
建设生态浮岛	2	2					中国、孟加拉国
水资源循环利用	2	1		1			中国、德国
保护性耕作	2	1		1			中国、挪威
流动沙丘生物固化	2	2					中国
草地群落近自然配置	2	2					中国
种质库	2	2					中国
生态农业	2	2					中国
飞播造林	2	2					中国
轮牧/休牧	2	1			1		中国、美国
招鹰架/鹰巢生物灭鼠	2	2					中国
草饼干	2	2					中国

续表

技术名称	技术数量	技术推介分布区域					主要国家
		亚洲	非洲	欧洲	美洲	大洋洲	
光伏节水灌溉	2	2					中国
草饲料人工脱水+草饼干	2	2					中国
生态廊道	2	2					中国
水利工程	2	2					中国
过境水、洪水补给湿地	2	2					中国
修建水库	2	2					孟加拉国
土壤改良	2	1		1			塔吉克斯坦、德国
伐后修复	2	2					孟加拉国
人工草地	2	1	1				孟加拉国、尼日尔
人工种草	1	1					中国
快速培肥	1	1					中国
乡土种筛选与繁育	1	1					中国
划区轮牧，季节性放牧	1	1					中国
耐盐碱牧草选育	1	1					中国
牧草修复盐碱地	1	1					中国
植物-微生物联合修复	1	1					中国
抗病虫害植物培育	1	1					中国
乔灌草植被缓冲带	1	1					中国
青贮饲料种植	1	1					中国
微生物改良	1	1					中国
乔灌草空间配置	1	1					中国
化学固沙材料	1	1					中国
藻类-地衣结皮	1	1					中国
小型牧民合作社	1	1					中国
牧民替代生计	1	1					中国
松耙	1	1					中国
生物防治害虫	1	1					中国

续表

技术名称	技术数量	技术推介分布区域					主要国家
		亚洲	非洲	欧洲	美洲	大洋洲	
草方格	1	1					中国
高产饲草料种植	1	1					中国
饲草料种植	1	1					蒙古国
多年生人工草地混播建植	1	1					中国
人工建植	1	1					中国
饲草种植	1	1					中国
补播改良	1	1					中国
"暗堡式野生动物洞穴"灭鼠	1	1					中国
草种改良	1	1					中国
优质牧草选育	1	1					中国
构建"踏脚石"生态廊道	1	1					中国
保护地管理体系	1	1					中国
退耕还滩	1	1					中国
水禽栖息湿地保护	1	1					中国
育苗钵移栽	1	1					中国
引入当地野生湿地植物	1	1					中国
建立排污监管制度	1	1					中国
农林间作	1	1					巴基斯坦
土壤培肥	1	1					尼泊尔
轮牧	1	1					尼泊尔
水质监测	1	1					斯里兰卡
退化林地恢复与管理模型	1	1					老挝
森林监察系统	1	1					老挝
完善监管措施	1	1					孟加拉国
加强气象预报系统建设	1	1					孟加拉国
森林有计划砍伐	1	1					孟加拉国

技术名称	技术数量	技术推介分布区域					主要国家
		亚洲	非洲	欧洲	美洲	大洋洲	
增加树木品种	1	1					孟加拉国
保护天然林	1	1					孟加拉国
种植耐盐碱和抗洪植物	1	1					孟加拉国
实施限制土地过度开发法规	1	1					孟加拉国
聚乙烯沙障	1	1					蒙古国
多树种混合种植	1	1					尼泊尔
植物+人工围栏混合使用	1	1					尼泊尔
种植净化水质的植物	1	1					孟加拉国
水权确权	1	1					乌兹别克斯坦
退耕还林	1	1					孟加拉国
建立湿地防护带	1	1					孟加拉国
轮作	1	1					孟加拉国
草地人工补植	1	1					叙利亚
当地树种种植和自然恢复	1	1					叙利亚
自然恢复	1			1			英国
提升用水效率	1	1					塔吉克斯坦
加强水域监管	1	1					塔吉克斯坦
加强污染物排放管理	1	1					孟加拉国
近自然造林	1		1				马拉维
农牧复合系统	1		1				肯尼亚
增施农肥	1		1				埃及
修建中小型水库	1		1				埃及
梯田维护	1		1				尼日尔
等高耕作	1			1			英国
物种选育	1			1			英国
能源转化	1			1			英国
污染水治理	1			1			荷兰

续表

技术名称	技术数量	技术推介分布区域					主要国家
		亚洲	非洲	欧洲	美洲	大洋洲	
缓冲林	1			1			德国
完善基础设施	1			1			荷兰
生物多样性保护	1			1			挪威
排水沟–沉管排水系统	1			1			荷兰
浅耕、少耕	1			1			荷兰
抗盐碱植物选育	1			1			希腊
水资源开发利用	1			1			希腊
减少污染物排放	1			1			德国
生物燃料	1				1		加拿大
污水处理	1				1		加拿大
完善法律法规	1				1		秘鲁
当地物种培育	1				1		美国
近自然建植	1					1	澳大利亚
建设自然生态廊道	1					1	澳大利亚
总计	144	112	7	18	5	2	

参 考 文 献

陈亚宁. 2009. 干旱荒漠区生态系统与可持续管理. 北京：科学出版社.

代富强，刘刚才. 2011. 紫色土丘陵区典型水土保持措施的适宜性评价. 中国水土保持科学，9（4）：23-30.

董世魁，刘世梁，尚占环，等. 2020. 恢复生态学（第二版）. 北京：高等教育出版社.

冯永忠，向友珍，邓建，等. 2013. 埃及尼罗河流域农作制特征调研. 世界农业，（2）：110-112.

傅伯杰. 2013. 生态系统服务与生态安全. 北京：高等教育出版社.

何京丽. 2013. 北方典型草原水土保持生态修复技术. 水土保持研究，（3）：299-301.

何盛明，刘西乾，沈云. 1990. 财经大辞典. 北京：中国财政经济出版社.

胡小宁，谢晓振，郭满才，等. 2018. 生态技术评价方法与模型研究——理论模型设计. 自然资源学报，33（7）：1152-1164.

科学技术部. 2012. 生态保护科技创新十年巡礼. 北京：科学技术部.

李洪远，鞠美庭. 2005. 生态恢复的原理与实践. 北京：化学工业出版社.

李阔，许吟隆. 2015. 适应气候变化技术识别标准研究. 科技导报，33（16）：95-101.

李建平，李闽榕，王金南. 2015. 全球环境竞争力报告（2015）. 北京：社会科学文献出版社.

李阳兵，王世杰，容丽. 2004. 关于喀斯特石漠和石漠化概念的讨论. 中国沙漠，24（6）：689-695.

刘宝元，刘瑛娜，张科利，等. 2013. 中国水土保持措施分类. 水土保持学报，27（2）：80-84.

刘国华，傅伯杰，陈利顶，等. 2000. 中国生态退化的主要类型、特征及分布. 生态学报，20（1）：13-19.

吕燕，杨发明. 1997. 有关生态技术概念的探讨. 生态经济，（3）：47-49.

彭少麟. 2007. 恢复生态学. 北京：气象出版社.

任海，彭少麟，陆宏芳. 2004. 退化生态系统恢复与恢复生态学. 生态学报，（8）：1760-1768.

孙鸿烈. 2011. 我国水土流失问题与防治对策. 中国水利，（6）：16.

王德炉，朱守谦，黄宝龙. 2004. 石漠化的概念及其内涵. 南京林业大学学报（自然科学版），28（6）：87-90.

王立明，杜纪山. 2004. 岷山区域植物多样性及其与生境关系分析. 四川林业科技，（3）：22-26.

王世杰. 2002. 喀斯特石漠化概念演绎及其科学内涵的探讨. 中国岩溶，21（2）：101-105.

王涛，朱震达. 2003. 我国沙漠化研究的若干问题——1. 沙漠化的概念及其内涵. 中国沙漠，（3）：3-8.

吴正. 1991. 浅议我国北方地区的沙漠化问题. 地理学报，58（3）：266-276.

项玉章，祝瑞祥. 1995. 英汉水土保持辞典. 北京：水利电力出版社.

解明曙，庞薇. 1993. 关于中国土壤侵蚀类型与侵蚀类型区的划分. 中国水土保持，（5）：8-10.

谢永生，李占斌，王继军，等. 2011. 黄土高原水土流失治理模式的层次结构及其演变. 水土保持学报，25（3）：211-214.

虞晓芳，龚建立，张化尧. 2018. 技术经济学概论. 北京：高等教育出版社.

张海元. 2001. 甘肃河西走廊绿洲的荒漠化及治理对策. 甘肃农业，（2）：27-29.

张克斌，王锦林，侯瑞萍，等. 2003. 我国农牧交错区土地退化研究——以宁夏盐池县为例. 中国水土保持科学，（1）：85-90.

章家恩，徐琪. 1999. 生态退化的形成原因探讨. 生态科学，18（3）：27-32.

甄霖，谢永生. 2019. 典型脆弱生态区生态技术评价方法及应用专题导读. 生态学报，39（16）：5747-5754.

甄霖，胡云锋，魏云洁，等. 2019. 典型脆弱生态区生态退化趋势与治理技术需求分析. 资源科学，41

（1）：63-74.

甄霖，胡云锋，闫慧敏 . 2020. 全球和区域生态退化分析与治理技术需求评估 . 北京：科学出版社 .

Chapman G P. 1992. Desertified Grassland. London：Academic Press.

Daily G C. 1995. Restoring value to the worlds degraded lands. Science，269：350-354.

Higgs E. 2003. Nature by Design：People，Natural Process，and Ecological Restoration. Cambridge：MIT Press.

Hobbs R J，Harris J A. 2001. Restoration ecology：repairing the earth's ecosystems in the New Millennium. Restoration Ecology，9（2）：239-246.

Jiang Z H. 2008. Best Practices for Land Degradation Control in Dryland Areas of China：PRC-GEF Partnership on Land Degradation in Dryland Ecosystems China-land Degradation Assessment in Dry-lands. Beijing：China Forestry Publishing House.

McDonald T，Gann G，Jonson J，et al. 2016. International Standards for the Practice of Ecological Restoration-Including Principles and Key Concepts. Washington D. C. ：Society for Ecological Restoration.

Ning B Y，Ma J X，Jiang Z D，et al. 2017. Evolution characteristics and development trends of sand barriers. Journal of Resources and Ecology，8（4）：398-404.

Ren H，Peng S L. 1998. Restoration and rebuilding of degraded ecosystem. Youth Geography，3（3）：7-11.

Society for Ecological Restoration. 2004. The SER International Primer on Ecological Restoration. Version 2. Society for Ecological Restoration International Science and Policy Working Group.

U. S. National Research Council. 1992. Restoration of Aquatic Ecosystem：Science，Technology and Public Policy. Washington D. C. ：National Academy Press.

Zhen L，Yan H M，Hu Y F，et al. 2017. Overview of ecological restoration technologies and evaluation systems. Journal of Resources and Ecology，8（4）：315-324.